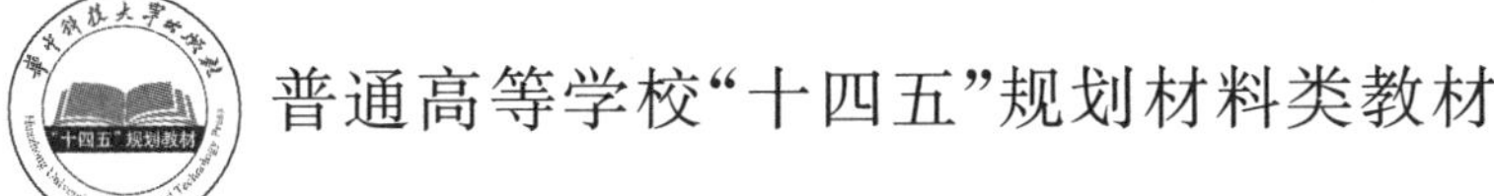

普通高等学校“十四五”规划材料类教材

金属材料工厂设计

主　编　秦芳诚

副主编　孟征兵　刘淑辉

华中科技大学出版社

中国·武汉

内 容 简 介

本书分为上、下两篇，上篇为金属材料工厂设计概论，共7章，分别为工厂设计总论、生产方案和工艺流程设计、生产设备选型与设计、厂址选择与车间布置、物料和能源介质衡算、劳动组织和技术经济分析、环境保护；下篇为金属材料工厂设计工程案例，共5章，分别为螺纹钢棒材车间工艺设计、板带钢热轧车间工艺设计、热轧中薄板车间工艺设计、铝型材挤压车间工艺设计、铝合金熔铸车间工艺设计。

本书以现代产业学院发展为契机，特加入典型零部件产品工厂设计的工程案例，使学生在掌握钢铁和有色金属产品生产工艺流程及参数计算、生产设备选型和设计方法、车间布置等基础知识后，能够具备进行实际金属材料工厂设计的能力。

本书可作为普通高等学校金属材料工程专业、材料成型及控制工程专业的本科教材，也可作为相关专业研究生和工程技术人员的参考用书。

图书在版编目(CIP)数据

金属材料工厂设计/秦芳诚主编. —武汉：华中科技大学出版社，2024.4
ISBN 978-7-5772-0483-3

Ⅰ.①金…　Ⅱ.①秦…　Ⅲ.①金属材料-工厂-工艺设计-高等学校-教材　Ⅳ.①TG14

中国国家版本馆 CIP 数据核字(2024)第 067597 号

金属材料工厂设计
Jinshu Cailiao Gongchang Sheji

秦芳诚　主编

策划编辑：王　勇
责任编辑：杨赛君
封面设计：原色设计
责任校对：谢　源
责任监印：朱　玢

出版发行：华中科技大学出版社(中国·武汉)　　电话：(027)81321913
武汉市东湖新技术开发区华工科技园　　邮编：430223

录　　排：武汉三月禾文化传播有限公司
印　　刷：武汉市洪林印务有限公司
开　　本：787mm×1092mm　1/16
印　　张：15.75
字　　数：390 千字
印　　次：2024 年 4 月第 1 版第 1 次印刷
定　　价：49.80 元

前　言

材料是人类赖以生存和从事一切活动的物质基础。金属材料，如碳素结构钢、铸钢、铸铁及各种合金钢等黑色金属和铝合金、镁合金、钛合金等有色金属，是工程领域用量最多的材料。金属材料都要经过加工成形后才能使用，材料加工成形的主要任务是解决材料的几何成形及其内部组织性能控制的问题，以获得所需几何形状、尺寸和质量的毛坏或零件。因此，金属材料加工成形在国民经济中占有极为重要的地位，也在一定意义上标志着一个国家的工业、国防和科学技术水平。

科学合理的金属材料工厂设计是保证金属材料加工成形过程顺利进行、工艺流程和生产工序协调、生产效率提高、绿色生产的前提和关键。金属材料工厂设计涉及较为广泛的内容，涵盖金属材料产品方案、厂址选择、生产方案和工艺流程设计方法、工艺设备选型与设计方法、车间布置等车间工艺设计的基础知识，以及物料和能源介质平衡计算、工厂经济效益分析、环境保护及综合利用等跨学科知识。在进行金属材料工厂设计时，需要综合考虑产品的种类、性能、零件的形状和尺寸、工作条件及使用要求、生产批量等多种因素，以达到技术可行、质量可靠和成本低廉的目的。

本书以党的二十大精神为指引，落实立德树人根本任务，坚持教材是课程思政的重要支撑，扎实发挥教材对学生价值观塑造、知识传授和能力培养的育人功能。本书分为上、下两篇，上篇为金属材料工厂设计概论，涉及工厂设计总论、生产方案和工艺流程设计、生产设备选型与设计、厂址选择与车间布置、物料和能源介质衡算、劳动组织和技术经济分析、环境保护；下篇为金属材料工厂设计工程案例，包括螺纹钢棒材车间工艺设计、板带钢热轧车间工艺设计、热轧中薄板车间工艺设计、铝型材挤压车间工艺设计、铝合金熔铸车间工艺设计。本书以现代产业学院建设为契机，特加入典型零部件产品工厂设计的工程案例，使学生在掌握钢铁和有色金属产品生产工艺流程及参数计算、生产设备选型和设计方法、车间布置等基础知识后，进一步具备实际金属材料工厂设计的能力。

本书可作为普通高等学校金属材料工程专业、材料成型及控制工程专业的本科教材，也可作为相关专业研究生和工程技术人员的参考用书。课时安排可以根据专业特点进行确定，建议课时为 48 学时，其中理论课时为 32 学时，上机课时为 16 学时。

本书由桂林理工大学秦芳诚担任主编，负责全书结构和内容编排、图表处理和统稿工作。感谢广西有色金属新材料创新发展现代产业学院合作共建企业中国铝业股份有限公司广西分公司、广西南南铝加工有限公司等企业提供的工程案例素材。本书出版得到了“桂林理工大学教材建设基金”的资助以及国家自然科学基金项目（项目编号：52265045）、广西科技重大专项

(项目编号:桂科 AA22067081-2)和广西学位与研究生教育改革课题(项目编号:JGY2023161)的支持,成果归属于桂林理工大学。

本书在编写过程中,主要参阅了姜澜主编的《冶金工厂设计基础》、葛曷一主编的《复合材料工厂工艺设计概论》等教材,融合了当前国内金属材料加工企业的生产实际。同时,作者还广泛汲取了国内外相关领域的研究成果,查阅了大量文献,主要参考文献列于书后,在此谨向所有参考文献的作者表示衷心感谢。

由于编者水平所限,书中难免存在不足及缺点,敬请广大读者谅解和提出宝贵意见。

编者

2024 年 1 月

目　　录

上篇　金属材料工厂设计概论

下篇　金属材料工厂设计工程案例

上篇　金属材料工厂设计概论

第1章　工厂设计总论

1.1　金属材料工厂设计概述

1.1.1　设计目的

工程设计是一门应用科学，它是以科学原理为指导，以生产实践和科学实验为依据，采用设计图纸和文字为表达方式，为实现某项工程而进行的一项设计工作。工程设计过程是基本建设中不可缺少的一个重要环节。成熟的生产经验、先进的科学技术和最新的科研成果的应用，都必须通过工程设计来实现。

金属材料工厂设计属于生产原材料及其加工过程的工程设计。金属材料工厂设计的目的主要涉及以下三个方面。

(1) 建设新企业：无中生有、异地布局；

(2) 扩建老企业：规模效应、配套集聚；

(3) 改建老企业：技术革新、流程优化。

金属材料工厂设计要根据原材料的特点，以及生产实践和科学实验，设计合理的生产方案、工艺流程和工艺参数，选择合适的工艺设备和辅助设施并进行合理配置，设计适宜的车间、厂房结构，确定合适的劳动组织及劳动定员，以满足正常生产的需要，确保建成的金属材料车间生产装备安全可靠，生产设备能够正常运行。

1.1.2　设计任务

工厂设计的任务是对需建设的企业作出技术和经济方面的详细规划，同时确定企业的生产经济状况、技术经济指标及施工的组织方法等，涉及工艺、设备(机械和电控)、土建、水处理、供气、供电、总图运输、采暖和通风，以及概预算、技术经济分析和环境保护等诸多方面。

表1-1是典型的金属材料工厂设计项目表，主要包括新建工厂和改扩建原有工厂。其中，

新建工厂中的通用工程设计是指为推广使用而编制的设计，一般情况下，在一个地区甚至全国范围内都可直接使用它或把它稍作修改便可使用；因地制宜工程设计是指以通用工程设计为基础，根据新建厂地区的具体情况进行补充、修改、完善的设计；专门工程设计是指在没有通用工程设计的情况下对新建项目进行的设计。

表 1-1　金属材料工厂设计项目表

新建工厂设计			原有工厂设计	
通用工程设计	因地制宜工程设计	专门工程设计	改建	扩建

金属材料工厂设计的要求和任务，必须要做到工艺上可靠、经济上合理，力争达到技术上先进、系统上最优，既能为未来的生产获得较高的技术经济指标创造条件，又能为生产工人提供良好的工作条件，同时不污染周围的环境，还能使建设投资最大限度地发挥作用，取得良好的效果。为保证设计质量，金属材料工厂设计应满足下列基本要求：

(1) 所确定的设计原则和设计方案，应当符合国家工业建设的方针和政策；

(2) 设计的工艺流程应既具有一定的先进性，又具有实现的可靠性，同时对资源应该尽量做到综合利用；

(3) 应该选用先进、高效、可靠且易于维修的设备，配备必要的设备维修设施，以保证设备能够正常、持续运转；

(4) 生产设备、结构元件和建筑构件，应力求做到通用化和标准化，以减少基建投资，节省建设时间，并方便维修；

(5) 设计的项目具有较高的机械化和自动化水平；

(6) 保证生产车间有足够的操作面积和检修面积，在保证有物料运输通畅、原材料和中间产品的储存合理的基础上，设备的配置应力求紧凑合理；

(7) 供水、供电、运输、材料供应、修配业务以及公共住宅等服务性建筑物，应尽可能地与其他企业协作，共同投资解决；

(8) 应该具有必要的技术安全和劳动保护措施，厂房环境应便于清扫净化，噪声区间需采取消声措施，“三废”处理应符合国家的环保法规；

(9) 设计还应考虑建厂地区的施工条件和力量，以保证金属材料工厂项目的建设能按计划进行；

(10) 设计的金属材料工厂应能获得最佳的技术经济指标和最大的经济效益，使建设资金能最大限度地发挥效益，并能尽快地回收成本，以利于建设资金的周转。

总之，金属材料工厂设计是一项非常系统、庞杂而细致的工作，它是以金属材料工程、材料成型及控制工程专业为主，由土建、机械、化学、给排水、通风采暖、电气、仪表和企业管理等多个不同专业人员协作完成的。

1.1.3　设计现状

工厂设计是各个专业人员共同劳动的集体智慧的结晶，即按照国内外用户要求的产量和质量标准，在可能的情况下，综合国内外工厂设计和专业设计的最优方案进行设计，达到完成既定产量及质量的要求，并尽可能降低造价、节约能源和相应考虑今后生产定额的增长及工厂的改建、发展。这是一个政策性、技术性和经济性很强的综合技术工作，是基本建设全过程中最为重要的环节，为工厂建设及建成后投入生产提供基本保障。国内工厂设计必须贯彻我国的经济和工业政策，设计工作必须坚持基本建设程序，设计时力求做到技术先进可靠、经济合理、安全适用，使工厂建成后能获得预期的经济效益和社会效益。

在金属材料工厂设计中，当前的通用做法是：首先根据客观情况，决定采用何种工艺方法，即先应确定生产方法及已定生产方法的工艺流程、工艺计算、专业设备和车间布置，然后依据工艺特点及车间布置向各有关专业人员提出要求，各专业人员在保证生产的情况下协同工作。因此，工艺设计人员不仅要精通工艺知识，还必须掌握与工艺有关的其他专业知识，如设备类型和结构、物料衡算、厂址选择等，这样才能提出正确的、系统的工艺设计方案，为其他专业工作创造必要的基础条件，共同完成工厂的整体设计。

工艺设计和设备设计是工厂设计的主体，轧制设备、挤压设备、锻压设备等统称为塑性成形设备，是金属材料工厂设计中主体设备设计的核心。我国塑性成形设备的设计制造在 1949 年以前几乎是空白，中华人民共和国成立以后，通过引进技术、仿制和自行研制等方式，我国塑性成形设备的设计制造实现了从无到有、从小到大，建立了较完整的设计、研制和生产体系。20 世纪 80 年代，我国实行改革开放政策，塑性成形设备行业大力推进技术进步和科技创新，采取自主开发，以引进国际先进技术和合作生产等多种方式，大大提高了设计开发能力和制造水平。目前，我国的塑性成形设备，不仅保证了良好的性能、质量和可靠性，在装备的成套制造、生产线、数控化和自动化等方面也有了长足的发展，已经能开发、设计、制造大型精密高效的成套设备、自动化生产线、柔性制造单元(FMC)和柔性制造系统(FMS)等具有高新技术、高附加值的塑性成形装备，不仅为国民经济各部门提供了基础装备、关键设备和成套装置，还扩大了出口创汇。目前，我国塑性成形设备的发展主要体现在以下几方面。

(1) 随着微电子技术、自动控制技术的发展和广泛应用，我国塑性成形设备自动化和数控化水平有了大幅提高，开发了不同规格的数控回转头压力机、数控弯管机、数控卷板机、数控折弯机、数控激光切割机、数控辗环机、板材柔性加工系统和板材柔性加工单元等各类数控金属成形设备，提高了设备的自动化程度、安全性和可靠性，提高了生产率和产品质量，改善了生产条件。

(2) 随着计算机设计技术的发展，塑性成形设备的设计方法和设计手段发生了根本的变化。几乎所有塑性成形设备的设计、制造单位都实施了“甩图板”工程，打破了长期以来手工绘图设计的局面，大大缩短了设计周期，提高了设计效率。与此同时，一批功能强大的商用软件和自主研制的专用软件广泛应用于塑性成形设备的产品设计及其零部件性能分析，使塑性成形设备的性能和质量得到了大幅提高。

(3) 产品种类不断完善。近三十年来，我国塑性成形设备的产品种类不仅囊括了锻压机械的 8 大类，还开发了不少锻压设备辅机及配套装置。在制造生产通用设备的同时，还注重各种专用设备的研制，如金刚石成形液压机，铜材、铝材挤压机等。在开发生产金属成形设备的同时，还大力发展各种非金属材料成形加工设备。

(4) 设备制造能力不断提高。例如，中国第二重型机械集团公司引进德国技术，形成和具备了国际先进水平的大吨位热模锻压力机的制造能力；长治钢铁(集团)锻压机械制造有限公司引进日本和瑞典技术设计制造的 140 mm×4000 mm 等规格的大型卷板机，已应用于三峡水利枢纽工程和渤海造船厂（现更名为渤海船舶重工有限责任公司）等项目；西安重型机械研究所有限公司设计了 100 MN 双动铝材挤压机及其生产线；济南二机床集团有限公司研制成功的 J47-1250/2000 型闭式四点双动拉深压力机，工作台面尺寸为 4600 mm×2500 mm，最大拉深度为 300 mm。此外，30000 kN 闭式双点汽车大梁压力机、成系列的多连杆传动单动压力机以及其他规格的大型双动拉深压力机的成功研发，都标志着我国大、重型板冲机械压力机的制造技术已经登上了一个新的台阶，基本上具备了装备汽车冲压生产线的能力。

1.1.4 设计趋势

随着现代科学技术的不断发展及资源的日益贫乏，金属材料及加工行业面临一系列新的问题，如金属资源的高洁净提取、金属构件的近净成形技术开发、资源高效综合利用程度进一步提升、国际能源危机的日益加深、环境保护法规的日趋完善等，都要求所设计的金属材料工厂能够适应这种新的形势。

（1）随着现代科学技术的发展，材料工业对金属材料工厂生产在产量、质量、品种等方面提出了更高的要求，而金属零部件产品应用环境日益严酷，需采用高效、低耗的大型轧制、挤压等设备及拥有先进控制技术的加工工艺与之相适应。因此，金属材料工厂设备的大型化和加工过程的先进化是未来的主要设计方向。

（2）金属材料加工过程的自动化控制是设计现代化金属材料工厂的重要标志，这对于最优化生产工艺条件、保持生产平稳和提高各项技术经济指标等起着十分重要的作用。随着各种检测和分析仪表的不断完善，以及电子计算机的发展和利用，轧制、挤压等工艺设备的大型化和控制过程的自动化已达到了一个新的水平。新设计的金属材料工厂越来越广泛地采用电子计算机取代传统控制装置，使操作过程全盘自动化和工艺条件最优化。在经济合理和技术先进的条件下，装备过程的计算机控制，令高级自动化得以实现。

（3）随着金属材料工厂设备的大型化和工艺过程的机械化、自动化，各工序之间的关系更为密切，工艺更新的周期大为缩短，故工厂设计对建筑结构的形式和要求发生了较大的变化。近年来，国外工业建筑的特点是：使用以混凝土和钢为主材的轻质高强度制品，用高效而灵活的工业方法，建造大跨度、大柱距、大面积的合并厂房，厂房结构由封闭式改为敞开式，甚至不少车间向露天无厂房发展。这使钢材用量大为减少，节约用地，降低土建投资，且便于紧凑地布置生产流程，便于合并车间，便于工厂的扩建和改建。在车间配置中，采用机动灵活的重型移动式吊车或悬臂式吊车来代替重型桥式天车，使厂房结构大为简化。

（4）对环境保护的要求越来越高，要求有更高的环境保护标准和安全标准。许多国家制定了相应的环保法规，使工业企业排放的污染物降到最低限度，否则予以罚款，甚至令其停产。因此，近年来国外常有“无污染工厂”“无废或低废工艺流程”和充分利用“二次资源”的报道。我国把环境保护定为国家的一项基本国策，并制定了相应的“三废”排放标准和有关卫生规定。

1.2　金属材料工厂设计的依据和原则

1.2.1　设计依据

新建金属材料工厂设计，除按照表 1-1 分为通用工程设计、因地制宜工程设计和专门工程设计外，还可按工厂规模分为大型企业设计、中型企业设计和小型企业设计。由于金属材料产品品种和规格繁多，对于工厂规模的划分标准，国家尚无统一规定。传统对工厂规模的划分是按工厂的生产能力进行的，一般用产品的年生产量来表示，分为大型、中型和小型三类。

在设计工厂生产规模时应考虑以下因素：

(1) 工厂规模要与建厂地区条件相适应，与市场需求相结合；

(2) 工厂规模还要考虑原材料的供需矛盾，必须要有足够的原材料供应保证，在老厂改造和扩建时还要考虑本厂的经济能力；

(3) 工厂规模要与所选用主要设备的能力相适应，避免发生生产线能力过大现象；

(4) 在现代化大中型金属材料工厂设计中，应尽量减少单产投资，使工厂便于管理，提高生产效率和其他技术经济指标；

(5) 当选用大型设备和生产大型制品时，还应了解运输条件，考虑设备及制品进出厂的可能性。

1.2.2　设计原则

金属材料工厂设计应遵循如下原则：

(1) 遵守国家法律、法规，执行有关的设计标准和规范，严格把关，精心设计；

(2) 设计中应对主要工艺流程进行多方案比较，采用最佳方案；

(3) 设计中应尽量采用国内外的成熟技术，所采用的新工艺、新设备和新材料必须遵循通过工业性试验或通过技术鉴定的原则；

(4) 对节约能源、节约用水和节约用地给予充分重视；

(5) 设计中必须注意对环境的保护，必须有“三废”治理措施，尽量做到变废为宝；

(6) 金属材料的冶炼、铸造和加工生产作业大多在高温、高压、有毒、腐蚀等环境下进行，为确保人员和设备的安全，必须特别注意安全防护措施的制定，并尽量提高机械化、自动化和计算机控制水平；

(7) 应充分利用建厂地区的自然经济条件，尽可能与当地其他企业协作，共同投资解决某些公共设施问题。

1.3　金属材料工厂设计的内容

金属材料工厂设计是以金属材料制备及加工工艺为主体，其他有关专业相辅助的整体设计。该设计要解决一系列未来的建厂和生产问题，通常涉及以下几个方面的内容。

（1）总论。

总论部分应简明扼要地论述主要设计依据、重大设计方案结论、企业建设综合效果、问题和建议等，各专业的共性问题也应在总论部分论述。

（2）工艺部分。

工艺部分是金属材料工厂设计的核心，工艺专业是主体专业，包括各种原材料供应情况、工艺试验结果及其设计所采用的工艺流程和指标、主体工艺设备的选择和计算、辅助工艺设备的选择、管道布置情况以及车间辅助设施的选择等。

（3）总图运输部分。

总图运输部分包括厂区总体布置、工业场地总平面布置、车间平面和立面布置、厂区内外交通和车辆安排、原材料与产品的贮运情况。

（4）土建部分。

土建部分包括主要建筑物和构筑物的设计方案、行政和福利设施、职工住宅规划以及建筑维修等。

（5）电力和热工部分。

电力部分包括供电、配电、电力传动、照明以及自动化仪表与通信等。

热工部分包括工业锅炉房、热电站、水处理、发电站、压缩空气与真空系统等。

（6）排水和采暖通风部分。

给排水部分包括水源、水净化、循环水等给排水系统。

采暖通风部分包括主要生产车间、辅助生产车间和生活福利设施的采暖通风系统及其有关设施。

（7）机修设施。

机修设施包括机械、电气修理车间的组成，主要机修设备的选择和安装。

（8）技术经济部分。

技术经济部分包括主要设计方案比较、劳动定员和劳动生产率、基建投资、流动资金、产品成本及盈利、投资贷款偿还能力、企业建设效果分析以及综合技术经济指标等。

（9）环境保护。

环境保护包括对废水、废气、废渣等的治理工艺和对噪声、振动等的防治措施。评价企业建设前的环境情况和建设后对环境的影响，说明工厂的环境保护管理机构，环境监测体制、手段、主要仪器，以及当地环保部门的意见等。

1.4 金属材料工厂设计的基本程序

与其他领域的基本建设项目一样，金属材料工厂从计划建设到建成投产一般要经过诸多程序。图 1-1 为金属材料工厂设计的基本程序，主要包括设计前期工作、设计工作和项目实施三个阶段。

（1）设计前期工作阶段，包含项目建议书编制，厂址选择，以及可行性研究报告、环境影响报告书、设计任务书的编制和报批。

(2) 设计工作阶段,包含初步设计及其说明书编制和报批、施工图设计。

(3) 项目实施阶段,包含建设实施、竣工试车、试生产等。

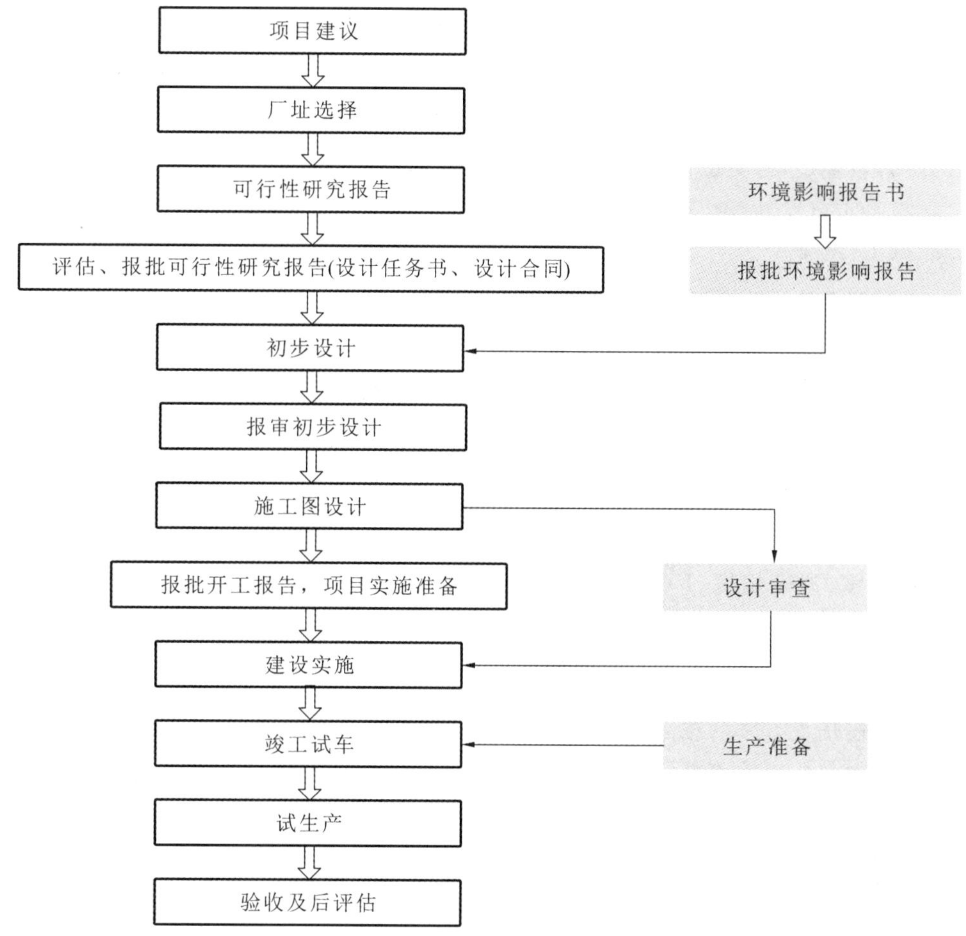

图 1-1　金属材料工厂设计的基本程序

1.4.1　项目建议书

各部门、各地区、各企业根据国民经济和社会发展的中长远规划、行业规划、地区规划等要求,经过调查、预测、分析,确定在某地区建一金属材料工厂,这时首先要提出该项目的项目建议书。

项目建议书是建设单位向国家相关主管部门提出申请建设某一具体项目的建议文件。项目建议书主要说明项目建设的必要性,同时也初步分析项目的可能性。它是投资决策前对建设项目的轮廓设想,是根据国民经济发展长远规划和工业布局的要求,结合自然资源、产品需求和现有生产力分布,在进行初步广泛的调查研究的基础上提出来的,是正式开展可行性研究的依据。项目建议书完成以后,建设单位须将其报送上级主管部门,并经审批机关批准。

项目建议书的主要内容包括以下几方面。

1. 建设项目的依据和理由

建设金属材料工厂需要以产品需求为主要依据，产品需求预测的核心是市场研究，其结果涉及生产规模的确定，是项目建议书的一项重要内容。为此，必须对所生产品种的需求、产量、进出口情况、价格等加以说明。

(1) 产品在国内外近期及远期需求量，主要消费去向的初步分析、预测。由于影响产品需求预测的因素较复杂，这类工作要从资料、方法和判断三个方面着手，如调查和搜集的资料是否真实，来源是否可靠；归纳、预测所采用的计算公式、数学模型是否合理；分析手段、判断结论是否科学、民主；等等。

(2) 国内外相同产品或同类产品近几年的生产能力、产量情况调查及变化趋势分析的初步预测。这方面的工作与市场分析相结合是确定项目生产规模的依据。

(3) 产品进出口情况。产品如果涉及出口外销或取代进口，则必须调查、统计近几年的出口和进口情况、质量等级、销售价格等，并作出初步预测。

(4) 产品在国内市场的销售情况、主要竞争对手的状况，产品在国际市场上的竞争能力、进入国际市场的前景与初步设想，对销售价格变化的预测。

2. 产品方案、拟建规模、厂址选择的初步设想

确定产品的品种、规格、质量指标及拟建规模(年生产能力或日生产能力)的理由；论述产品方案在符合国家产业政策、行业发展规划、技术政策和产品结构要求方面的体现；对所确定的生产规模阐述其基本理由并作出初步分析。

某一产品有几种可能的生产工艺路线，至于选用哪一种生产工艺路线，应有明确的意向，必须考虑原料来源的可靠性、经济性、合理性，以及技术上是否成熟、可靠、先进。确定工艺路线之后，需绘制简单的工艺流程图，简述工艺流程，确定主要工艺参数，列出初步设备一览表，确定主要建筑物，并标注大致尺寸；对热工、给排水、总图与公用工程各专业项目，均有相应的工作要求，并作出必要的阐述。

厂址选择时，需对多个可供选择的厂址进行勘测、调查，涉及地形、气象、水文、工程地质、交通运输、相邻区域主要情况等厂址基础资料，以及厂址的地形地貌特征、土石方工程量、厂外供排水工程情况、供电工程情况等技术条件。完成上述工作内容后，由总图专业配合其他专业绘出厂址规划示意图，标明厂区位置、厂外交通运输线和输电线路初步走向。最后，提出厂址的初步方案与设想。

3. 资源情况、建设条件及外部协作关系

原料有起始原料、基本原料、中间原料。能源分为一次能源和二次能源。原料、燃料、动力的供应情况对工厂经济效益与生产经营有着举足轻重的影响。因此，应注重落实以下几方面内容：

(1) 利用当地矿产资源作为主要原料的产品，对资源的储备、品位、成分以及利用条件须作出初步评述；

(2) 原料的年需求量、规格、来源及运输的方式、距离等，均需调整落实；

(3) 燃料、水、电、汽、冷冻量等年需求量、供应方式和条件等提出初步设想。

4. 工厂组织和劳动定员估算

企业内部机构的设置及组成，能较确切地反映企业的管理水平及技术先进程度，从组织与劳动定员表就能大致分析出该拟建项目的自动化与管理水平。

人员的配置可分为两大类：一类是一线从事产品生产的工艺操作人员及其辅助工人；另一类是二线管理及后勤人员。在确定一线人员时，要根据各个工段的工艺情况，以各控制点、操作线所要达到的控制参数与操作要求为前提；二线人员则需按照管理的标准与要求确定。汇总后，列出一份劳动定员一览表，确定全厂人数，作为项目技术经济指标的考核依据。

5. 环境保护与“三废”治理措施

环境保护与“三废”治理是金属材料工厂的一项重要内容。在进行这方面工作时，应预算投资，其原则是既要做到将“三废”控制在允许的排放标准之内，又要使治理费用在总投资中所占比例不太高。因此，在选择治理方案及措施时，要参考同类工厂较成功的经验，采用技术可靠、工艺稳妥、治理措施切实可靠的方案，并力争项目投产时“三废”治理一步达标。

6. 投资估算和资金筹措设想

投资估算主要包括建设投资估算、流动资金估算和建设期贷款利息估算。

建设投资估算有国内工程项目与涉外工程项目之分，其费用包括直接投资与间接投资。工艺装置的投资一般参照已建成的工程项目投资情况，根据不同的方法进行，通常可采用规模指数法、价格指数法或单价法来估算。

流动资金估算有两种方法：一种为简化法，另一种为评估法。在项目建议书阶段，流动资金一般采用简化法估算，流动资金可按销售收入或年经营成本的百分比来估算，估算公式如下：

$$L = fs \tag{1-1}$$

式中　L——流动资金估算值，万元；

f——流动资金估算系数，一般取 0.1～0.3；

s——年销售成本或年经营成本，万元。

项目资金来源有多种渠道，在估算建设期贷款利息时，应根据各种资金贷款利息利率和用款计划分别计算。

资金筹措是资金规划的前提，在项目最初阶段就应对资金筹措的可靠性进行评估，并开展必要的工作。因此，必须了解资金筹措的途径，即资金来源的种类。一般来说，资金筹措有两大类，即国内资金和国外资金。

7. 建设项目的初步进度安排

项目实施是指从决定投资到项目建成，并投入正常生产为止的全过程。项目在实施过程中所经历的各个阶段，按时间顺序分列如下：

(1) 项目准备，相当于投资决策前期；

(2) 初步设计文件完成后的审批及设计修改；

(3) 施工图交付及设备订货；

(4) 施工现场“三通一平”(水通、电通、路通和场地平整)及设备、材料陆续交付；

(5) 工厂施工全面开展;

(6) 试运转及验收;

(7) 投产准备工作,直至验收合格,生产达到设计能力。

8. 经济效益和社会效益的初步分析

对项目进行经济效益分析的目的:一是要进行多方案比较,以经济指标衡量,选出一个最佳方案;二是对已确定的方案进一步论证分析,以评价其各项具体指标。经济效益分析可以分两步进行:第一步即常用的财务评价,是从财务角度考察项目的得失,大多数项目的经济分析只做到这一步即可满足要求;第二步即国民经济评价,是针对投资额在亿元以上或具有重大影响的项目所进行的深入评价。当财务评价与国民经济评价的结论不一致时,应以国民经济评价为主导意见。

项目的社会效益如何,将对项目能否成立起着重要影响。一项工程,如果经济效益评价可行,倘若社会效益不佳,该项目是不能成立的。社会效益主要包括:对发展地区或部门经济的影响,对提高国家、地区和部门科技进步的影响,对环境保护和生态平衡的影响,对节约劳动力或提供就业机会的影响,对节能及资源综合利用方面的影响,对提高产品质量的影响,对减少进口、节约外汇和增加出口创汇的影响。

1.4.2 可行性研究报告

可行性研究是一项系统工程,是工厂建设前期不可缺少的关键性工作,其对拟建工厂从工艺方案的选择、建设规模的确认、市场机制的调查、经济合理性的分析等多方面入手,不仅从技术方面进行论证,还要求从经济合理性、社会效益方面去考察,并尽可能运用现代科学的最新技术、方法和手段,从而保证可行性研究的结论能正确反映客观实际,避免考虑不周而出现重大损失。

可行性研究报告有严谨的工作程序及完整的内容。针对金属材料行业而言,可行性研究报告的内容主要包括总论,市场预测,产品方案及生产规模,工艺技术方案,原料、辅助材料及燃料的供应,建设条件和厂址方案,公用工程和辅助设施方案,节能措施及指标,环境保护与劳动安全,工厂组织和劳动定员,项目实施规划,投资估算和资金筹措,财务、经济效益评价及社会效益评价研究结论,具体如下:

(1) 总论,包括项目提出背景和依据,拟建设项目的基本情况、必要性和意义;

(2) 市场需求预测和拟建规模;

(3) 资源、原料、燃料及公用设施情况;

(4) 建厂条件及厂址方案的比较;

(5) 设计方案,包括生产方案和技术来源、工艺流程的选择和设备的比较、全厂布置方案、公用与辅助设施和厂内外交通运输方式的初步选择;

(6) 环境保护和“三废”治理方案;

(7) 劳动安全和工业卫生;

(8) 节能措施与综合利用方案;

(9) 企业组织、劳动定员及人员培训计划;

(10) 实施进度安排；

(11) 投资概算和资金筹措；

(12) 主要技术经济指标、经济效益和社会效益分析；

(13) 附图，包括工厂总平面图、工艺流程图和必要的车间配置图。

可行性研究报告经主管部门批准后生效，并作为以下几方面工作的依据：

(1) 以设计任务书的附件下达给有关单位编制设计任务书；

(2) 筹措建设资金；

(3) 与建设项目有关的各部门签订协议；

(4) 开展新技术、新工艺、新设备研究的计划和补充勘探、补充工艺试验等工作的计划。

1.4.3　项目设计任务书

项目设计任务书是在设计之前发给设计人员的指令性文件，为设计工作提出有关设计原则、要求和指标，是设计工作的根本依据。所有新建、改建和扩建项目都要根据国民经济的长远规划和建设布局，编制项目设计任务书。

项目设计任务书的编制是在可行性研究报告基础上进行的，一般由建设工程的主管单位编制，设计单位参加。项目设计任务书经审查批准后向设计单位正式下达，批准的项目设计任务书是确定基本建设项目、编制初步设计文件的主要依据。只有正确的项目设计任务书，才有正确的工厂设计。

项目设计任务书的主要内容应包括以下几个方面。

(1) 根据经济预测、市场预测确定项目建设规模和产品方案，如需求情况预测，国内现有企业生产能力估计，销售预测、价格分析、产品竞争能力分析，拟建项目的生产方法、规模、品种和发展方向的技术经济比较和分析。

(2) 资源、原料、燃料及公用设施落实情况，如资源储量、成分及开采条件，原料、辅助材料、燃料的种类、数量、来源和供应可能，所需公用设施的数量、供应方式和供应条件。

(3) 建厂条件和厂址方案，如建厂的地理位置、气象、水文、地质、地形条件和经济现状，交通运输及水、电、气的现状和发展趋势，厂址比较与选择意见。

(4) 技术工艺选择、主要设备选型、建设标准和相应的技术经济指标的确定，如成套设备进口项目要有维修材料、辅助材料及配件供应的安排；引进的技术设备，要说明来源国别、设备的国内外区别、对有关配套件供应的要求。

(5) 主要单项工程、公用和辅助设施、全厂布置方案和土建工程量估计。

(6) 环境保护、城市规划、防火、文物保护等要求和采取的相应措施方案。

(7) 企业组织、劳动定员和人员培训设想。

(8) 建设工期和实施进度。

(9) 投资估算和资金筹措，如主体工程和辅助配套工程所需要的投资，生产流动资金的估算，资金来源、筹措方式及贷款的偿付方式。

(10) 经济效益和社会效益。对建设项目的经济效益要进行分析，衡量项目对国民经济的宏观效益，分析项目对社会的影响。

1.4.4 环境影响报告书

为了预测、分析和评价建设项目在建设过程中,特别是在建成投产后可能给环境带来危害的影响程度和范围,同时提出保护环境的防治对策,项目在可行性研究阶段需编制环境影响报告书。

国家根据建设项目对环境影响的程度,按照下列规定实行分类管理:

(1) 建设项目可能对环境造成重大影响的,应当编制环境影响报告书,对建设项目产生的污染和对环境的影响进行全面、详细的评价;

(2) 建设项目可能对环境造成轻度影响的,应当编制环境影响报告表,对建设项目产生的污染和对环境的影响进行分析或者专项评价;

(3) 建设项目对环境影响很小,不需要进行环境影响评价的,应当填报环境影响报告表。

金属材料工厂项目属于第(1)类或第(2)类,应当编制环境影响报告书或环境影响报告表。建设项目的环境影响评价原则上应当与该项目的可行性研究同时进行,其成果为环境影响报告书(表)。

工厂建设项目的环境影响报告书应当包括以下内容:(1) 建设项目概况;(2) 建设项目周围环境现状;(3) 建设项目对环境可能造成影响的分析和预测;(4) 环境保护措施及其经济、技术论证;(5) 环境影响经济损益分析;(6) 对建设项目实施环境监测的建议;(7) 水土保持方案;(8) 环境影响评价结论。

环境影响评价工作由取得相应的环境影响评价资质的单位承担。环境影响报告书经批准后,审批建设项目的主管部门方可批准该项目的可行性研究报告或者设计任务书。工厂建设项目竣工后,建设单位应当向审批该项目环境影响报告书的环境保护行政主管部门,申请环境保护设施竣工验收。

1.4.5 厂址选择

厂址选择是基本建设中的一个重要环节,厂址选择的合理性,不仅影响建设项目的投资和进度,还对工厂建成后企业的生产条件和经济效益都起着决定性的作用。厂址选择必须根据国民经济建设整体规划的要求进行,要贯彻既有合理的工业布局,又要节约用地和有利生产、方便生活的原则。要根据当地资源、燃料供应、电力、水源、交通运输、工程地质、生产协作、产品销售等建设条件,通过认真的综合分析和技术经济比较,提出厂址选择报告。厂址选择一般由主管部门组织勘测、设计、施工等单位成立的厂址选择工作组来完成。图 1-2 为国内著名钢铁工厂厂址的鸟瞰图。

厂址选择可分为确定建厂范围和选定具体厂址两个阶段。确定建厂范围是在现场踏勘、搜集基础资料的基础上,进行多方案分析比较,提出厂区范围报告,报送领导机关审批,此项工作有时在建厂调查及可行性研究阶段即已完成。选定具体厂址是根据所确定的厂区范围,进一步落实建厂条件,提出 2～3 个具体厂址方案,并分别绘出工艺总平面布置草图,通过技术经济分析与比较,确定具体厂址。

图1-2　国内著名钢铁工厂厂址的鸟瞰图

1. 厂址选择原则

(1) 宜选在原料、燃料供应和产品销售便利，并在贮运、机修、公用工程和生活设施等方面有良好协作条件的地区；

(2) 应靠近水量充足和水质良好的水源，以满足工厂内生产和生活的用水要求；

(3) 应有便利的交通运输条件，即水、陆运输能力能满足工厂运输的要求；

(4) 应注意节约用地，不占或少占耕地，厂区的面积、形状和其他条件应满足工艺流程合理的要求，厂区适当留有发展余地；

(5) 应选在常年主导风向的下风向和河流的下游，远离居民住宅区，避免工厂排放烟尘和污水而影响居民的生活；

(6) 应避开低于洪水位或在采取措施后仍不能确保不受水淹的地段；

(7) 厂址的自然地形有利于厂房和管线的布置、交通联系和场地排水；

(8) 应避免选择地震断层地区以及易遭受洪水、泥石流、滑坡等危害的山区等。

2. 厂址选择的程序

厂址选择的程序一般分为准备阶段、现场踏勘、厂址方案比较和编写报告等。

(1) 准备阶段。

准备阶段工作内容包括工作组织和技术准备。

工作组织一般由主管部门组织建设、设计、勘测等单位人员成立厂址选择工作组。

技术准备包含根据设计任务书或项目建议书的内容和要求，编制工艺布置方案，确定工厂组成，初步确定厂区外形和占地面积；收集同类型金属材料工厂的有关资料，根据生产规模、生产工艺要求对全厂职工人数，各种人员的比例，主要原料、辅助材料、燃料、电力等的年需要量，货物的年输入量和年输出量，用地指标等进行估算；预计工厂今后发展趋势，拟出工厂发展设想。

(2) 现场踏勘。

作为厂址选择的关键环节,现场踏勘的目的是最后确定几个厂址,以供比较。现场踏勘前首先向当地有关部门报告拟建厂的性质、规模和厂址的要求等,根据地形和地方有关部门推荐,初步选择几个需要到现场踏勘的可能建厂地址。

现场踏勘的具体任务包括:了解该地区自然地形,研究利用改造的可能性,并确定原有设施的利用、保留和拆除的可能性;研究工厂组成部分在现场的几种布置方案;拟订交通运输干线的走向、接口,河道和建设码头的适宜地点,厂区主要道路及其出口和入口的位置;选择工厂的取水面、排水口和厂外管路走向等的适宜地段;调查厂区的洪水淹没情况以及气象、水文和地质状况,周围环境状况,工厂和居民点的分布状况及特点;查勘供电条件可靠性及供电外线的基本情况。

(3) 厂址方案比较和编写报告。

根据现场踏勘对厂址初步取舍后,对确定的几个厂址进行进一步比较,最后确定呈报的厂址方案。呈报的厂址方案,至少应有两个以上,以供主管部门审查批准。

根据现场踏勘和对各个厂址调查掌握的资料,分别就所踏勘厂址建厂条件的落实情况和存在的问题,综合分析其优缺点和进行技术经济分析,作出厂址方案比较,经过厂址选择工作组的讨论研究,提出推荐方案并编写厂址选择报告。厂址选择报告是厂址选择工作的最终表现,报告应根据调查掌握的大量资料,通过分析对比,提出符合客观实际的意见。厂址选择报告内容主要包括:设计任务书的要求和各厂址的现状及条件简述、厂址的比较方案、附件等,其中附件应包括厂址区域位置图、总平面规划示意图和有关文件、证明材料或协议文件以及会议纪要等。

对各所选厂址的建厂条件的优缺点、建设投资和生产费用进行具体分析,作出综合比较。对选定的厂址应提出明确意见,可根据所选各厂址的综合比较列出先后顺序,提出推荐厂址。

1.4.6 设计工作阶段

1. 初步设计

初步设计是设计承担单位根据项目设计任务书的内容和要求,在掌握了充分而可靠的主要资料基础上进行的工作。它有比较详细的设计说明书,有标注物料流向和流量的工艺流程图,有反映车间设备配置的平面图和剖面图,有供订货用的设备清单和材料清单,还有全厂的组织机构及劳动定员等。

整个初步设计由各专业共同完成,各自编写其专业设计说明书和绘制有关图纸。新建金属材料工厂设计是以金属材料工程和材料成型专业为主体、其他有关专业相辅助的整体设计。初步设计的内容一般包括以下方面。

(1) 总论和技术经济部分。总论部分应简明扼要地论述主要的设计依据、重大设计方案的概述与结论、工厂建设的进度和综合效果以及问题与建议等。技术经济部分包括主要设计方案比较、劳动定员与劳动生产率、基建投资、流动资金、产品成本及利润、投资贷款偿还能力、工厂建设效果分析及综合技术经济指标等。

(2) 工艺部分。工艺部分是主体部分，包括设计依据及生产规模，原料、燃料等的性能、成分、需要量及供应情况，产品品种和数量，工艺流程和指标的选择与计算，主要设备的设计计算与选择，车间组成及车间设备配置和特点，厂内外运输量及要求，主要辅助设施及有关设计图纸等。

(3) 总图运输部分。其包括企业整体布置方案的比较与确定、工厂总平面布置和立面布置、厂内外运输和厂内外道路的确定以及有关设计图纸等。

(4) 工业建筑及生活福利设施部分。工业建筑及生活福利设施部分包括有关土壤、地质、水文、气象、地震等的资料，主要建筑物和构筑物的设计方案比较与确定，行政福利设施和职工住宅区的建设规划，主要建筑物平面图、剖面图，建筑一览表及建筑维修等。

(5) 供电、自动控制及电信设施部分。供电部分包括用电负荷及等级和供配电系统的确定、主要电力设备及导线的选择、防雷设施及线路接地的确定、集中控制系统的选择、室内外电气照明及有关设计图纸等。自动控制部分包括工厂计量和控制水平的确定、各种检测仪表和自动控制仪表的选型、控制室和仪表盘的设计以及电子计算机控制系统的设计等。电信设施部分包括企业生产调度的特点及电信种类的选择、各种电信系统及电信设施的确定、电信站或生产总调度室主要设备的选择和配置、有关设计图纸等。

(6) 能源设施部分。热工和燃气设施部分包括锅炉间、空压机房、炉气压缩站、重油库及泵房、厂区热力管网等的设计，应列出用户性质及消耗量一览表和供应系统及供销平衡表，各种参数的选择与说明，管道系统图、总平面图及管道敷设方法，设备选择、技术控制及安全设施的说明，锅炉房的燃料排灰说明，主要建(构)筑物的工艺配置图，设备运转技术指标等。

(7) 给排水和采暖通风部分。其包括确定水源和全厂供排水量，全厂供排水管网，供水、排水系统的设计以及污泥处理等。

(8) 环境保护及“三废”处理。

(9) 工程投资概算。工程投资概算包括建筑工程费用概算、设备购置及安装费用概算、主要工业炉费用概算、器具和工具的购置概算、总概算及总概算书等。

2. 施工图设计

施工图设计是在已批准的技术设计或扩大初步设计的基础上进行的，是进行施工的依据。施工图应根据上级主管部门批准的初步设计进行绘制，其目的是把设计内容变为施工文件和图纸。

施工图设计的主要任务是要完成详尽的各类施工、安装制造图纸，必要的文字说明书及工程预算书。图纸部分包括：管道及仪表流程图，厂房平面、立面布置图，设备安装图，管道安装图，土建施工图，供电、供热、供排水、仪表控制线路、弱电安装线路等安装图，以及设备一览表，管道安装材料明细表和施工说明等。

金属材料工厂设计的施工图通常包括以下内容。

(1) 设备安装图，可以分为机组安装图和单体设备安装图。前者是按工艺要求和设备配置图准确表示车间内某部分设备和零部件安装关系的图样，一般应有足够的视图和必要的安装大样图，图中应表示出工艺设备或辅助设备和安装部件的外部轮廓、定位尺寸、主要外形尺寸、固定方式等，有关建(构)筑物和设备基础，设备明细表和安装零部件明细表，必要的说明和附注等。后者包括普通单体设备安装图、特殊零件制造图及与设备有关的零部件制造图，这些图均应绘出安装总图及其零件图。

(2) 管道安装图。其一般包括蒸汽、压缩空气、真空管道图，润滑油及各种试剂管道图等。管道安装图包括管道配置图、管道及配件制造图、管道支架制造图等。

(3) 施工配置图。根据已绘制的设备和管路安装图汇总绘制详细准确的施工配置图，以便施工安装。

1.4.7 项目实施阶段

根据图 1-1，项目实施阶段的现场施工和试车投产工作的基本任务如下：

(1) 参加施工现场对施工图的会审，及时处理设计中的有关问题，补充或修改设计图纸，提出设备、材料等的变更意见。

(2) 了解和掌握施工情况，保证施工符合设计要求，及时纠正施工中的错误或遗漏部分。

(3) 参加试车前的准备工作和试车投产工作，及时处理试车过程中暴露出来的设计问题，并向生产单位说明各工序的设计意图，为工厂顺利投产作出贡献。

(4) 坚持设计原则，除一般性问题就地解决外，对涉及设计方案的重大问题，应及时向上级或有关设计人员报告，请示处理意见。

工厂投入正常生产后，设计人员应对该项工程设计中的各项建设方案、专业设计方案和设计标准是否合理，新工艺、新技术、新设备、新材料的使用情况和效果，发生了哪些重大问题等内容进行全面性总结，以不断提高设计水平。

1.5 金属材料工厂设计说明书编制

对于金属材料工厂设计，在初步设计阶段要有比较详细的设计说明书，设计说明书是重要的设计文件。设计说明书要附有标注物料流向、流量的工艺流程图，反映车间设备联系的设备连接系统图，表示车间设备配置的平面图和剖面图，管道布置图，供订货用的设备清单和材料清单，全厂的组织机构及劳动定员等。初步设计要呈报上级主管部门审批。设计说明书应包括以下几部分内容。

(1) 绪论。说明设计的依据、规模和服务年限，原料的来源、数量、质量及供应条件，产品的品种及数量，厂址及其特点，运输、供水、供电及“三废”治理条件，采用的工艺流程及自动控制水平，建设顺序及扩建意见，主要技术经济指标等。

(2) 工艺流程和参数计算。从原料及当前技术条件出发，将多种方案进行技术经济比较，说明所采用的工艺流程和指标的合理性；详细说明所采用的新技术、新设备、新材料的合理性、可靠性及预期效果；扼要说明全部工艺流程及车间组成；介绍工作制度及各项技术操作条件，确定综合利用、“三废”治理和环境保护的措施等。

(3) 主要设备的设计和计算。主要设备的设计和计算包括设备型号、规格、数量的选择确定及选择原则和计算方法；辅助设备(如切断和矫直设备、热处理设备、起重运输设备等)的选择和计算，确定设备尺寸、结构、规格和数量及具体要求等。

(4) 物料和能源介质衡算。进行物料的合理组成计算、生产过程物料的衡算及必要的热平衡计算,确定原料、燃料及其他主要辅助材料的数量和成分等。

(5) 车间设备配置。其内容包括按地形和运输条件考虑的各车间布置关系的特点及物料运输方式和运输系统的说明,配置方案的技术经济比较及特点,关于新建、扩建和远近结合问题的说明等。

(6) 附表。附表有供项目负责人汇总的主要设备明细表、主要基建材料表等;供技术经济专业汇总的主要技术经济指标表,主要原料、燃料、动力消耗表和劳动定员表等;供预算专业汇总的概算书等。

(7) 附图。附图包括工艺流程图、设备连接图、主要车间配置图等。

总之,除了完成金属材料和材料成型专业的初步设计书及有关图表外,还要分别为土建、机械、排水、经济专业提供厂房结构形式等要求,各种主要设备的质量、起重设备的质量及起重运输设备的能力,用电设备的容量、工作制度及电机的台数、型号,采暖或通风的地点及程度,原料、燃料、水、电等的消耗定额等相关资料。

思考题

1-1 结合金属材料工厂设计的依据,说明需要考虑的因素。

1-2 如何确定有色金属材料工厂设计的内容?

1-3 钢铁材料轧制工厂和有色金属轧制工厂的设计程序有何不同?

1-4 厂址选择最重要的原则是什么?

1-5 结合“碳中和”战略,谈一谈工厂设计中环境影响报告书的编制要点。

第 2 章　生产方案和工艺流程设计

2.1　产品方案的编制

2.1.1　产品方案概述

车间工艺设计的主要依据是设计任务书，其中产品方案对设备的选择和生产工艺及其参数的确定至关重要。

产品方案是指所设计的工厂或车间拟生产的产品名称、品种、规格、牌号、状态、年产量及其生产比例。在进行车间工艺设计时，设备的选型和工艺流程及参数设计的依据是设计产品，即从坯料到产品的过程。

确定设计产品要符合以下几个方面的要求：

(1) 有代表性，即产量大，品种、规格、状态、工艺特点均具有代表性；

(2) 尽量通过所有工序；

(3) 所选的设计产品与实际生产相接近；

(4) 设计产品要留有适当调整余地。

图 2-1～图 2-4 为典型的钢材产品、铝及铝合金产品、铜及铜合金产品和稀有有色金属产品。钢材产品和铝及铝合金产品包括管材、棒材和型材等各种规格厚度的产品，在所有产品中的市场占有率最大。

图 2-1　钢材产品

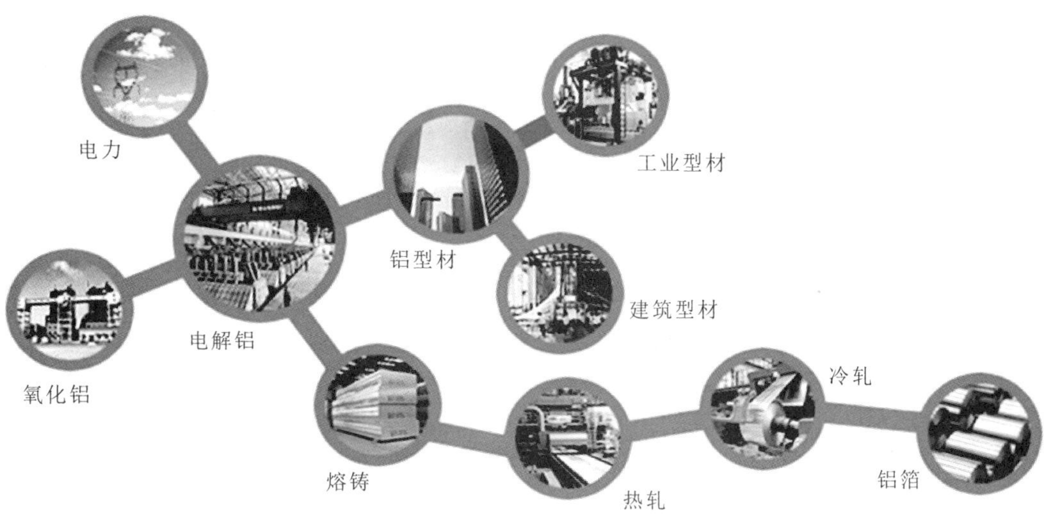

图 2-2　铝及铝合金产品

图 2-3　铜及铜合金产品

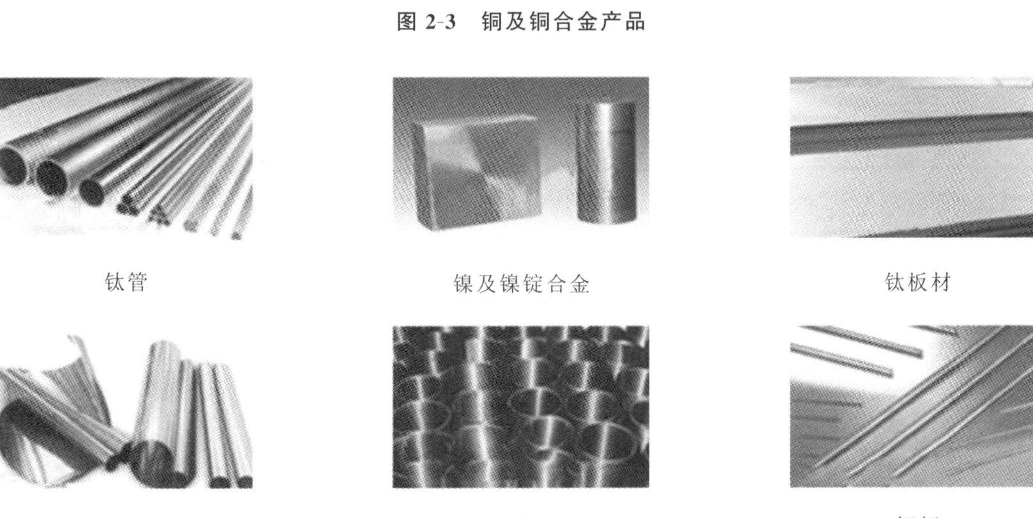

图 2-4　稀有有色金属产品

铜产品广泛应用于高新技术产业及信息、电子、航空、汽车、家电、建材、电力等领域，主要产品包括阴极铜、铜管、铜板、铜片、铜棒、铜带、铜条、铜线以及铜管道管件、杂件和各种锻压铸件等。

稀有有色金属产品以钼、钛、金、银、铅、锌、锆、钨、钽、铌、镍为代表。其中，钼及其合金广泛应用于冶金、农业、电气、化工、环保和航空等部门；钛及钛加工产品在航空航天、石油化工、冶金电力和体育及旅游领域有着广泛的应用。

2.1.2 产品方案编制原则

1. 国民经济发展对产品要求

生产产品要满足支柱产业市场需求，需符合国家产业政策，如房地产、铁路、公路、机场，以及新能源汽车和国产大飞机制造等。

钢铁工业是国民经济的重要原材料产业。改革开放以来，我国钢铁工业取得了长足发展，已成为世界上最大的钢铁生产和消费国，但是也出现了许多问题：生产力布局不合理、产业集中度低、产品结构矛盾突出、技术创新能力不强、低水平且能力过剩等。而进口高附加值产品中 90%都是冷轧薄板、镀锌板、不锈钢板、冷轧硅钢片等。根据全球钢铁产业的发展状况（见图 2-5），我国相继颁发了产业结构调整指导目录，列明了鼓励类、限制类和淘汰类钢铁产品。

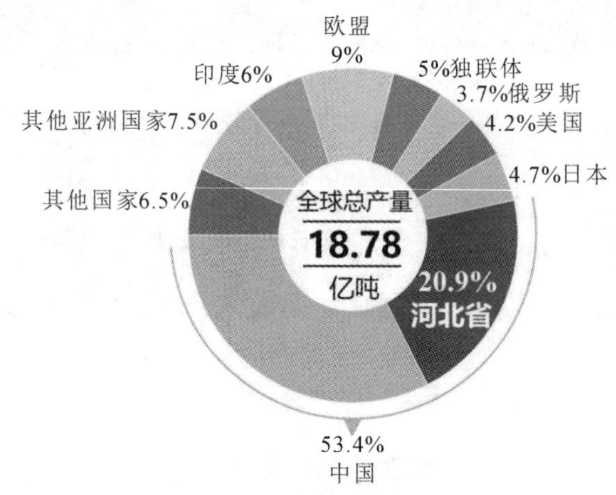

图 2-5 2022 年全球粗钢产量占比统计

鼓励类产品及生产技术，包括：高效连铸、连铸坯热装热送、薄带坯近终形连铸连轧、控制轧制及控制冷却、板型控制和表面涂镀层、石油钢管及管线钢、冷轧硅钢片、热/冷轧不锈钢板，如最具代表性的“手撕钢”箔材，历经 711 次试验近 1100 次失败后，最终达到 0.015 mm 的极薄厚度（见图 2-6）。

2. 产品平衡

满足辐射半径产品布局和差异化需要，如山东钢铁日照钢铁基地与日照钢铁、柳州钢铁防城港钢铁基地和广西盛隆冶金有限公司，分别在同一地区对原钢、板材和螺纹钢棒材及线材产品的差异化进行布局，以满足地区产品平衡。

图 2-6　太原钢铁(集团)有限公司生产的手撕不锈钢箔材

3. 建厂地区条件、生产资源、自然条件、投资等可能

建厂地区应符合国家工业布局的基本原则，适应城市的总体规划。例如，渤海、长三角与珠三角地区，内陆地区与沿海地区，唐山地区与攀西地区等，各有不同的资源优势、交通优势和产品销售优势。

此外，对各类产品的分类、牌号、化学成分、品种、规格尺寸及公差、交货状态、技术条件、力学性能、验收规程、试验和包装等均按标准规定执行。

2.1.3　产品标准和技术要求

1. 产品标准

产品标准包括的内容如下。

(1) 规格标准：规定产品的牌号、形状、尺寸及表面质量等；

(2) 性能标准：规定产品的化学成分、物理机械性能、热处理性能、晶粒度、抗腐蚀性能、工艺性能及其他特殊性能要求等；

(3) 试验标准：规定取样部位、试样形状和尺寸、试验条件及试验方法等；

(4) 交货标准：规定产品交货状态、包装、标志方法及部位。

根据颁布标准的部门和对产品要求的不同，产品标准可分为国家标准、部颁标准和企业标准三类。

(1) 国家标准：指对全国经济、技术发展有重大意义而必须在全国范围内统一的标准，用代号“GB”表示。

(2) 部颁标准：指国家标准中暂时未包括的产品标准和其他技术规定，或只用于本专业范围内的标准，如原冶金工业部标准用代号“YB”来表示。

(3) 企业标准：指在尚无国家标准和部颁标准的情况下由企业制定的标准，用代号“QB”来表示。

例如，关于低碳钢冷轧生产的标准有欧洲标准 EN 10130：1999、DIN 1623-1－1983，美国标准 ASTM A1008，日本 JIS 标准 JIS G3141:2021 和日本 JFS 标准 JFS A2001:2014，中国标准 GB/T 5213—2019，国际标准 ISO 3574:2012，企业标准 Q/BQB 402—2009。

需特别指出的是，产品标准的高低，直接反映了企业生产技术水平和质量管理水平的高低。

2. 技术要求

针对产品的牌号、规格、表面质量以及组织性能等方面提出的需达到的要求，统称为产品的技术要求，主要包括以下内容：

(1) 化学成分及控制偏差要求；

(2) 尺寸控制精度要求(厚度、宽度、定尺长度)；

(3) 表面质量要求；

(4) 板形质量要求；

(5) 力学性能、特殊工艺性能、特殊物理化学性能要求；

(6) 微观组织相、晶粒度等。

由于产品的使用条件不同，不同用户对产品的技术要求也会有所差异。企业应按产品标准组织生产。

2.2 产品生产方案的选择

2.2.1 生产方案概述

生产方案是指为完成产品方案所规定的产品的生产任务而采取的生产方法。

金属材料工厂设计所涉及的产品生产方案，通常分为两种类型：一种是总体方案，涉及的是基本性或全局性的问题，如该工厂是否应兴建、企业规划和发展方向、企业的专业化与协作方式的确定、厂址选择、产品品种及产量的确定等；另一种是局部方案，如在初步设计中对某些局部问题提出不同的设计方案，包括各工段生产方案、工艺流程方案、设备方案、设备配置方案等。

选择和设计生产方案又称为工艺路线设计，主要从以下几个方面考虑。

(1) 生产方案应能达到生产产品的主要技术要求，使产品在市场上有足够的竞争优势，如金属及合金的品种、规格、状态及质量要求，有色/黑色金属管、棒、型材、线、板、带、箔材的规格、质量和交货状态。产品要有强劲的市场竞争优势，应该符合市场策略。同时，生产方案要匹配相应的先进技术，先进技术一般有较强的竞争力，所以在其他方面相同的情况下应优先选择先进技术方案。

(2) 生产方案应能适应当地的资源条件。金属材料工厂需要投入大量的自然资源或原材料(如铁矿石、铝土矿、煤、焦炭等)，而一定的生产技术往往对某种特定的原材料具有适应性，且质量不同的原材料产出的产品也不同。所以，生产方案选择应当与厂址选择结合起来，以保障能为所选择的生产技术方案长期可靠地提供合适的原材料。

(3) 生产方案的选择要注意建设项目所处的环境，应与当地的生产技术系统相协调，不仅从规范和标准方面，更要从水平质量等方面协调，包括当地技术和经济的发展水平，对技术的接受吸收能力，相应的生产协调条件，劳动力的素质、结构和数量以及地方环保要求等。

(4) 投资规模、建设速度、装备水平要与年产量相适应，同时，还要考虑发展规划和国家产业技术发展政策、环保政策等因素。

在此基础上，经广泛了解、收集和综合分析有关的技术情报资料后，可以提出若干可行的产品生产方案，并从以下主要方面进行比较：产品质量，生产能力，装备操作、维护水平，投资情况(设备、占地、厂房、辅助设施等投资)，综合效益(节能、安全、环保、达产周期等)。

2.2.2　钢材生产方案

钢材生产方案根据产品类型和规格的不同，主要有板带材生产、棒线材生产、型材生产和管材生产，如图 2-7 所示。

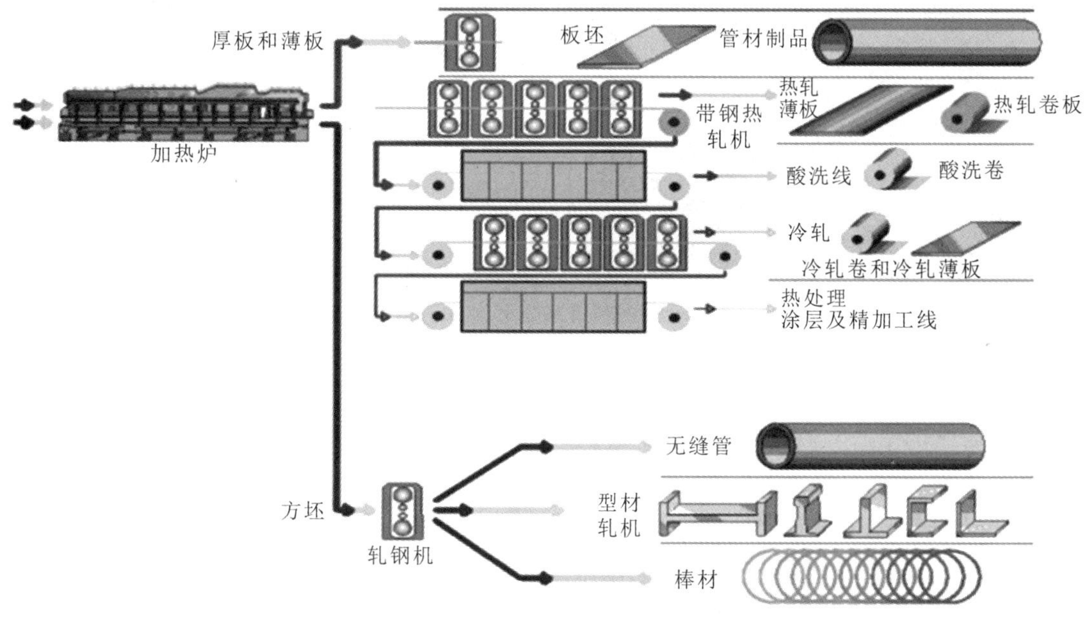

图 2-7　钢材生产方案

板带材根据产品厚度或交货方式，可以分为成直板交货的特厚板(厚度大于 60 mm)、厚板(厚度为 20～60 mm)、中厚板(厚度为 4～20 mm)，成直板或成卷交货的薄板(厚度为 0.2～4 mm)，以及成卷交货或成张交货的极薄带材或箔材(厚度小于 0.2 mm)。

棒线材可以分为成直条状和成卷交货的横截面形状为圆形、方形、六角形、八角形等，长度相对横截面尺寸来说比较大的产品，如带肋钢筋、光圆钢筋、盘条等。

型材主要是一些异形截面形状的产品，如 H 型钢、轨梁钢等，常采用轧制法、挤压法、拉拔法生产，以轧制法居多，具有生产规模大、效率高、能量消耗小和成本低的优点。

管材品种繁多，质量要求较高，常采用挤压法生产。但对于生产批量较大、塑性较好的管材，又多采用斜轧穿孔法生产，特别是三辊斜轧穿孔机的使用，使得更多的合金管材开始采用轧制方法生产，取代之前的挤压法生产。

生产方案不同，其所涉及的工艺流程、工序类型、设备类型均存在较大差别。

1. 中厚板生产

中厚板生产方式可以分为单机架轧制和双机架轧制。单机架轧制包括二辊轧制、三辊轧制和四辊轧制。双机架轧制以粗轧机和精轧机为主，图 2-8 为秦皇岛首秦金属材料有限公司的包含粗轧机和精轧机的 4300 mm 双机架机组及参数。

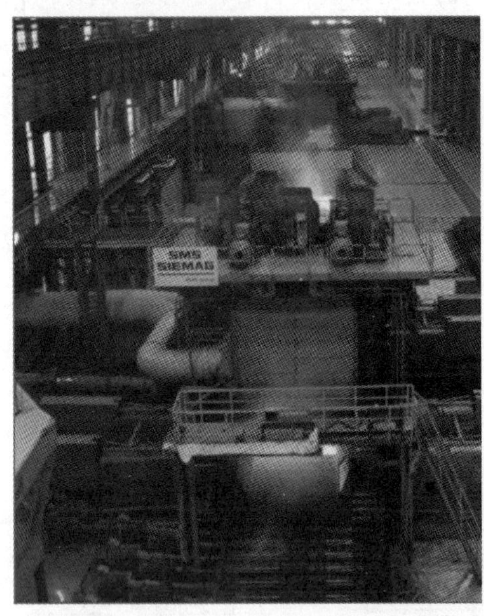

粗轧机		精轧机
9000 t		9200 t
2×6400 kW		2×8000 kW
0~85 r/min		0~120 r/min
最大辊径时4.98 m/s		最大辊径时7.04 m/s
2×1528 kN·m		2×1528 kN·m
2×3056 kN·m(200%)		2×3056 kN·m(200%)
2×3438 kN·m(225%)		2×3438 kN·m(225%)
2×4202 kN·m(275%)		2×4202 kN·m(275%)
最大压下量	45 mm	45 mm
最小弯辊力	1700 kN	1700 kN
最大弯辊力	4000 kN	4000 kN

图 2-8 秦皇岛首秦金属材料有限公司 4300 mm 双机架机组及参数

2. 热轧带钢生产

热轧带钢的生产方式可以分为热连轧法、叠轧法、炉卷轧制法等。其中，热连轧法包含传统长流程轧制、CSP 薄板坯连铸连轧、ESP 短流程热轧、Castrip 短流程热轧生产方法，如图 2-9～图 2-12 所示。

由于热轧带钢生产是在金属的再结晶温度以上进行轧制，热轧时金属具有较高的塑性变形能力和较低的变形抗力，因此大多数带钢都采用热轧法生产。只有当板材厚度较小时，由于散热较快而不能保证热轧时的温度，才采用冷轧法生产。

热轧带钢生产的产品通常成板交货或者成卷交货，如图 2-13 和图 2-14 所示。

3. 冷轧带钢生产

冷轧带钢生产是金属在再结晶温度以下进行轧制的过程，在冷轧过程中金属不发生再结晶，主要以加工硬化为主，金属的强度和变形抗力较高，轧制过程往往还伴随着塑性的降低，易导致脆裂。因此，大多数冷轧带钢通常采用先热轧，在获得热轧坯料后，再进行冷轧成为产品的生产方案。

冷轧带钢产品的厚度尺寸精确，表面相对光洁、平坦，缺陷少，冷轧生产率高，极限轧制厚度通常可达 0.015 mm 甚至更薄，因此可以生产热轧工艺不能轧出的极薄带材或箔材。冷轧带钢生产通常包括单机架可逆轧制、双机架可逆轧制、3/4/5/6 连续轧制，如图 2-15 所示。

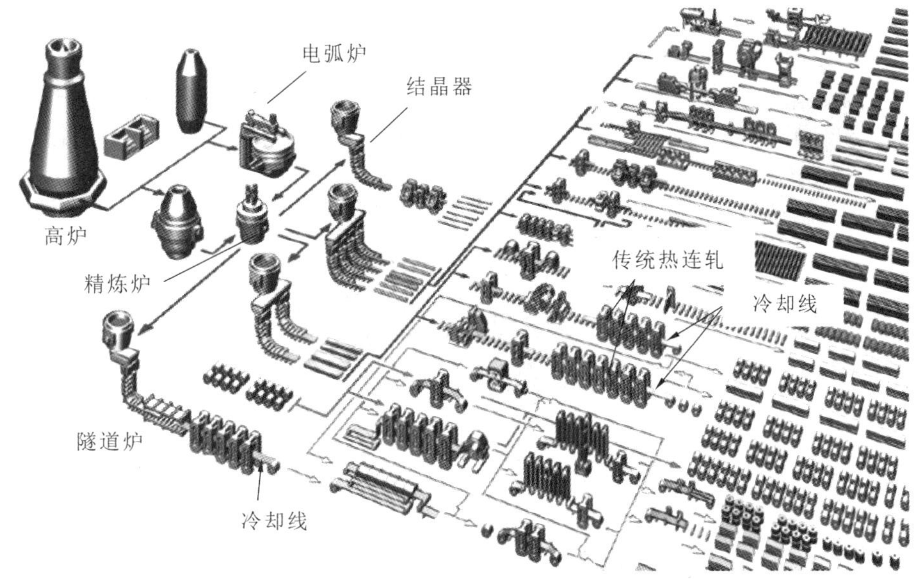

图 2-9　热连轧生产方案

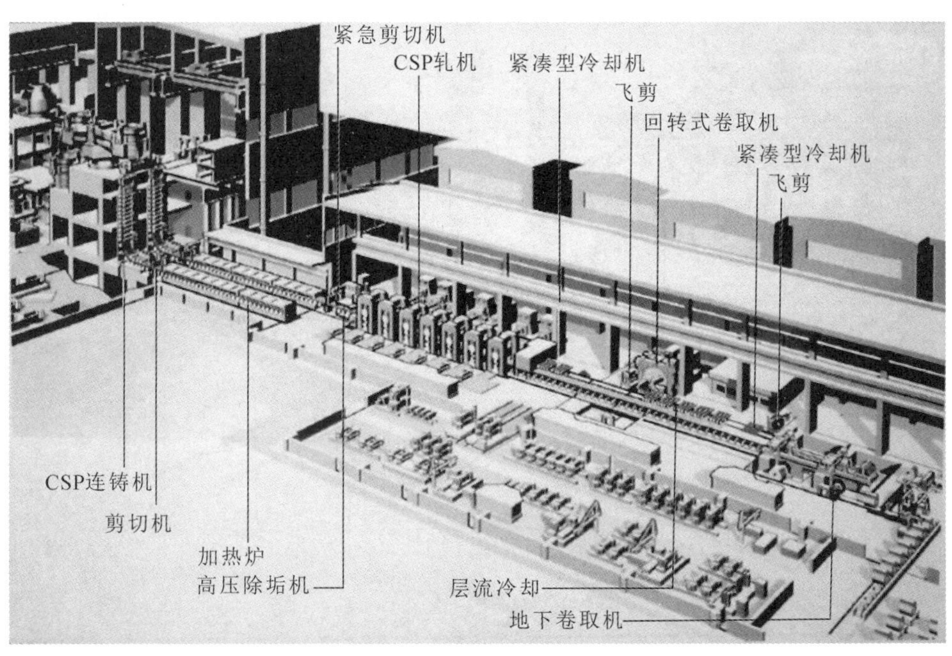

图 2-10　CSP 薄板坯连铸连轧生产线

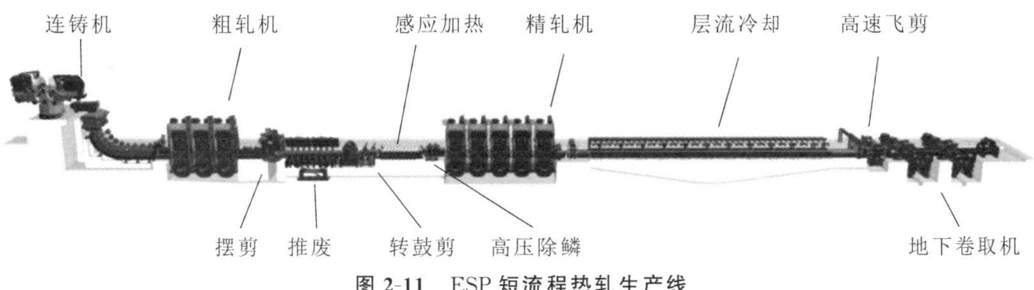

图 2-11　ESP 短流程热轧生产线

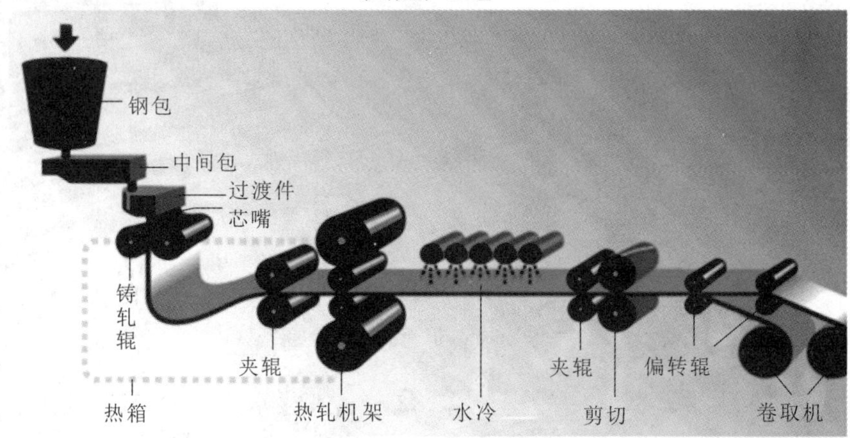

图 2-12　Castrip 短流程热轧生产线

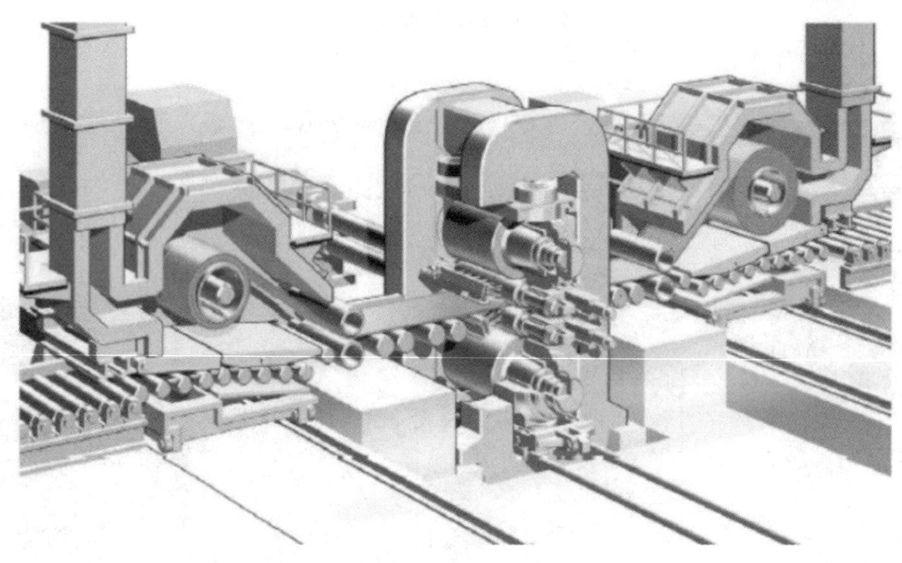

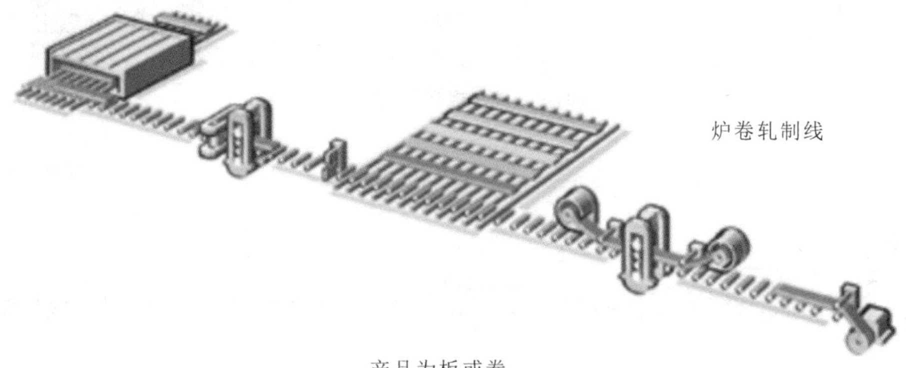

图 2-13　热轧钢板或卷板生产线

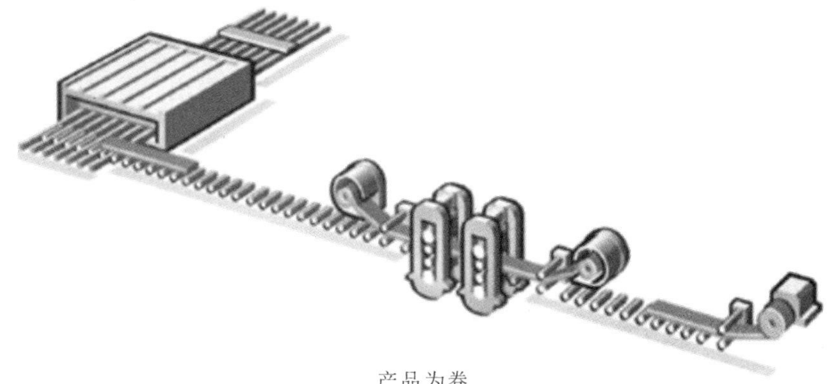

产品为卷

图 2-14　热轧钢卷板生产线

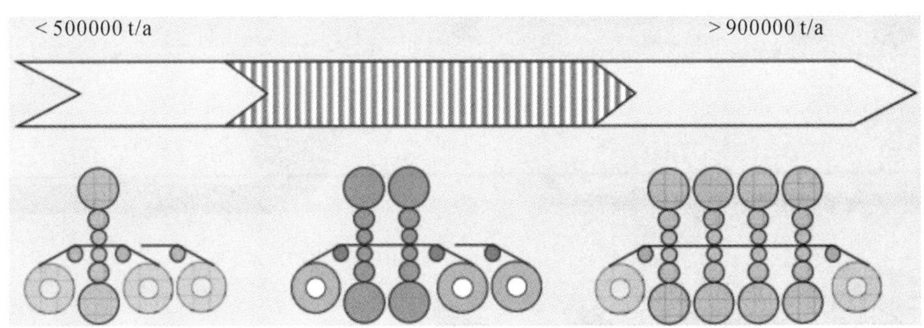

图 2-15　冷轧带钢生产方式

4. 型钢生产

H 型钢、轨梁钢等型材主要采用轧制法、挤压法、拉拔法生产，其中以轧制法（热轧、冷轧）居多。型材轧制过程属于型辊轧制，即需要在刻有轧槽的轧辊中进行轧制，配套轧机有二辊轧机、三辊轧机和三辊 Y 形轧机等。

图 2-16 为采用万能轧机-轧边机交替布置的型钢轧制过程。

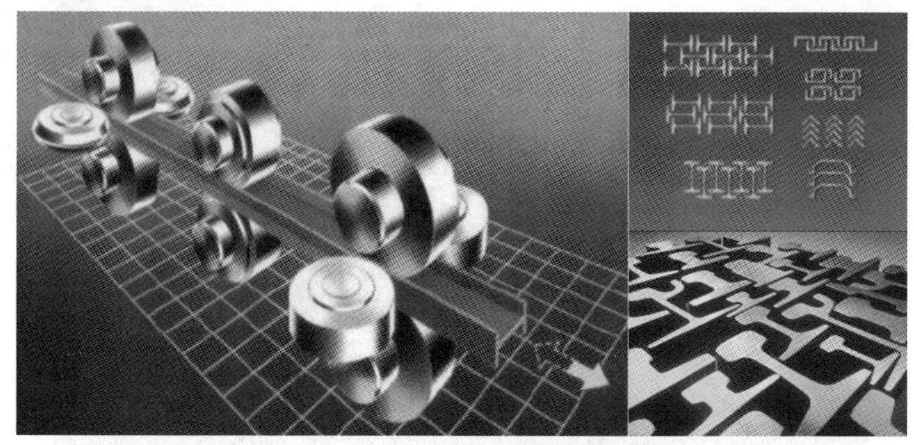

图 2-16 型钢万能轧制生产线

5. 钢管生产

钢管产品主要包含无缝钢管和有缝钢管(焊管)。前者通常采用热轧法、热挤压等进行生产;后者通常以热轧或冷轧带钢为坯料,然后经直缝焊接、UOE 法焊接或螺旋焊接而成。

图 2-17 为主要钢管生产线示意图。其中,热轧法生产以自动式轧管机组、皮尔格轧管机组、连续式轧管机组、三辊轧管机组、狄舍尔轧管机组为主。

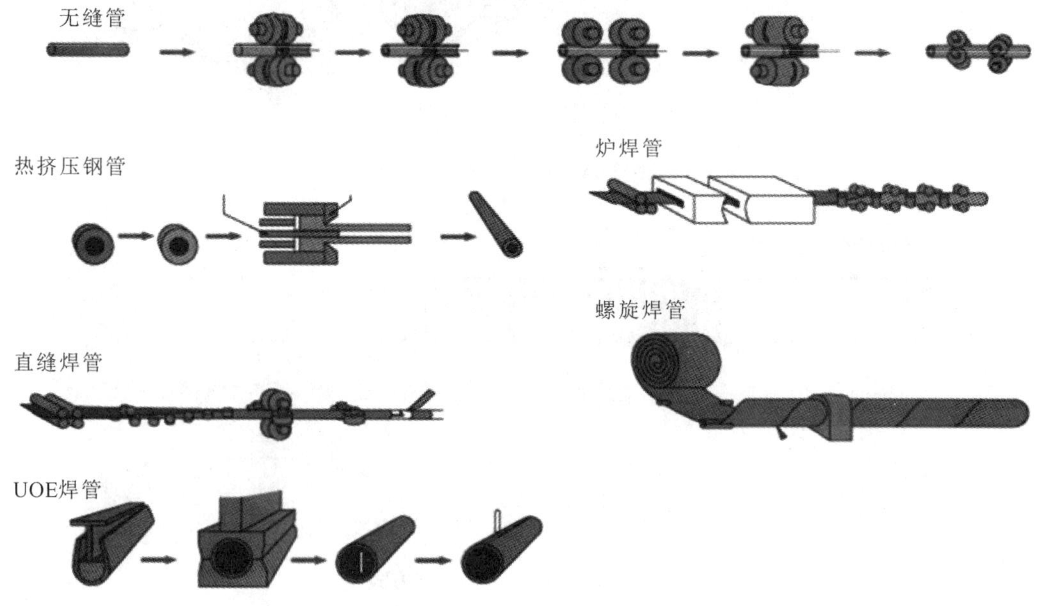

图 2-17 主要钢管生产线

6. 棒线材生产

棒线材通常采用热轧法进行生产,包括横列式轧制法、半连续式轧制法和连续式轧制法。

图2-18 为中国宝武钢铁集团有限公司高速线材生产线。

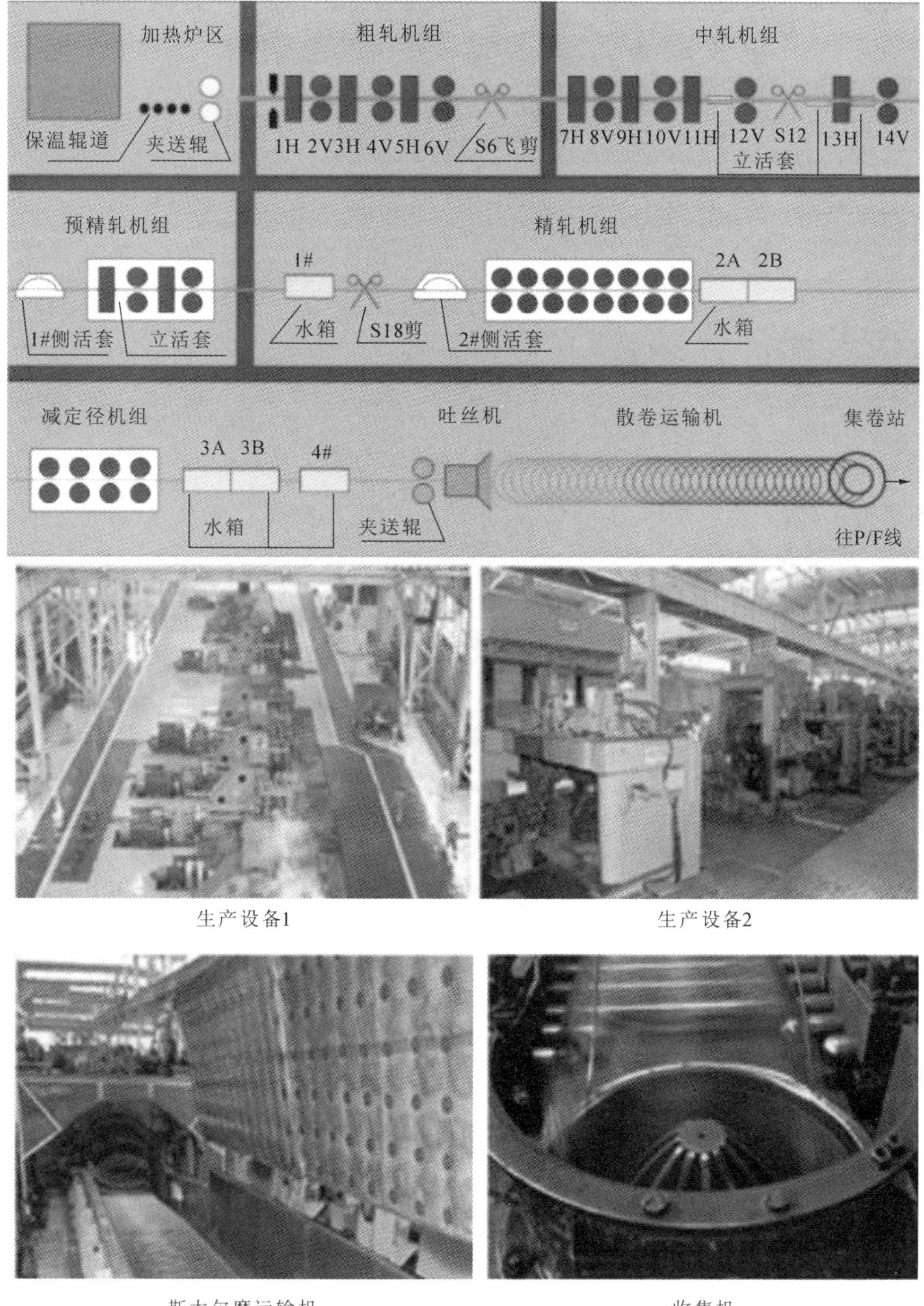

生产设备1　　生产设备2

斯太尔摩运输机　　收集机

图 2-18　中国宝武钢铁集团有限公司高速线材生产线

2.2.3　有色金属生产方案

有色金属及合金产品的生产方案与钢材产品的区别并不明显，只是当金属的内在特征不同时,其生产方案或工艺路线设计或多或少存在某些差异。

有色金属板带箔材生产方案包括块式轧制法、带式轧制法、热挤压法、连铸连轧法。

有色金属线材生产方案包括挤压法、轧制法、连续拉铸法、连铸连轧法、离心铸造法、粉末-压型-烧结-旋锻法等,如图 2-19 所示。

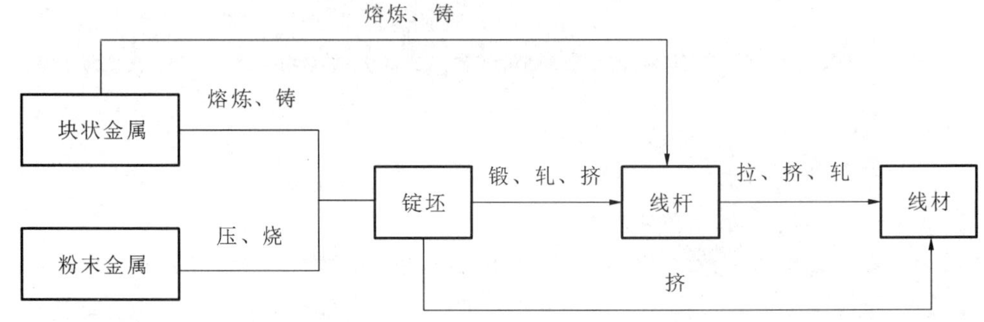

图 2-19　有色金属线材生产线

有色金属管棒材生产方案包括挤压法、挤压-拉拔法、挤压-冷轧-拉拔法、斜轧穿孔法或冷轧-拉拔法、焊接-拉拔法。

图 2-20 为铜管生产所采用的热轧法中的行星轧制法,该法采用三辊行星轧机,大圆盘转动带动三锥形辊公转,锥形辊同时又自转(围绕水平轴/棒料/管坯)。

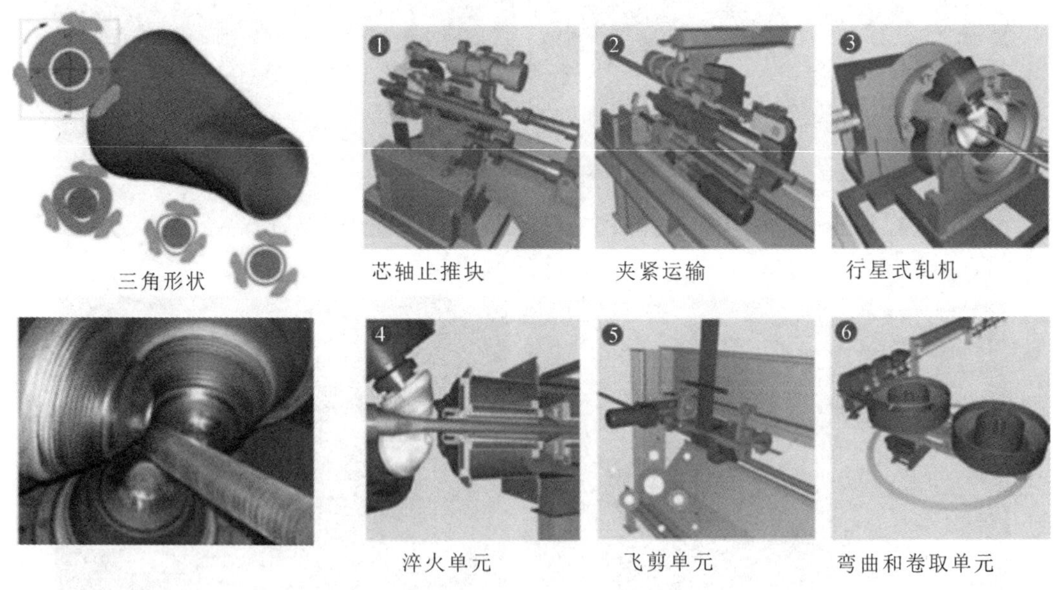

图 2-20　铜管行星轧制生产线

2.2.4　生产方案的比较

1. 生产方案的比较内容

产品生产方案一般从以下几方面进行综合比较。

(1) 生产方案的技术先进性。先进技术一般有较强的竞争力,所以在其他方面相同的情况下应优先选择先进技术方案。但是，强调先进性并不意味着可以选择那些超出现实、没有产业化基础的技术，而一定要采用产业化或可以产业化、具备完全应用条件的技术。

(2) 生产方案与当地条件相适应的程度。比较备选方案时应选择充分利用当地条件的方案，因为投产所需的大量原材料要在地方上供应或要与地方的运输设施相配套。此外，当地条件还包括劳动力的数量、结构和素质。同时，技术与生产协作条件也是要特别注意的问题，尤其是引进技术时更要注意这一点。总之，备选方案必须与当地的生产技术系统相协调，不仅从规范和标准方面，更要从水平质量等方面协调。

(3) 产品优势的比较。不同生产方案产出的产品，其质量有所不同，在市场上的竞争优势也各不相同。所以，要使产品有强劲的市场竞争优势，应该选择符合市场需求的工艺流程。

(4) 生产方案的技术经济性。经济性是生产方案评价和选择的关键，也是最终的标准。生产方案选择不仅要考虑投资效益，同时也要考虑生产费用，包括工艺设备投资费用、生产的工艺成本以及技术的获取和使用费用。

2. 技术经济性计算

在进行生产方案比较时，要对每个方案逐一进行计算。对于分期建设的项目，要按期分别计算生产方案中的投资和生产费用。而对于比较复杂或对方案取舍影响较大的重要指标，则应进行详细的计算。其计算内容包括：

(1) 根据工业试验结果或类似工厂正常生产期间的有关年度平均先进指标，同时参考有关文献资料，确定所选工艺流程方案的主要技术经济指标和原材料、水、电、燃料、劳动力等的单位消耗定额。

(2) 由单位消耗定额算出所设计金属材料工厂每年需供给的主要原材料、水、电、燃料、劳动力等的数量，再由此算出产品的生产费用或生产成本。

(3) 概算出各生产方案的建筑和安装工程量，并用概略指标算出每个生产方案的投资总额。

(4) 根据市场价格计算出企业正常生产期的总产值，由总产值和生产成本算出企业年利润总额，再由投资总额和年利润总额算出投资回收期。

表 2-1 为产品各生产方案的主要技术经济指标及经济参数一览表，以便对照比较。

表 2-1　产品生产方案的主要技术经济指标及经济参数一览表

序号	比较项目	单位	生产方案		
			1	2	3
1	处理量或金属年产量	t/a			
2	主要生产设备及辅助设备(规格、主要尺寸、数量、来源等)				
3	厂房建筑 (1) 全厂占地面积； (2) 厂房建筑面积； (3) 厂房建筑系数	 m^2 m^2 %			
4	主要原材料消耗	t/a			

续表

序号	比较项目	单位	生产方案		
			1	2	3
5	能源消耗(燃料、水、电、蒸汽、压缩空气等)	t/a 或 m^3/a			
6	环境保护				
7	劳动定员(生产工人、管理人员等)	人			
8	基建投资费用 (1) 建筑部分投资; (2) 设备部分投资; (3) 辅助设施投资; (4) 其他相关投资	 万元 万元 万元 万元			
9	技术经济核算 (1) 主要技术经济指标; (2) 年生产成本(经营费用); (3) 企业总产值; (4) 企业年利润总额; (5) 投资回收期; (6) 投资效果系数	 万元/年 万元/年 万元/年 年 %			
10	其他				

2.3 工艺流程设计内容

2.3.1 设计原则及影响因素

1. 设计原则

金属材料车间工艺流程的设计除了需考虑原材料组成、成分和含量及其他物理化学性质外,还需考虑工艺技术水平、经济效果及环保规定等,所以在设计工艺流程时,必须坚持下列基本原则。

(1) 可靠、高效和低耗是确定工艺流程的根本原则。在保证同等效益的前提下,选择的工艺流程应当力求简化。

(2) 设计的车间工艺流程应杜绝造成公害,能有效地进行“三废”治理,综合资源回收利用,环境保护符合国家要求。

(3) 工艺流程设计在确保产品符合国家和市场需求的前提下,应尽可能采用现代化的先进技术,提高技术含量,减轻劳动强度,改善管理水平,以获得最优的综合力学性能、设备利用率和劳动生产率。

(4) 投资小，建设快，占地少，见效快，利润高，社会效益和经济效益大。

2. 影响因素

工艺流程设计的主要影响因素如下。

(1) 产品方案及产品质量指标。研究产品方案时，首先要做好国内外市场的预测和产品销售情况的调查研究工作，确定建设项目投产方案。产品方案是选择生产工艺流程和技术装备的依据，但是有时可相反，即根据可供选择的先进生产工艺和技术装备来确定产品方案。产品质量要符合市场的要求，并采用相应的标准进行衡量。

(2) 均衡生产。均衡生产是指产品生产在相等时间内其数量基本相等或稳定递增，要求每一道工序均衡协调，在大型联合企业中要求每个分厂之间均衡协调。例如，钢铁联合企业有炼铁、炼钢、轧钢等分厂，各分厂的协调极为重要，若炼铁厂产出的铁水在炼钢厂暂时不能入炉，炼钢厂产出的钢坯不能及时送往轧钢厂，这类问题都会造成能源的大量浪费甚至停产。同时，分厂内部工艺之间也应协调一致，如炼钢工序炼出的钢必须马上浇注，若铸钢工序没有准备好，则势必造成炼钢工序的停产。

(3) 节约能源和资源。在不影响产品结构、性能和使用寿命的前提下，应尽量简化生产流程，减少运输，形成完整的生产线，在一个企业内可考虑多层次、多品种、多方位的加工或生产。生产流程的简化是节约能源的有效方法，生产的自动化控制和新技术应用对企业的发展具有十分重要的意义。

(4) 加工对象。设计工艺流程时，应考虑加工对象的不同和产品要求等因素。在条件允许的情况下，应选择兼顾加工产品不同要求的工艺。炼钢既要有一定的模铸工艺来满足用户对产品的特殊要求，也要有连铸工艺以满足企业提高劳动生产率和钢材成材率的要求。铝厂既应生产铝锭，也应考虑原铝的精深加工，如生产铝型材、铝线材等的轧制、挤压或拉拔工艺，以提高企业的经济效益。此外，工艺流程的选择也受到加工对象类型和生产能力的影响。一般来说，自动化程度高的生产工艺适合大型金属材料工厂采用。

(5) 基建投资费用和经营管理费用。工艺流程的选择应以投资费用少、经营管理费用低为目标。但是两者兼顾却不易做到，应全面衡量、比较，然后作出决定。当建厂方案有两种以上的工艺流程供选择时，有的方案投资费用虽高，但经营管理费用却较低；有的方案投资费用虽低，但经营管理费用却太高；此时，必须在全面衡量的基础上作出决策。

(6) 环境效应。新建或改扩建金属材料工厂，或多或少地会对环境产生有益或有害的、大范围或小范围的影响。项目对环境的有益影响如开拓市场、促进新区开发、改善交通条件、扩大就业机会、提高当地居民的生活水平等；此外，项目也可能给环境带来有害影响，如对空气和水土的污染、噪声的干扰以及对人畜健康的危害等。这些影响绝大多数是不能商品化的，无市场价格可循，有些甚至是无形的和不可定量的。不管怎样，其中较大的影响在工艺流程设计时必须慎重考虑。

(7) 产品的市场对销。市场需求是千变万化的，所以选择的工艺流程和产出的产品品种在可能的情况下最好能具有较强的灵活性和适应性。应根据市场的需要，产出不同牌号的产品，并且能对产品的升级换代及时作出相应的调整和改变，要有应变能力。

(8) 环境保护和综合利用。环境保护与综合利用是互相关联的。环境保护工作始终是工业建设的大政方针。搞好综合利用、提高综合效益包括纵向和横向两个方面：纵向是指资源的多层次利用、深度开发；横向是指资源的合理利用。

总之，影响工艺流程设计的因素很多，在设计过程中应进行深入细致的调查研究，掌握确切的数据和资料，抓住对工艺流程设计和选择起主导作用的因素，进行技术经济比较，确定最佳的工艺流程。

2.3.2 工艺流程设计方法

产品生产方案确定后，要进行工艺流程设计。工艺流程设计的主要任务，一是确定生产流程中各个生产过程的具体内容、顺序和组合方式；二是绘制工艺流程图，即以图纸的形式表示出整个生产过程。

工艺流程设计的步骤和方法如下：

(1) 确定生产线数目。

若产品品种、牌号多，换产次数多，可考虑采用几条生产线同时生产。

(2) 确定主要生产过程。

一般以主产品加工过程作为主要生产过程加以研究，然后逐个建立与之相关的生产过程，逐步勾画出流程全貌。

(3) 考虑物料及能量的充分利用。

要尽量提高原料的转化率，如采用先进技术、有效的设备、合理的单元操作、适宜的工艺技术等。

应进行“三废”治理工程的设计，要认真进行余热利用的设计，改进传热方式，提高设备的传热效率，最大限度地节约能源。

(4) 合理设计各个单元过程。

合理设计各个单元过程，包括每一单元的流程方案、设备形式、单元操作及设备的安排顺序等。

(5) 工艺流程的完善与简化。

整个流程确定后，要全面检查和分析各个过程的连接方式和操作手段，增添必要的预备设备，增补遗漏的管线、排空、连通等设施，尽量简化流程管线。

2.3.3 工艺流程图的绘制

工艺流程是从原料到产品的整个生产过程。描述生产流程的图形称为工艺流程图。工艺流程图按作用和内容不同，主要分为工艺流程简图、设备连接图和施工流程图三种形式。

1. 工艺流程简图

工艺流程简图也可直接称为工艺流程图。铝合金管材工艺流程图如图 2-21 所示。该图由文字、方格、直线和箭头构成，表示从原料到产品的整个生产过程，标注了原料、主要工序、辅助工序、中间产品、成品等的名称、走向，有时也标注出其重要的工艺参数。

每个主要工序名称都加上一个实线外框，如图 2-21 中的挤压工序、矫直工序、冷轧工序、拉拔工序等。辅助工序名称，如淬火、人工时效、退火等也都加上实线外框。上、下工序之间和

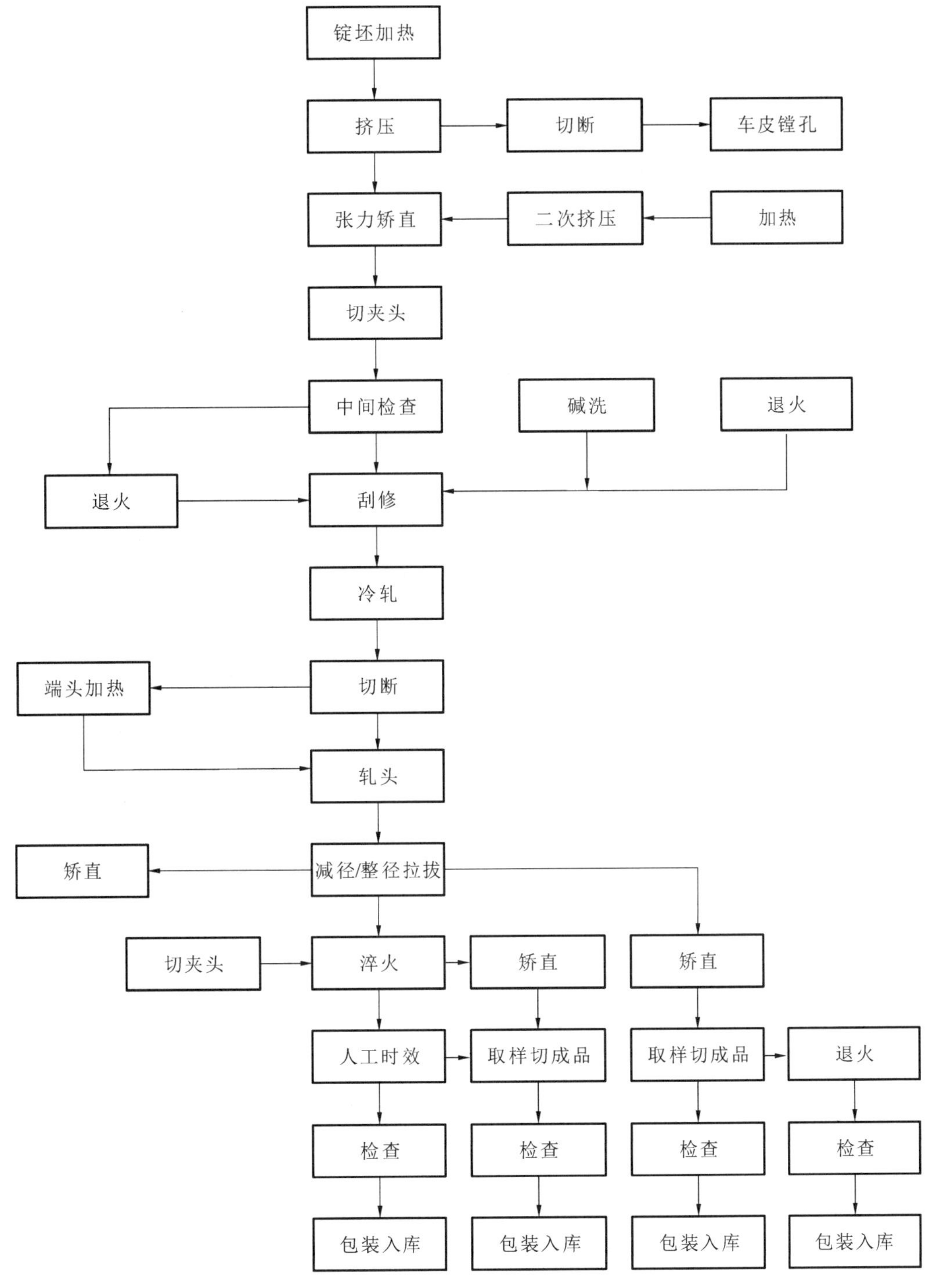

图 2-21　铝合金管材工艺流程图

工序与物料之间用实线连接，并加箭头表示物流方向，称为流程线。流程线一般以水平线和垂直线绘制。

如工艺流程有备用方案，即可能延伸某种工序或外加某种工序，则此工序及其后续工序的工序名称外框线以及流程线等都用虚线表示，如图 2-22 所示，该图为棒材生产工艺流程图。

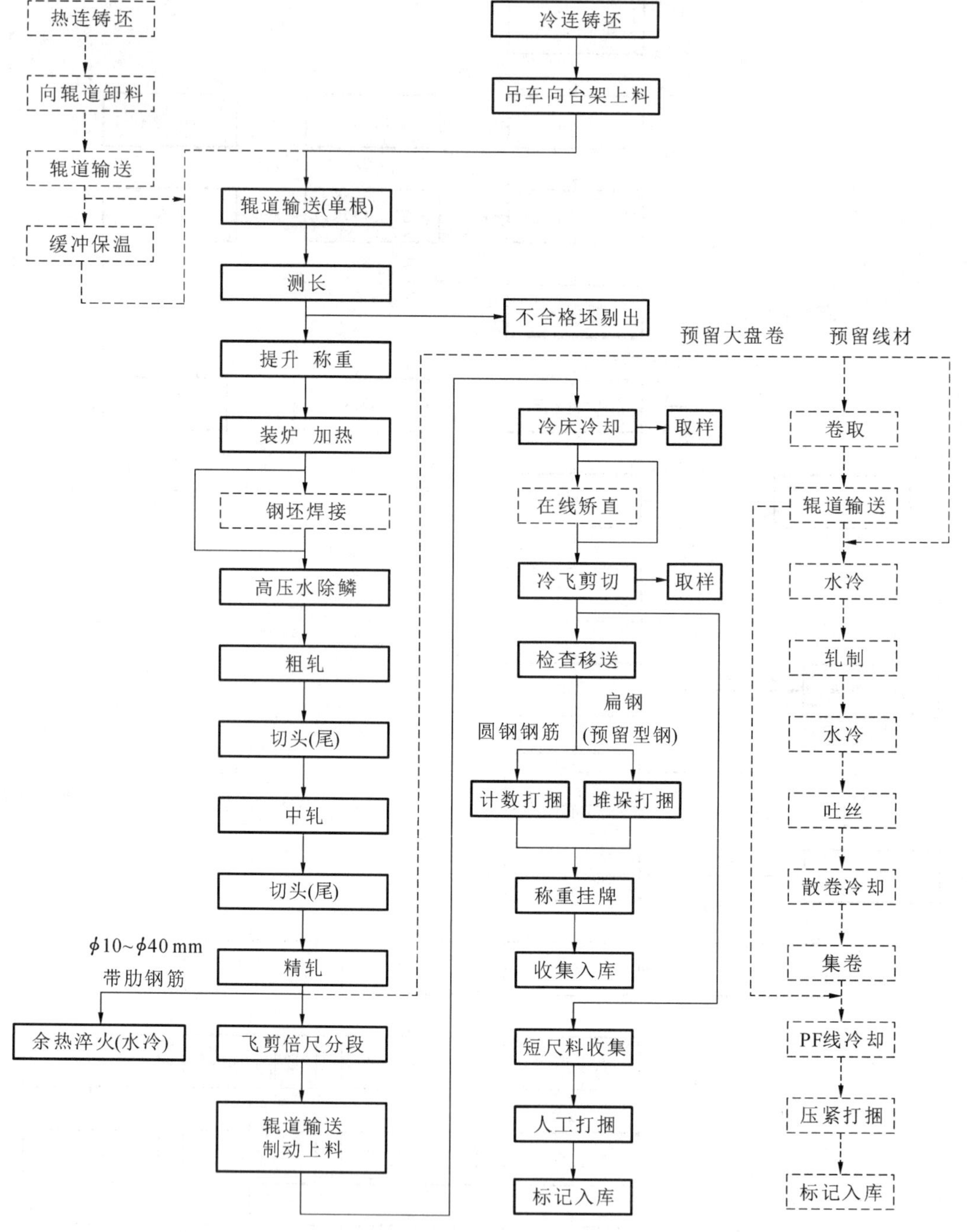

图 2-22 棒材生产工艺流程图

2. 设备连接图

设备连接图是将工艺流程中的设备及中间产品或成品用流程线连接为一体的图形，图中画出的设备及中间产品或成品大致与实物相似，如图 2-23 和图 2-24 所示。

设备连接图具有下列特点。

(1) 图中表示设备及中间产品或成品的图形只是原物的形象化。对每一个图形来说，其

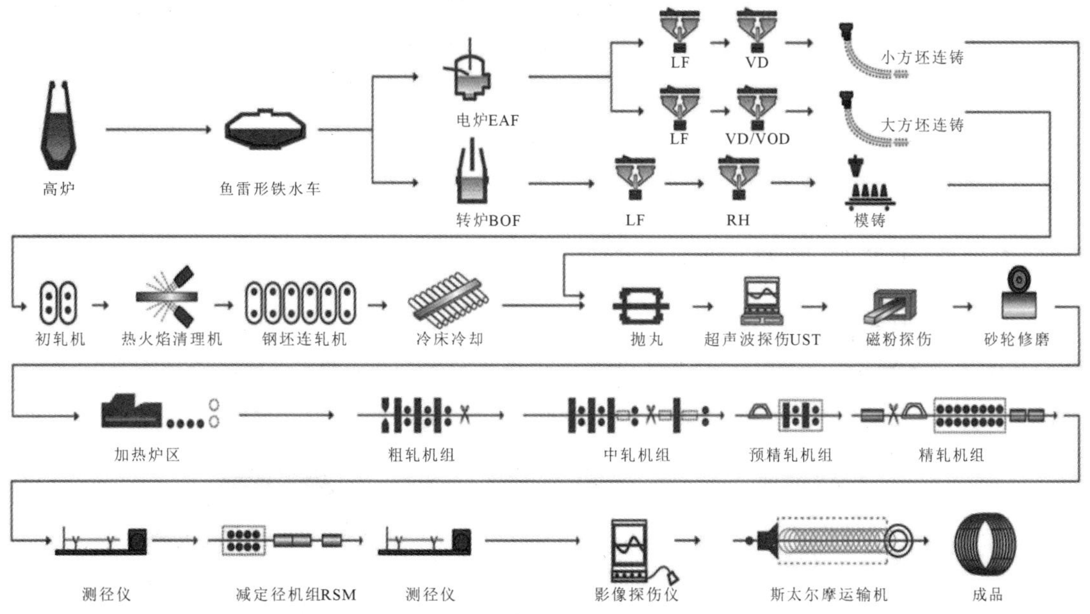

图 2-23　中国宝武钢铁集团有限公司的线材生产线

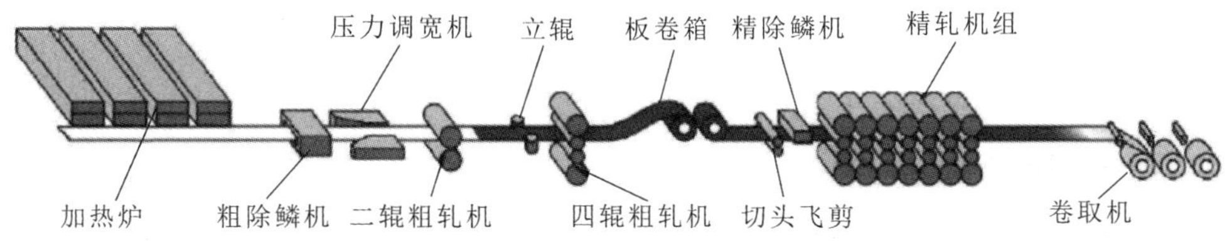

图 2-24　首钢集团迁安钢铁有限公司 2160 mm 热连轧机生产工艺路线

结构轮廓和比例尺寸与原物大致相似，但各个图形的绘制可以是不同的比例尺，只要设备连接图内的各种图形协调相称即可。

（2）通常情况下，流程中的设备及中间产品或成品都按先后顺序由左至右、由上至下排列，无须考虑这些设备及中间产品或成品在实际中所处的位置和标高。但是有时为了保持整个设备连接图的清晰度，也可不按由左至右、由上至下的顺序排列。

（3）各个图形之间应有适当的距离以便布置流程线，避免图中的流程线时疏时密。

（4）流程线的始端连接图形物料的出口，末端箭头指向图形物料的入口，与物料流的方向和位置吻合。流程线除绘出物流方向外，交叉时后绘线段在交叉处应断开或以半圆形线段表示避开；流程线段过长或交叉过多时，也可在线段的始端和末端用文字标明物料的来向和去向。

（5）工艺流程在不同工序采用规格相同的设备时，应按工序先后分别绘制；在同一工序使用多台规格相同的设备时，只绘一个图形，如用途不同则应按用途分别绘制；同一张图纸上相同设备的图形大小和形状应相同。

（6）设备连接图一般不列设备表或明细表，物料名称可在图形旁标注，设备名称、规格和数量也在设备图形旁标注。

(7) 有时在设备连接图上标写设备和物料的名称显得过乱，特别对于比较复杂的设备连接图更是如此。为使图面比较清晰，可将图中的设备和物料编号，并在图纸下方或显著位置按编号顺序集中列出设备和物料的名称。

(8) 为了给工艺方案讨论和施工流程图设计提供更详细的资料，常将工艺流程中的关键技术条件和操作条件标写在图形的相关位置上。

2.3.4 钢材工艺流程设计

钢材是对钢锭、钢坯进行压力加工所得到的具有各种形状、尺寸和性能的材料。大部分钢材都是通过压力加工，使被加工的钢坯、钢锭等产生塑性变形制成的。钢材加工根据加工温度不同分为冷加工和热加工两种，主要生产工序如图 2-25 所示。

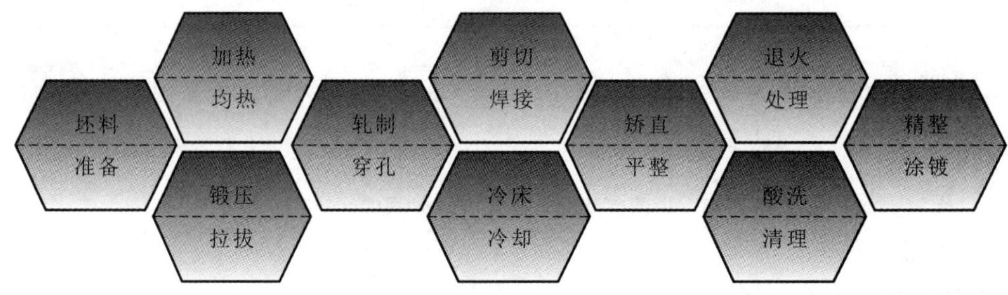

图 2-25 钢材主要生产工序

1. 加工工艺制度之坯料选择

坯料种类、尺寸、形状、质量的选择取决于产品质量、产量、上下游工序能力匹配、生产条件、设备条件及相关技术经济指标要求或制约。

2. 加工工艺制度之坯料预处理

选择好合适的坯料后需要对坯料进行预处理，首先需要保持坯料洁净度，然后对坯料表面缺陷以及氧化铁皮进行清理，保证坯料表面质量，同时需要对坯料进行预热处理以减少裂纹、夹杂物和中心疏松、缩孔、偏析等缺陷，提高坯料内部质量，最后要避免坯料形成鼓肚、脱方、椭圆等形状缺陷。

3. 加工工艺制度之坯料加热

加热制度是对锭坯在加热炉内加热到热加工所需温度过程中加热温度、加热速度和加热时间的具体规定。

(1) 加热温度一般按合金相图、塑性图和再结晶图三图定温的原则确定。为防止过烧，最高温度应低于固相线 100～150 ℃。

(2) 加热速度由金属的塑性和导热性来确定，同时还需考虑相变带来的组织应力的影响。

(3) 加热时间一般由坯料厚度、装料温度、炉型结构等决定，通常采用经验公式计算，可通过模型预报实现自动出钢。

4. 加工工艺制度之轧制

轧制设计是工艺设计的核心，主要任务是确定变形程度、轧制速度以及轧制温度等工艺参数。

(1) 变形程度:包括总变形量、道次变形量及其分配;

(2) 轧制速度:受轧钢工艺、轧机结构、轧机机械化和自动化程度等的影响;

(3) 轧制温度:包括轧件的开轧温度、终轧温度;

(4) 轧制力:决定轧制设备和传动能力参数的基础数据。

例如,连铸机浇注了各种尺寸外形的板坯后供给轧制生产工序时,炼钢连铸生产调度对确保连铸连轧的高效运行起着非常重要的作用。钢水在连铸机连续拉出铸锭后进入热轧工序,连铸与热轧工序间的连接方式如图 2-26 所示。从连铸机出来的板坯放入板坯库,堆垛后板坯经加热炉加热,然后送给粗轧机,再送精轧机进行精轧,最后卷取、入库,如图 2-27 所示。

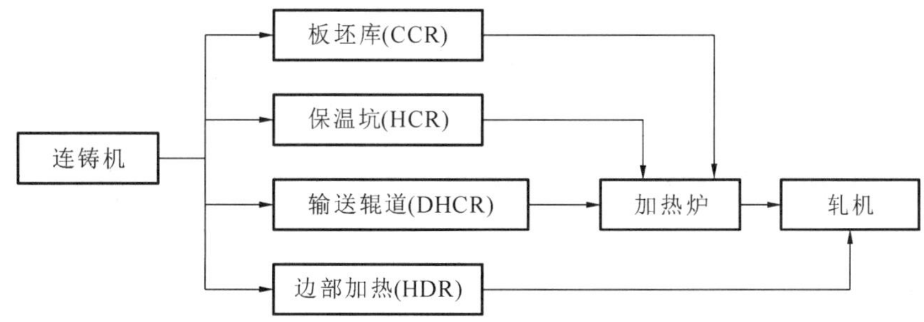

图 2-26　连铸与热轧工序间的连接方式

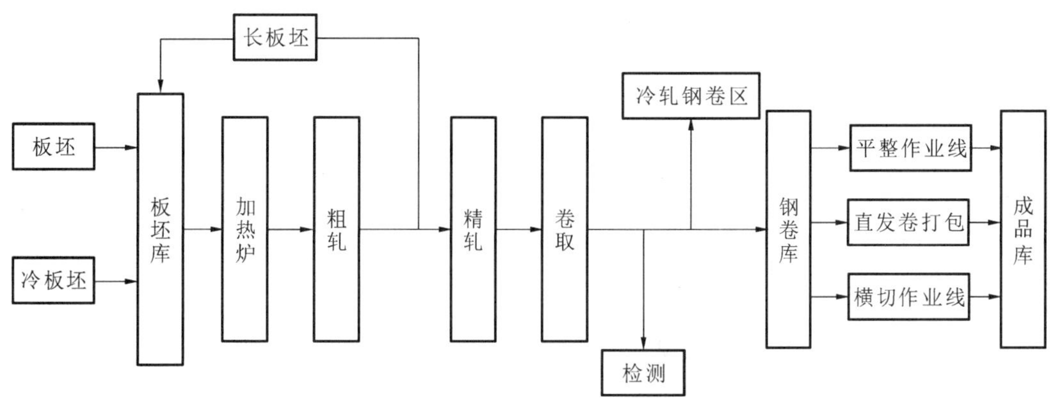

图 2-27　热轧生产流程图

5. 加工工艺制度之冷却

冷却设计的主要任务是确定冷却介质、冷却方式、冷却速度、冷却温度制度等。

(1) 冷却介质:水、风、水雾、油等;

(2) 冷却方式:集中冷却、分段冷却、稀疏冷却等;

(3) 冷却速度:超快冷、快冷、缓冷、炉冷等;

(4) 冷却温度制度:开冷温度、终冷温度、中间温度、空冷时间等。

图 2-28 所示为某工厂 1780 mm 热轧工艺流程的层流冷却系统。

6. 加工工艺制度之精整

精整是工艺流程中最后一个工序,依据产品的不同,包括矫直、平整、剪切、酸洗、热处理、

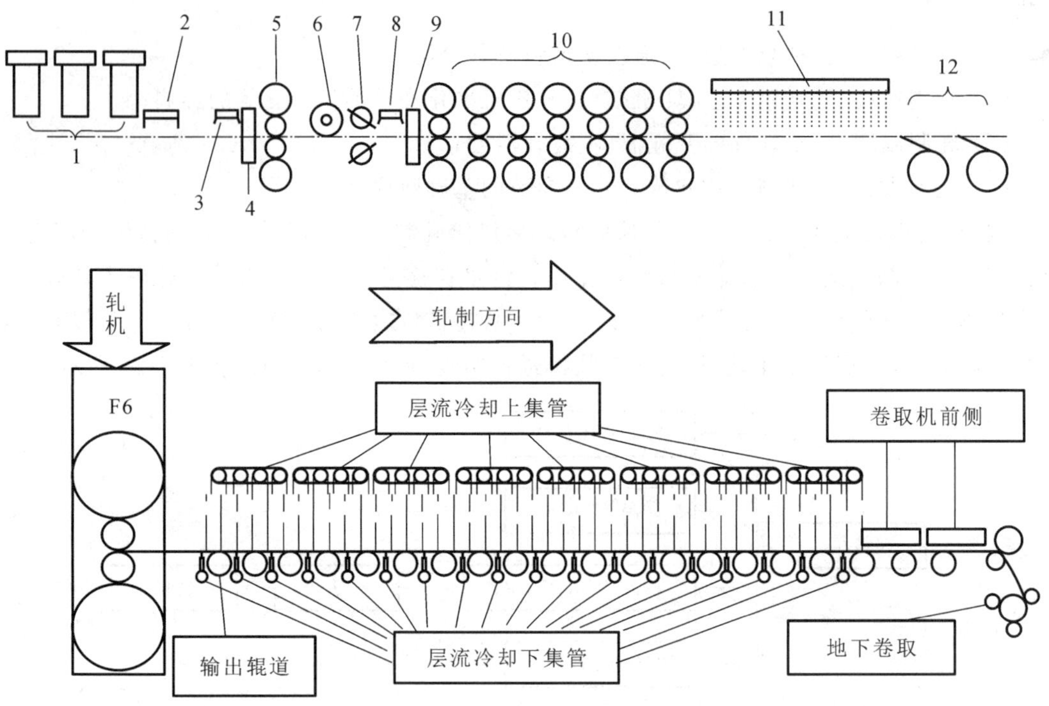

图 2-28　某工厂 1780 mm 热轧工艺流程的层流冷却系统

1—三座加热炉；2—高压水除鳞箱(HSB)；3—粗轧除鳞；4—粗轧前大立辊(VE)；5—粗轧机(RM)；6—热卷箱(CB)；7—飞剪(CS)；8—精轧前除鳞装置；9—精轧前立辊(F1E)；10—7 机架的精轧机；11—层流冷却；12—两台地下卷取机(DC)

表面镀层以及机加工。

2.3.5　有色金属工艺流程设计

有色金属材料生产工艺包括板带箔材生产和管棒型材生产，工艺流程如图 2-29 和图 2-30 所示。

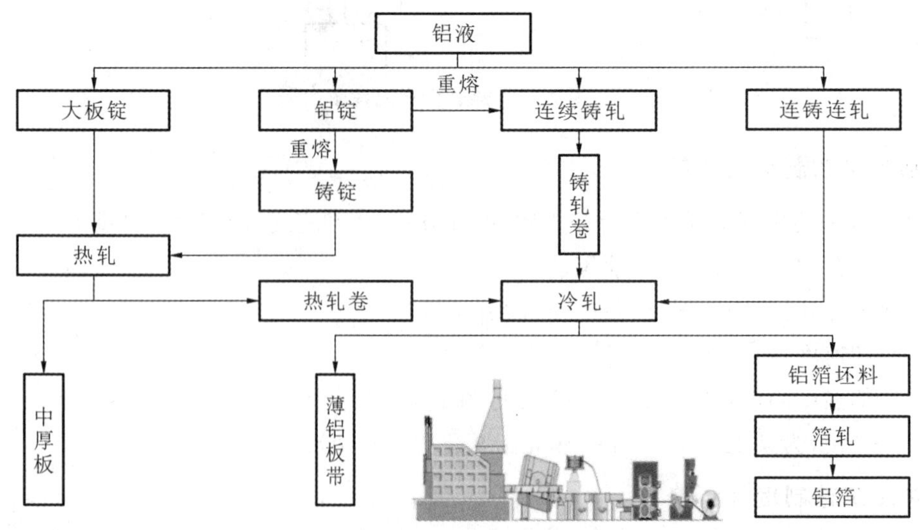

图 2-29　铝板带箔材生产工艺流程

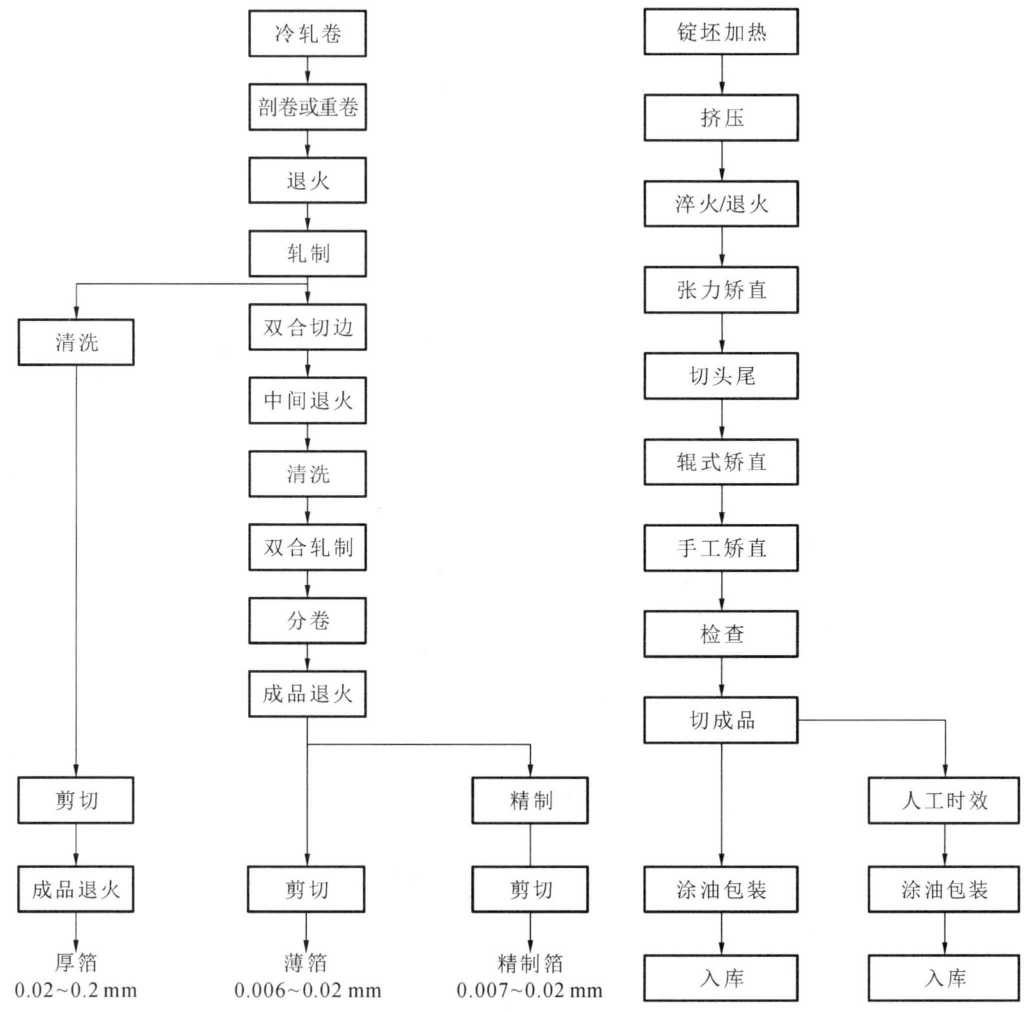

图 2-30　铝合金箔材、棒材生产工艺流程

锭坯的类型包括锭模铸锭、半连续铸锭以及连续铸锭，锭坯的质量需要满足以下要求：

(1) 化学成分及宏观组织应符合标准的规定；

(2) 尺寸及偏差应满足工艺要求；

(3) 表面光洁、无缺陷；

(4) 内部无缩孔、气孔、夹杂、偏析及裂纹等缺陷。

同时，选择锭坯时还需要依据以下条件：

(1) 车间的规模和产量；

(2) 产品的规格尺寸，如板带材生产常采用扁锭，线材生产可采用圆锭或方锭，管棒型材生产常采用圆锭；

(3) 设备能力；

(4) 制品性能确定的锭坯厚度或直径；

(5) 金属及合金的工艺性质；

(6) 铸造条件。

2.4 轧制工艺流程设计

2.4.1 轧制工艺概述

轧制是指轧件在旋转的轧辊作用下通过其间隙产生塑性变形的过程，其目的是生产具有合格形状尺寸和组织性能的产品。目前，金属材料尤其是钢铁材料的塑性加工，90%以上是通过轧制完成的。轧制产品类型按断面形状可以分为板材(厚度不同时，又细分为厚板、中厚板、薄板带材以及箔材)、管材(无缝管和焊管)以及型材(轨道钢、工字钢等棒材、线材)。

简单的轧制过程可以分为四个阶段，即开始咬入阶段、拽入阶段、稳定阶段以及结束阶段，如图 2-31 所示。整个轧制过程均在上、下两个直径相同的圆柱形刚性轧辊间进行，轧辊皆为传动辊，转速相同但转向相反。轧件为各向同性的均匀连续体，只承受来自轧辊的作用力并且满足屈服条件，轧件为矩形断面，轧制前的横截面在变形过程中仍为平面。在轧制过程中，轧辊对轧件的作用力同时产生两个效果：将轧件拖入辊缝，同时使之产生塑性变形。在满足屈服条件的前提下，轧制过程能否开始取决于轧辊能否将轧件拖入辊缝。在轧制过程中，轧件高度减小。轧件在高度方向减小的体积，要转移到轧件的宽度和长度方向，这一变形过程不仅决定了轧制后的轧件尺寸，也影响了轧件进出轧辊的速度。为使轧制过程顺利进行，主电机要具有足够的功率，以通过轧辊提供轧件塑性变形所需的变形力，而所需变形力与轧件本身的性质和应力状态有关。在实际轧制过程中，这一变形力又对轧辊产生反作用而影响轧制过程。无论是冷轧工艺还是热连轧工艺(见图 2-32)，粗轧、中轧和精轧的各道次均遵循简单轧制过程的变形规律。

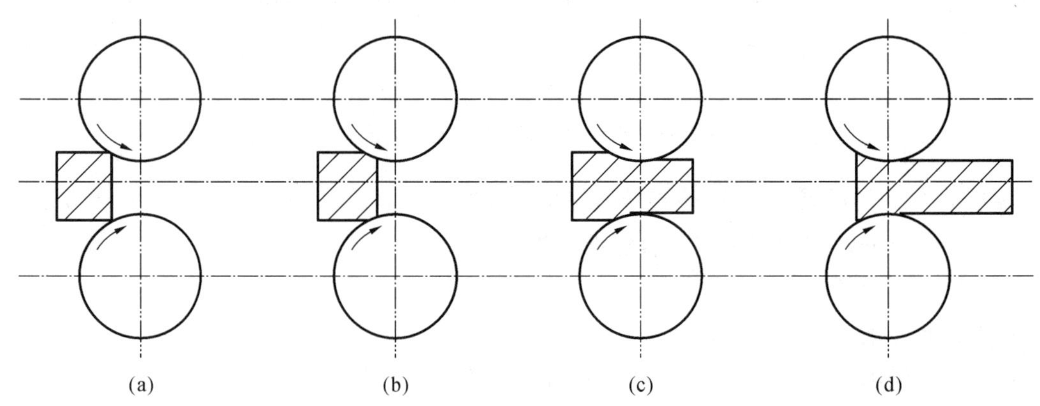

图 2-31 简单轧制过程

(a) 开始咬入阶段；(b) 拽入阶段；(c) 稳定阶段；(d) 结束阶段

2.4.2 轧制工艺参数

1. 轧制变形区及其主要参数

(1) 轧制变形区。

轧件在轧辊作用下发生塑性变形的区域称为轧制变形区，也就是在简单轧制条件下，轧件在进、出轧辊处的断面与辊面所围成的区域,如图 2-33 所示。

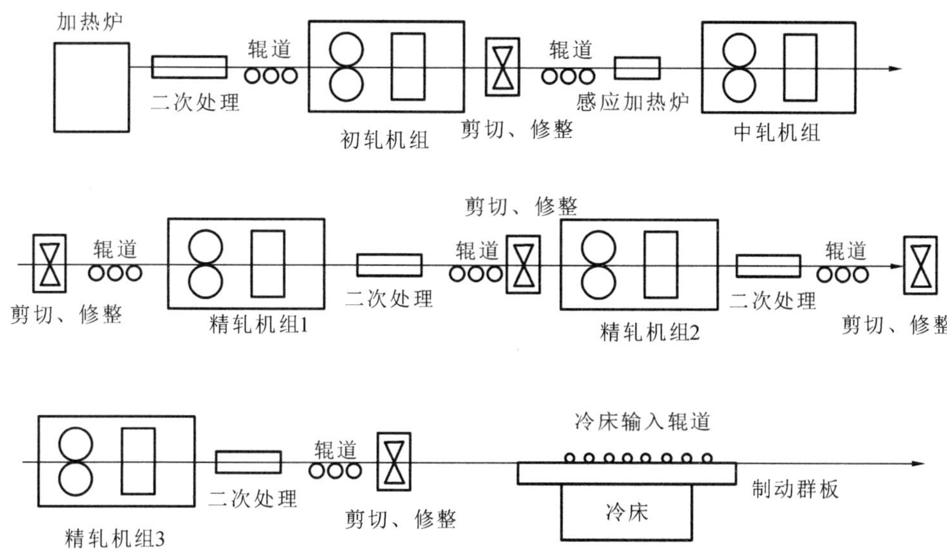

图 2-32　热连轧工艺流程图

(2) 轧制变形区的主要参数。

轧制变形区的主要参数有咬入角和变形区长度。

① 咬入角 α。

轧件开始进入轧辊时,轧件与轧辊的最先接触点和轧辊中心的连线与两轧辊中心连线所构成的圆心角,称为咬入角。稳定轧制时,咬入角即为轧件与轧辊相接触的圆弧所对应的圆心角。

由于$\frac{\Delta h}{2}=R-R\cos\alpha$ 以及 $\sin\frac{\alpha}{2}=\sqrt{\frac{1-\cos\alpha}{2}}$,可以得出 $\sin\frac{\alpha}{2}=\frac{1}{2}\sqrt{\frac{\Delta h}{R}}$,又有 $\sin\frac{\alpha}{2}\approx\frac{\alpha}{2}$,因此有 $\alpha=\sqrt{\frac{\Delta h}{R}}$。

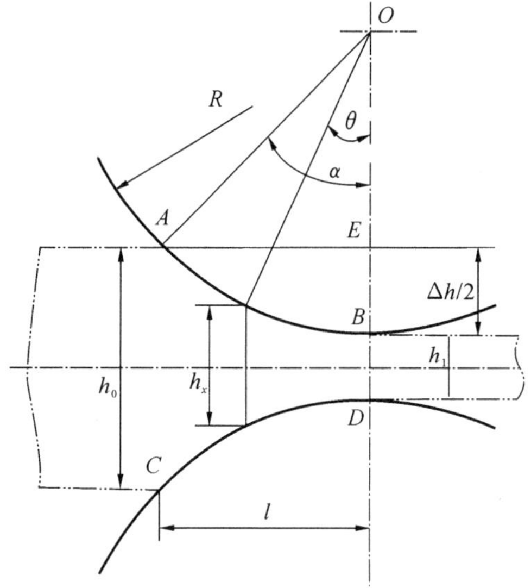

图 2-33　轧制变形区示意图

② 变形区长度 l。

轧件与轧辊接触的圆弧的水平投影长度,称为变形区长度 l。

由 $l^2=R^2-\left(R-\frac{\Delta h}{2}\right)^2$,即 $l=\sqrt{R\Delta h-\frac{\Delta h^2}{4}}$,可以得出变形区长度 $l\approx\sqrt{R\Delta h}$。

2. 轧制变形程度

轧件在高度、宽度和长度三个方向的变形分别称为压下、宽展和延伸。

(1) 绝对变形量。

绝对变形量是指用轧制前后轧件尺寸的绝对差值表示的变形量,包括绝对压下量、绝对宽展量和绝对延伸量。

① 绝对压下量：$\Delta h = h_0 - h_1$；

② 绝对宽展量：$\Delta b = b_1 - b_0$；

③ 绝对延伸量：$\Delta l = l_1 - l_0$。

（2）相对变形量。

① 工程应变：$r_h = \frac{h_0 - h_1}{h_0} \times 100\%$，$r_b = \frac{b_1 - b_0}{b_0} \times 100\%$，$r_l = \frac{l_1 - l_0}{l_0} \times 100\%$；

② 真应变：$\varepsilon_h = \int_{h_0}^{h_1}\left(-\frac{dh}{h}\right) = \ln\frac{h_0}{h_1}$，$\varepsilon_b = \int_{b_0}^{b_1}\frac{db}{b} = \ln\frac{b_1}{b_0}$，$\varepsilon_l = \int_{l_0}^{l_1}\frac{dl}{l} = \ln\frac{l_1}{l_0}$；

③ 变形系数：$\eta = \frac{h_1}{h_0}$，$\beta = \frac{b_1}{b_0}$，$\lambda = \frac{l_1}{l_0}$。

通常将相对压下量(工程应变)称为压下率，记为 ε。

3. 轧制变形速率

变形速率是应变对时间的变化率，也称应变速率，计算公式如下：$\dot{\varepsilon} = \frac{d\varepsilon}{dt}(s^{-1})$。

轧制变形速率指的是轧件高度方向的变形速率，变形区中高度为 h_x 的任意断面上的变形速率为

$$\dot{\varepsilon} = \frac{d\varepsilon}{dt} = \frac{\frac{dh_x}{h_x}}{dt} = \frac{dh_x}{h_x dt} = \frac{2v_y}{h_x}$$

2.4.3 轧制基本条件

实现轧制过程需要满足咬入条件和稳定轧制条件。

1. 咬入条件

依靠回转的轧辊与轧件之间的摩擦力，轧辊将轧件拖入轧辊之间的现象称为咬入。咬入时轧件受力分析如图 2-34 所示，α 为咬入角，正压力 N 和其与摩擦力 T 的合力的夹角称为摩擦角 β。

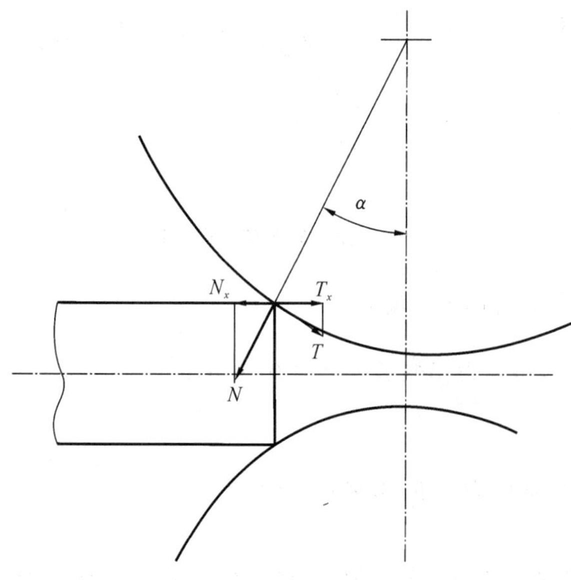

图 2-34 咬入时轧件受力分析

咬入的条件需要满足 $N_x \leqslant T_x$，而 $N_x = N\sin\alpha$，$T_x = fN\cos\alpha$，代入可以得出 $N\sin\alpha \leqslant fN\cos\alpha$，即 $\tan\alpha \leqslant f = \tan\beta$，即 $\alpha \leqslant \beta$。

（1）当 $\alpha < \beta$ 时，称为自然咬入条件。它表示在无张力或推力作用的情况下，轧件被轧辊咬入的条件是必须使摩擦角大于咬入角，这是咬入的必要条件。

（2）当 $\alpha = \beta$ 时，称为咬入的临界条件。此时的咬入角称为最大咬入角，最大咬入角取决于轧辊和轧件的材质、润滑条件以

及轧制温度和轧制速度等。

(3) 当 $\alpha>\beta$ 时，无法实现自然咬入。

2. 稳定轧制条件

在轧件被咬入后，轧辊给轧件压力 N 与摩擦力 T 的合力作用点已不在开始接触点处，而是向变形区出口方向移动。轧件完全充填辊缝后进入稳定轧制状态，受力分析如图 2-35 所示。轧件在开始咬入时即存在剩余摩擦力，在充填辊缝的过程中，剩余摩擦力不断增大。进入稳定轧制状态后，径向力作用点位于整个咬入弧的中心，剩余摩擦力达到最大值，此时 $N_x\leqslant T_x$ 仍是轧制继续进行的条件。

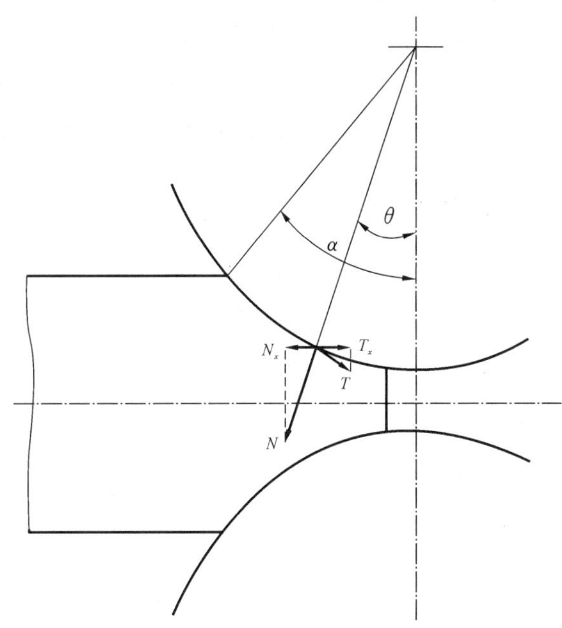

图 2-35　充填辊缝过程受力分析图

由于 $N_x\leqslant T_x$，而 $N_x=N\sin\theta$，$T_x=fN\cos\theta$，代入可以得出 $N\sin\theta\leqslant fN\cos\theta$，即 $\tan\theta\leqslant f=\tan\beta$，$\theta\leqslant\beta$。稳定轧制时，$\theta=\alpha/2$，即 $\alpha\leqslant 2\beta$ 为实现稳定轧制的临界条件。

2.4.4 轧制前滑和后滑

从变形区入口到中性面，轧件落后于轧辊的现象称为后滑；从中性面到变形区出口，轧件超前于轧辊的现象称为前滑。轧制过程速度图示如图 2-36 所示。前滑现象和后滑现象通常用前滑值和后滑值来表征。

1. 轧制前滑值和后滑值的定义、表达式及实验式

(1) 定义及表达式。

前滑现象用前滑值来表征，前滑值是变形区出口断面处轧件与轧辊速度的相对速度差(轧件出口速度大于该处轧辊圆周速度)，即

$$S_h=\frac{v_h-v}{v}\times 100\%，即\ v_h=v(1+S_h) \tag{2-1}$$

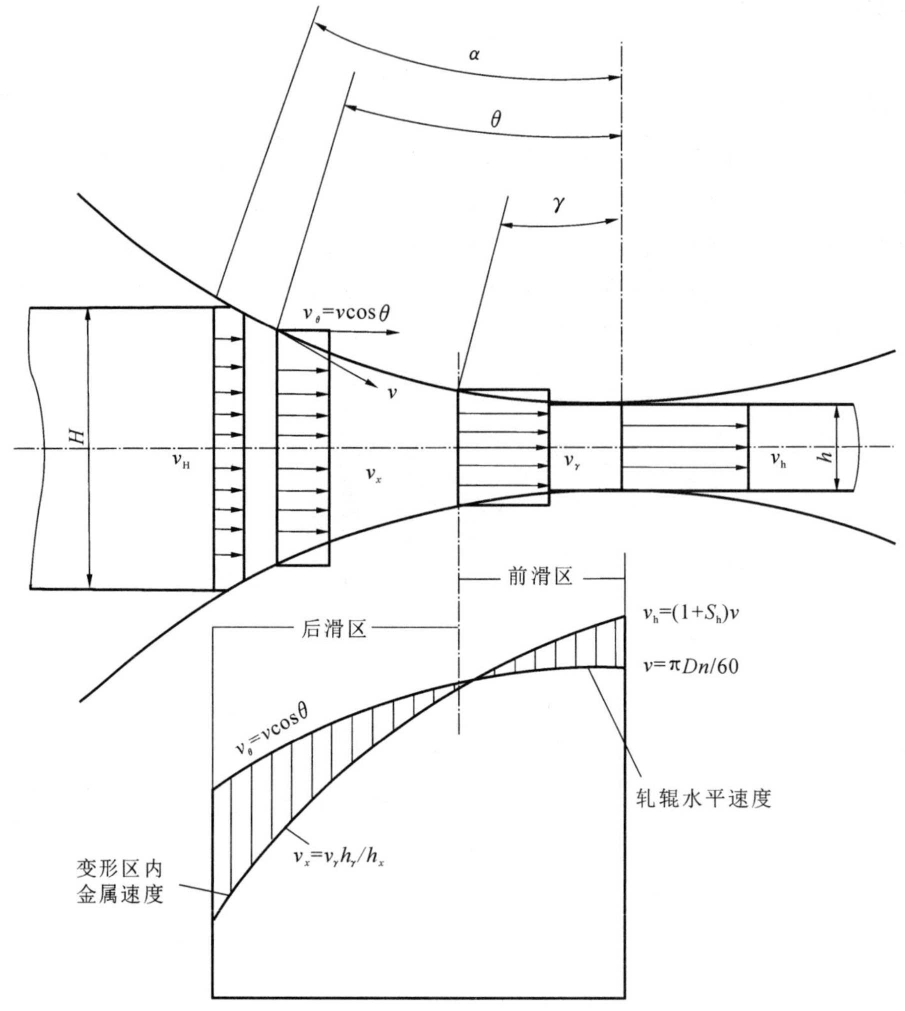

图 2-36　轧制过程速度图示

式中：S_h 为前滑值；v_h 为在轧辊出口处轧件的速度；v 为轧辊线速度。

后滑现象用后滑值来表征，后滑值是变形区入口断面处轧件的速度与轧辊在该处水平速度的相对差值（轧件入口速度小于该处轧辊水平分速度），即

$$S_H=\frac{v\cos\alpha-v_H}{v\cos\alpha}\times100\%，即\ v_H=v\cos\alpha(1-S_H) \tag{2-2}$$

式中：S_H 为后滑值；v_H 为轧辊入口处轧件的速度。

(2) 实验式。

实验中可以利用刻痕法测量前滑值，在轧辊表面上刻出距离为 L_H 的两个小坑，轧制后轧件表面上相应产生距离为 L_h 的两处凸起，如图 2-37 所示。

前滑值计算公式如下：

$$S_h=\frac{v_h-v}{v}\times100\%=\frac{v_ht-vt}{vt}=\frac{L_h-L_H}{L_H} \tag{2-3}$$

测出 L_h，即可用上式计算出该轧制条件下的前滑值。量出的轧件尺寸是冷尺寸 L_h'，欲测

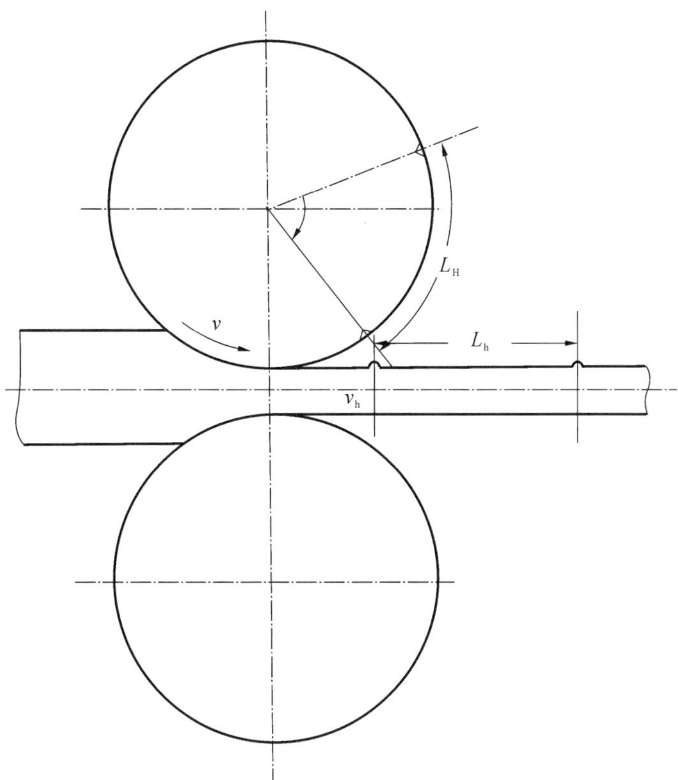

图 2-37　刻痕法测量前滑值示意图

量热轧前滑值，则要换算成热态尺寸 L_h，即

$$L_h = L'_h[1 + \alpha(t_1 - t_2)] \tag{2-4}$$

式中：L'_h为轧件冷却后测得的尺寸；t_1、t_2 为轧件轧制时的温度和测量时的温度；α 为膨胀系数，碳钢的热膨胀系数如表 2-2 所示。

表 2-2　碳钢的热膨胀系数

温度/℃	膨胀系数 α/($\times 10^{-6}$)
0～1200	15～20
0～1000	13.3～17.5
0～800	13.5～17.0

2. 前滑值与后滑值的关系

根据秒流量体积相等的条件，有

$$F_H v_H = F_h v_h，即\ v_H = v_h \frac{F_h}{F_H} = \frac{v_h}{\lambda} \tag{2-5}$$

式中：F_H、F_h 为变形区入口和出口处轧件断面面积；v_H、v_h 为变形区入口和出口处轧件速度；λ 为延伸系数。

由前滑值计算公式 $S_h=\frac{v_h-v}{v}\times100\%$，即 $v_h=v(1+S_h)$ 和秒流量体积相等的条件 $F_Hv_H=F_hv_h$，即 $v_H=v_h\frac{F_h}{F_H}=\frac{v_h}{\lambda}$，可以推出 $v_H=\frac{v}{\lambda}(1+S_h)$。结合后滑值的计算公式，得出前滑值与后滑值的关系为

$$S_H=\frac{v\cos\alpha-v_H}{v\cos\alpha}\times100\%=1-\frac{v_H}{v\cos\alpha}=1-\frac{1+S_h}{\lambda\cos\alpha} \tag{2-6}$$

当延伸系数 λ 和轧辊圆周速度 v 已知时，知道前滑值就可以计算轧件进出变形区的实际速度 v_H 和 v_h 及后滑值；当 λ 和咬入角一定时，前滑值增大，后滑值就必然减小。

3. 影响前滑值的主要因素

(1) 轧辊直径 D：前滑值随辊径增加而增加。

(2) 摩擦系数 f：摩擦系数越大，前滑值越大。

(3) 压下率 ε：前滑值随着压下率的增加而增加。

(4) 轧件厚度 h：随着轧件轧后厚度的减小，前滑值增加。

(5) 轧件宽度 B_0：轧件宽度 B_0 小于一定值(40 mm)时，前滑值随宽度的增加而增加(因为相对宽展量减小)，而轧件宽度大于一定值时，前滑值趋于不变。

(6) 张力：前张力增加，则前滑值增加；而后张力增加，前滑值减小。

2.5 挤压工艺流程设计

2.5.1 挤压工艺概述

1. 挤压方法及工作原理

挤压工艺是一种对放在容器(挤压筒)中的材料一端施加压力，使其通过模孔成形的加工方法，如图 2-38 所示。挤压按挤压温度分为热挤压、温挤压和冷挤压；按挤压方向分为正向挤压、反向挤压以及侧向挤压。其他常见挤压成形方法还有连续挤压以及特殊挤压。表 2-3 归纳了挤压成形的多种方法。

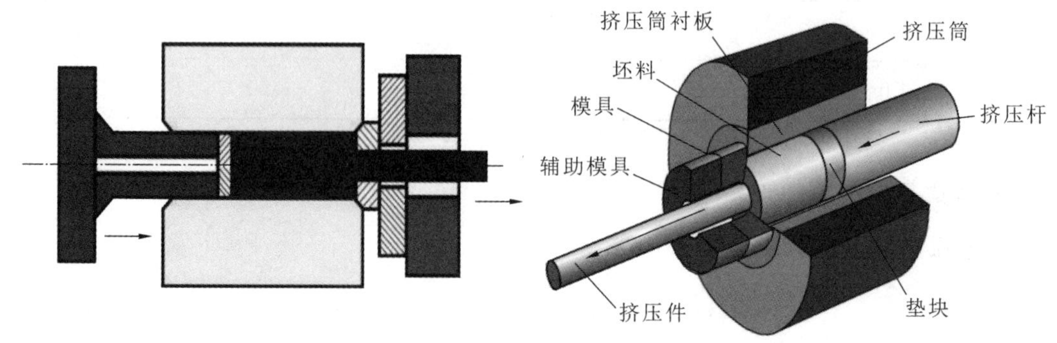

图 2-38 挤压工艺示意图

表 2-3　挤压成形的方法分类

分类方法	类型	分类方法	类型
按挤压方向分	正向挤压	按变形特征分	平面变形挤压
	反向挤压		轴对称变形挤压
	侧向挤压		一般三维变形挤压
按润滑状态分	无润滑挤压(黏着摩擦挤压)	按坯料形状或数目分	圆坯料挤压(圆形筒挤压)
	润滑挤压(常规润滑挤压)		扁坯料挤压(扁形筒挤压)
	玻璃润滑挤压		多坯料挤压
	理想润滑挤压(静液挤压)		复合坯料挤压
按挤压温度分	冷挤压	按挤压速度分	低速挤压(普通挤压)
	温挤压		高速挤压
	热挤压		冲击挤压(超高速挤压)
按设备类型分	立式挤压	按制品形状或数目分	棒料挤压
	卧式挤压		管材挤压
	连续挤压		实心型材挤压
按模具种类或结构分	平模挤压		空心型材挤压
	锥模挤压		变断面型材挤压
	分流模挤压		单制品挤压(单模孔挤压)
	带穿孔针挤压		多制品挤压(多模孔挤压)

2. 挤压成形的特点

挤压成形的优点如下。

(1) 提高金属的变形能力。金属在挤压变形区中处于强烈的三向压应力状态,可以充分发挥其塑性,获得大变形量。

(2) 产品范围广。挤压加工不但可以生产断面形状简单的管、棒、线材,还可以生产断面形状非常复杂的实心和空心型材、制品断面沿长度方向分阶段变化的和逐渐变化的变断面型材。

(3) 生产灵活性大。挤压加工具有很大的灵活性,只需更换模具就可以在同一台设备上生产形状、尺寸规格和品种不同的产品,且更换模具的操作简单方便、耗时少、效率高,适合于多品种、多规格、小批量材料的生产。

(4) 制品综合质量高。挤压变形可以改善金属材料的组织,提高其力学性能,特别是对于一些具有挤压效应的铝合金,其挤压制品在淬火时效后,纵向(挤压方向)力学性能远高于其他加工方法生产的同类产品。同时,其尺寸精度、表面质量要好于热轧产品。

(5) 工艺流程简单,设备投资少,易于实现生产过程的自动化和封闭化。

挤压成形的缺点如下。

(1) 废料损失较多。每次挤压后都要留下挤压残料(或压余),还要切除制品的头、尾等,几何废料量有时可达铸锭质量的10%～15%。

(2) 生产效率较低。除近年来发展的连续挤压法外,常规的挤压方法均无法实现连续生产。

(3) 制品组织性能不均匀。挤压时金属的流动不均匀(在无润滑正向挤压时尤为严重),致使挤压制品存在表层与中心、头部与尾部的组织性能不均匀现象。

(4) 挤压工模具的工作条件恶劣,工模具耗损大。

2.5.2 挤压工艺变形规律

1. 正向挤压的变形特点

根据挤压时金属的流动情况,挤压变形过程通常分成三个阶段,对应于图2-39中挤压力行程曲线1、2、3,具体如下。

(1) 填充挤压阶段:即开始挤压阶段,金属充满挤压筒和模孔,挤压力急剧上升;

(2) 基本挤压阶段:即稳定挤压阶段,挤压力随锭坯长度降低,表面摩擦力总量减小;

(3) 终了挤压阶段:即紊流挤压阶段,工具对金属的冷却、强烈的摩擦,使得挤压力上升。

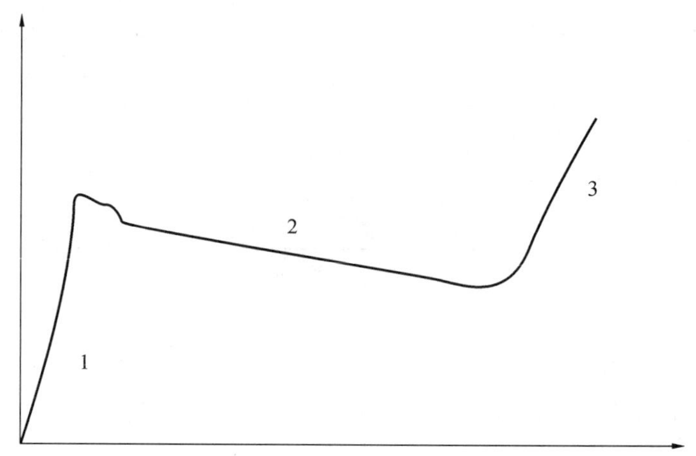

图2-39 挤压变形过程阶段示意图

2. 影响挤压变形的因素

影响挤压变形的因素有摩擦、工具与铸锭温度、材料的强度、工具的结构与形状以及变形程度。

(1) 摩擦的影响:铸锭与挤压筒间的摩擦系数越大,死区高度越大,金属流动的不均匀性越强,外层金属会向中心流动形成挤压缩尾。

(2) 工具与铸锭温度的影响:铸锭横断面上温度不均匀,空气和挤压工具的冷却,使锭坯内外产生温差,塑性、强度内外不同,导致内、外层金属流动不均匀;材料本身的导热性也会影响金属流动的均匀性,单相材料要好于双相或多相材料。

(3) 材料强度的影响:强度高的金属比强度低的金属流动得均匀,同一金属,低温时流动比高温时均匀。

（4）工具结构与形状的影响：模角越大，死区越大，金属流动不均匀性越强；挤压垫采用凹面垫可稍微增强金属流动的均匀性；将挤压筒的断面设计成与制品断面类似，金属流动均匀，生产中一般采用圆柱形。

（5）变形程度的影响：一般要求挤压比 $\lambda \geqslant 10$。当 $\lambda \geqslant 10$ 时，λ 越大，变形均匀性越好；当 $\lambda < 10$ 时，λ 越小，变形均匀性越差。

2.5.3　挤压制品的组织与性能

1. 挤压制品的组织

（1）组织不均匀性。

就实际生产中广泛采用的普通热挤压而言，挤压制品的组织与其他加工方法（例如轧制、锻造）相比，其特点是在制品的断面与长度方向上都不均匀，一般是头部晶粒很大，尾部晶粒细小；中心晶粒粗大，外层晶粒细小（热处理后产生粗晶环的制品除外）。但是，在挤压铝和软铝合金一类低熔点合金时，也可能制品中后端的晶粒比前端大。挤压制品组织不均匀性的另一个体现是部分挤压制品表面出现粗大晶粒组织。挤压制品的前端中心部分，由于变形不足，特别是在挤压比很小（$\lambda < 5$）时，常保留一定程度的铸造组织。因此，生产中按照型材壁厚或棒材直径的不同，规定在前端切去 100～300 mm 的几何废料。

在挤压制品的中段，当变形程度较大（$\lambda \geqslant 10 \sim 12$）时，其组织和性能基本上是均匀的；变形程度较小（$\lambda \leqslant 1 \sim 10$）时，其中心和周边上的组织特征仍然是不均匀的，而且变形程度越小，这种不均匀性越明显。

（2）粗晶环。

合金在热变形后的热处理中出现的比临界变形后热处理形成的再结晶晶粒更大的组织称为粗晶粒，淬火后在制品周边上形成的粗晶区称为粗晶环。

根据粗晶环出现的时间，其可分为两类：第一类是在挤压过程中即已形成的粗晶环，例如纯铝挤压制品的粗晶环等。这类粗晶环的形成原因是模具形状约束与外摩擦的作用造成金属流动不均匀，外层金属所承受的变形量比内层大，晶粒受到剧烈的剪切变形，晶格发生严重的畸变，从而使外层金属再结晶温度降低，发生再结晶并长大，形成粗晶组织。由于挤压不均匀变形是绝对的，因此任何一种挤压制品均有出现第一类粗晶环的倾向，只是由于有些合金的再结晶温度比较高，在挤压温度下不易发生再结晶和晶粒长大，或者因为挤压流动相对较为均匀，不足以使外层金属的再结晶温度明显降低，从而不容易出现粗晶环。第二类粗晶环是在挤压制品的热处理过程中形成的，例如含 Mn、Cr、Zr 等元素的可热处理强化铝合金（2A11、2A12、2A02、2A01、2A50、2A14、7A04 等）。这些铝合金制品在淬火后，常出现较为明显的粗晶环组织。这类粗晶环的形成原因除与不均匀变形有关外，还与合金中含 Mn、Cr 等抗再结晶元素有关。

（3）层状组织。

所谓层状组织，也称片层状组织，其特征是制品被折断后，呈现出与木质相似的断口，分层的断口表面凹凸不平，分层方向与挤压制品轴向平行，继续塑性加工或热处理均无法消除这种层状组织。层状组织对制品纵向（挤压方向）力学性能影响不大，而使制品横向力学性能降低。

例如，用带有层状组织的材料做成的衬套所能承受的内压力要比无层状组织的衬套低30%左右。

2. 挤压制品的力学性能

(1) 性能的不均匀性：制品在横向和纵向上存在明显的性能差异。挤压时，纵向变形为主变形，存在于晶界上的化合物、杂质、缺陷等沿挤压方向，即纵向排列。内部组织出现取向性的纤维组织，所以纵向性能高，横向性能差，出现严重的各向异性。

(2) 挤压效应：某些铝合金挤压制品与其他加工制品（如轧制、拉拔和锻造）经相同的热处理后，前者的强度较高、塑性较低。

2.5.4 挤压工艺参数的选择和确定

1. 挤压比 λ 的选择

确定挤压比时要考虑下列因素的影响。

(1) 合金的塑性及变形抗力：强度低、塑性好的合金，挤压比可大一些；

(2) 锭坯加热温度：锭坯加热温度高时，挤压比应小一些；

(3) 挤压机吨位：挤压机吨位大时，挤压比应大一些；

(4) 挤压筒直径：挤压筒直径大时，挤压比应小一些；

(5) 挤压方法：润滑挤压比不润滑挤压时的挤压比要大，反向挤压比正向挤压时的挤压比要大；

(6) 模具形式：用组合模挤压空心型材时，挤压比要大一些；

(7) 锭坯长度：锭坯长时，挤压比应小一些；

(8) 工具温度：当工具温度低时，挤压比应小一些；

(9) 制品组织性能：从制品组织性能来讲，希望挤压比大一些，一般 $\lambda>10$。

2. 挤压温度 T 的选择

确定挤压温度的步骤如下。

(1) 根据合金的相图，确定挤压温度的上、下限。

挤压温度上限：$T_{上}=(0.85\sim0.9)T_{固}$（$T_{固}$ 指合金的固相线温度）。

挤压温度下限：对于单相合金，$T_{下}=(0.65\sim0.7)T_{固}$；对于在温度降低时会产生相变的合金，$T_{下}=T_{相变}+(50\sim70\ ℃)$（$T_{相变}$ 指合金的相变温度）。

(2) 金属的塑性图：塑性最好的温度区间作为挤压温度范围。

(3) 再结晶图：根据晶粒度-加工率-终了温度的关系图（第二种再结晶图），选择晶粒细小的温度范围为出模孔温度。

(4) 变形抗力图：在由上述三种图确定的挤压温度范围内，再根据金属的变形抗力图，尽可能选择变形抗力较低的温度作为挤压温度。

同时，确定挤压温度时还应考虑：

(1) 对于有明显粗晶环的铝合金，降低挤压温度，在挤压前使合金呈过饱和固溶体状态并加剧挤压变形过程中的第二相析出，促使淬火加热时粗晶环的生成；

(2) 对于有挤压效应的合金，降低挤压温度，使挤压效应减弱，制品的强度降低；

(3) 对于利用出模孔温度进行淬火的铝合金，为保证制品出模孔时的温度能达到规定的淬火温度，应提高挤压温度。

3. 挤压速度 v 的确定

挤压速度的确定原则是在保证产品质量和设备能力(吨位、速度)允许的前提下，尽可能提高挤压速度。

挤压速度 v 的确定依据如下。

(1) 金属及合金的性质：塑性好的合金，挤压速度可快一些；

(2) 塑性变形许可温度范围：金属塑性变形许可温度范围大，挤压速度可快一些；

(3) 挤压温度：挤压温度高时，挤压速度应慢一些；

(4) 锭坯均匀化程度：锭坯充分均匀化退火，挤压速度可快一些；

(5) 挤压方式：润滑挤压比不润滑挤压的速度快，反向挤压比正向挤压的速度快；

(6) 制品断面形状：断面复杂的型材，挤压速度应慢一些；

(7) 变形金属与工具的黏结情况：易黏结工具的金属，挤压速度应慢一些；

(8) 表面质量要求：制品表面质量要求高时，挤压速度应慢一些；

(9) 设备能力：确定挤压速度时还应考虑设备能力。

4. 锭坯尺寸的确定

(1) 定尺制品的压出长度。

$$L_{出} = L_{定} + L_{头} + L_{试} + L_{速} + L_{余} \tag{2-7}$$

式中：$L_{出}$ 为制品压出长度；$L_{定}$ 为制品定尺长度；$L_{头}$ 为切头切尾长度；$L_{试}$ 为取试样长度；$L_{速}$ 为多模孔挤压时的流速差，双模孔取 300 mm，4 模孔取 500 mm，6 模孔取 1000～1500 mm；$L_{余}$ 为工艺余量，一般取 500～800 mm。

(2) 型棒材锭坯长度 L_0。

$$L_0 = \left(\frac{L_{出}}{\lambda} \cdot K_m + H_1\right) K \tag{2-8}$$

式中：K_m 为面积系数，考虑正偏差对挤压比 λ 影响的修正系数；H_1 为增大残料长度；K 为填充系数。

(3) 管材锭坯长度 L_0。

$$L_0 = \frac{nL_{定} + 800}{\lambda} + H_{余} \tag{2-9}$$

式中：L_0 为锭坯长度，mm；$L_{定}$ 为管材定尺长度，mm；n 为每根挤出管材切成管毛料的定尺数；$H_{余}$ 为挤压残料(压余)长度，mm；800 为常数，是考虑了切头尾、取试样的长度总和。

2.6 熔铸工艺流程设计

2.6.1 熔铸工艺概述

金属材料的熔铸工艺主要分为熔炼工艺和铸造工艺两个过程。图 2-40 为船板钢典型熔铸工艺流程图。

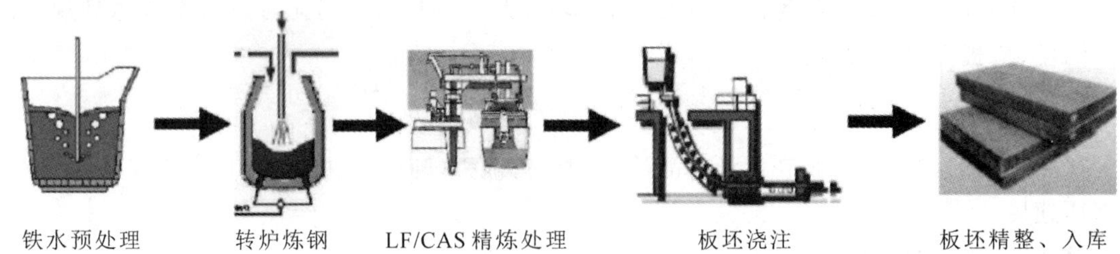

图 2-40 船板钢典型熔铸工艺流程图

1. 熔炼工艺

金属熔炼的目的是为铸锭提供高质量的熔体。目前常用的熔炼工艺主要有燃气炉熔炼和电阻炉熔炼。燃气炉的主要燃料是煤气或者天然气，采用全固体料作为生产原料，但缺点是能耗高。电阻炉，顾名思义，以电力作为能源。电阻炉与燃气炉相比，不仅能节约能源，而且在熔铸过程中不会产生那么多的有毒有害气体，相对清洁环保。

熔炼方法主要包括以下 4 种。

(1) 分批熔炼法。分批熔炼法是从装炉开始经过熔化、扒渣、精炼等工序后一次出炉，炉内不剩金属。本法多适用于对生产质量要求较高的成品合金，它能更好地保证铸锭化学成分的均匀性。

(2) 半分批熔炼法。半分批熔炼法与分批熔炼法的区别在于出炉时，炉中留下 1/5～1/4 的液体金属，再装入下一次炉料进行熔炼。此法的优点是可使加入的炉料浸入液体之中，减小烧损；出炉时使一些夹杂物集于炉底，不致混入浇注的液体中；炉内温度波动不大，可延长炉子的使用寿命。

(3) 半连续熔炼法。此法与半分批熔炼法相似，每次出炉量为全部的 1/4～1/3，之后即可加入下一炉料。其与半分批熔炼法的不同之处在于：留于炉内的液体为大部分，每次出炉量不多，以至于每次出炉与加料是连续的。加入的料进入液体之中，不仅烧损小，而且可加快熔化速度。

(4) 连续熔炼法。此法是加料连续进行，而出炉间歇进行。此法灵活性差，应用范围小，仅适用于纯铝的熔炼。

当熔铸机组连在一起时，熔炼过程为装炉→熔化→扒渣→加合金化元素→搅拌→取样→调整成分→搅拌→精炼→扒渣→转炉→精炼及静置→铸造，各步骤内容如下。

① 装炉。

正确的装炉方法对于减小金属的烧损及缩短熔炼时间很重要。熔点较低的回炉料装上层，使它最早熔化，液体流下后将下面的易烧损料覆盖，从而减小烧损。各种炉料应均匀平坦分布。

② 熔化。

熔化过程及熔炼速度对铸锭质量有重要影响。当炉料加热至软化下塌时应适当覆盖熔剂，熔化过程中应注意防止过热，炉料熔化液面呈水平之后，应适当搅动熔体使温度一致，同时也利于加速熔化。熔炼温度愈高，合金化程度愈完全，但熔体氧化吸气的倾向性愈大，铸锭形成粗晶组织和裂纹的倾向性也愈大。通常，变形合金的熔炼温度都控制在比合金液相线温度高 50～100 ℃的范围内。熔炼时间过长不仅降低炉子生产效率，还使熔体含气量增加，因此当熔炼时间超长时应对熔体进行二次精炼。

熔化过程中要注意合金化元素的加入方式。例如：铝合金熔炼时，锌熔点低，密度大，待主要炉料熔化后以纯金属锭的形式直接分散加入熔体中即可；铜的密度大，熔点虽高，但在铝中溶解度大，溶解热也很大，无须将铝过热即可顺利溶解，故当合金中铜含量较大时，铜亦可以纯金属板的形式在主要炉料熔化后直接加入熔体中；镁的熔点低，但易烧损，故镁也可以纯金属锭的形式在其他合金化元素完全熔化之后加入。除上述元素外，其他合金化元素一般可以中间合金形式在装炉时一次装入。

③ 扒渣与搅拌。

a. 扒渣：当炉料全部熔化且达到熔炼温度时即可扒渣。扒渣前应先撒入粉状熔剂（对于高镁合金，应撒入无钠熔剂）。扒渣应尽量彻底，因为浮渣的存在易污染金属并增加熔体的含气量。

b. 加锭：扒渣后便可向熔体内加入铸锭，同时加入粉状熔剂进行覆盖，以防烧损。

c. 搅拌：在取样之前和调整成分之后应有足够的时间进行搅拌。搅拌要平稳，不起浪花，不留死角，并保证有足够的时间，不破坏熔体表面氧化膜。搅拌的目的是提高合金化元素熔化和溶解的速度，使成分均匀，同时均匀温度，避免熔体局部过热。

④ 取样。

熔体经充分搅拌后，应立即取样，进行炉前分析。

⑤ 调整成分。

当熔体成分不符合标准要求时，应进行补料或冲淡。

⑥ 熔体的转炉。

当熔体温度符合要求时，扒出表面浮渣，即可转炉。

⑦ 熔体的精炼。

变质成分不同，净化变质方法也各有不同。熔体在静置炉内的精炼温度，以铸造温度的上限作为精炼温度的下限，以铸造温度的上限加 15 ℃作为精炼温度的上限。实践证明，在此温度范围内进行精炼较合适。

⑧ 熔体静置。

利用熔体与夹杂物之间的密度差，使夹杂物沉降从而达到净化。需要的静置时间与熔体的黏度、密度及夹杂物的形状等有关。颗粒愈细，则上浮或下沉的速度就愈慢；颗粒成球状，则下沉的速度较快，呈片状则上浮容易。熔体经精炼后，可加速这一过程的进行。熔体的静置时间，根据合金、制品的不同有所区别，一般为 20～45 min。

2. 铸造工艺

铸造工艺是将符合铸造要求的液态金属通过一系列转注工具注入具有一定形状的铸模（结晶器）中，使液态金属在重力场或外力场（如电磁力、离心力、振动惯性力、压力等）的作用下充满铸模型腔，冷却并凝固成具有铸模型腔形状的铸锭或铸件的工艺过程，如图 2-41 所示。铸造是一种使液态金属冷凝成形的方法。如图 2-42 所示，在铸造流盘上结晶器边的水箱区域，一圈安装有多个电磁搅拌器，铸造进行时，电磁搅拌器通过磁场在正在凝固的铸锭中产生电磁力，电磁力作用于熔体上，通过控制电流可以改变电磁力的大小，从而控制熔体的流动状态，进而达到改善铸锭内部组织、提升成分均匀性、减少偏析和提高表面质量的目的。

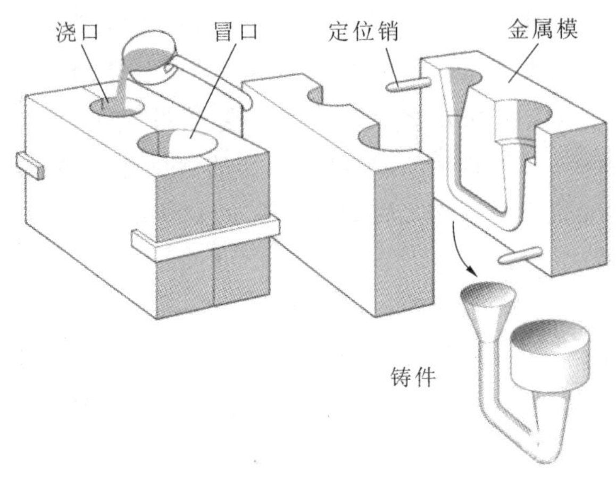

图 2-41 铸造成形工艺过程示意图

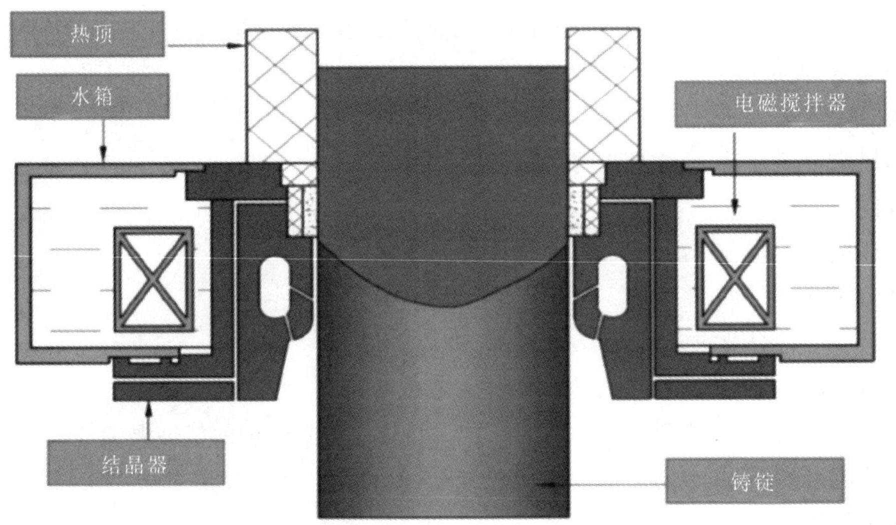

图 2-42 电磁辅助的铸造成形工艺装置示意图

根据铸锭相对铸模(结晶器)的位置和运动特征，金属材料铸造方法可分为不连续铸造法和连续铸造法。

(1) 不连续铸造法。

该方法具有铸锭相对铸模静止、铸锭长度受铸模高度限制、过程不连续的特点。

① 锭模铸造。锭模分为铸铁模和水冷模两种。铸造多采用倾斜式浇铸法，即将铸铁模或水冷模固定在一个可以转动的机构上，开始浇注时，铸模与水平线呈 10°～25°倾角，液态金属由浇包直接从铸模顶部的侧边沿模壁流入，边浇注边转动铸模，直至垂直位置熔体浇满。完全冷凝成形后取出铸锭，再按照同样顺序浇铸下一个铸锭。

② 沉浸铸造。先将薄壁铁模预热至 640 ℃左右(铝合金)，然后将液态金属倒入铁模中，

浇满后在立式炉中静置10 min，再放下工作台，以规定的速度（通常很缓慢，保证熔体自下而上定向结晶，结晶面比较平坦）将铸模从炉中浸入水中，直至水位达到铸模上缘，保持数分钟后将铸模提起取出铸锭。

（2）连续铸造法。

液态金属从熔炼炉或静置炉内以连续不变的速度通过流槽和分配漏斗，流入一个或一组无底的结晶器内，结晶器的一端事先用引锭器（底座）封死，金属在结晶器内冷凝成形，并从底端以一定速度拉出来。

在浇铸过程中，如果设有同步锯切装置，能将已经凝固的铸锭按照定尺切断，而且不妨碍上述过程，则称为连续铸造；若切断工序不在浇铸时进行，而在浇铸终了后进行，则称为半连续铸造。

① 静模铸造。结晶器相对地面静止，铸锭和结晶器做相对滑动，结晶器是整体式的。静模铸造又分为立式铸造和卧式铸造两种。

② 动模铸造。结晶器是组合式的，组成结晶器的部分构件或全部构件处于运动状态，边浇注、边运动、边冷凝、边脱模，一般多与轧机配合组成连铸-连轧生产线，如图2-43所示。

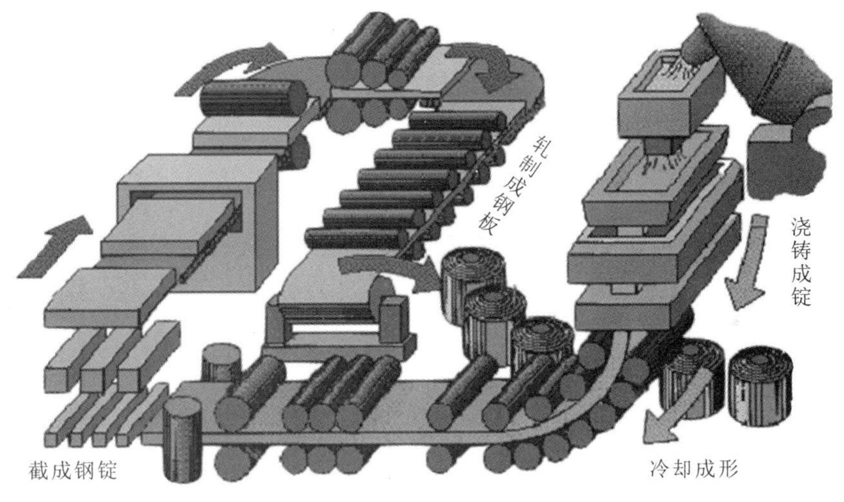

图2-43　连铸-连轧生产线示意图

连续铸造法是指用金属液直接生产出卷带坯料的连续生产方法，主要有3种方法：连续铸轧法、连铸-连轧法和水平连铸法。

① 连续铸轧法：将金属液注入一对内部通水冷却的钢辊之间，把金属液的凝固和铸带的热轧合并成一道工序，在辊缝内连续进行，生产厚度为6～10 mm的铸轧热带。

② 连铸-连轧法：将金属液注入外部喷水冷却的活动模具之间，连续铸出厚度为15～25 mm的铸带，并立即喂入设在同一条生产线上的连轧机组上进行热轧，生产厚度为3～7 mm的连铸-连轧带。

③ 水平连铸法：将金属液注入长度为10～15 m的直接急冷的固定水平模中，生产厚度为10 mm左右的连铸带。

以上三种方法中，以连续铸轧法的应用最为广泛，特别是在铝、铜合金的板带箔材生产中应用最多。连铸-连轧法以其生产能力大、合金品种多的优势也逐步得到推广。但无论是采用连续铸轧法，还是采用连铸-连轧法，都需要每天 24 h 连续生产，才能发挥其工艺优势。只有减少停机时间，节约消耗，保持稳定的操作条件和产品规格，才能获得较高的经济效益。

2.6.2 熔铸工艺参数

1. 熔炼工艺参数

熔炼工艺参数通常指的是熔炼温度和熔炼时间。

(1) 熔炼温度。

熔炼炉内的温度越高，提供的加工条件越好。但是，过高的温度容易导致过热烧、金属烧损增加等；过低的温度则难以让合金完全熔化。所以，熔炼的温度不可以太低，也不能太高，对于铝合金而言，一般熔炼炉的温度要控制在 720～760 ℃。

(2) 熔炼时间。

对于铝合金铸造而言，为了减少铝熔体的氧化、吸气和减慢铁的溶解，应尽量缩短铝熔体在炉内的停留时间，快速熔炼。为加速熔炼过程，应首先加入中等块度、熔点较低的回炉料及铝硅中间合金，以便在坩埚底部尽快形成熔池，然后加入块度较大的回炉料及纯铝锭，使它们能徐徐浸入逐渐扩大的熔池，并很快熔化。在炉料主要部分熔化后，再加熔点较高、数量不多的中间合金，升温、搅拌以加速熔化。最后降温，加入易氧化的合金元素，以减少损失。

2. 铸造工艺参数

不同的铸造方法具有不同的铸造工艺参数，但通常包括铸造温度和铸造速度。以连续铸造法为例，对铸锭质量产生重要影响的铸造工艺参数有冷却速度、铸造速度、铸造温度、结晶器的有效高度、熔体转注方式、铸造开头结尾的条件等。弄清铸造工艺参数与铸锭质量的关系及其变化规律，是选择铸造工艺参数的基本依据。

(1) 铸锭规格。

铸锭规格是指铸锭断面的几何尺寸和铸锭长度。铸锭断面尺寸用加工锭坯的名义尺寸表示。对于不需要车皮或铣面的铸锭，铸锭断面尺寸与锭坯名义尺寸相同；对于需要车皮或铣面的铸锭，铸锭断面尺寸等于锭坯的名义尺寸加上设计的车皮或铣面量。

(2) 铸造温度。

铸造温度对铸锭的力学性能、表面质量和裂纹倾向性等具有重要意义。它通常是指铸造过程中静置炉内熔体的温度。提高铸造温度，使液穴变深，产生柱状晶组织的倾向性增大，通常也使裂纹增加，并增加了铸锭表面偏析浮出物。

铸造温度过低，将促使铸锭表面冷隔的形成并增大其深度，使铸锭组织产生显著的不均一性和降低力学性能，使疏松、氧化膜、夹渣废品增多。

以铝合金的铸造为例，通常应视转注距离和气温状况，将铝合金铸造温度控制在比合金液相线温度高 50～100 ℃的范围内。对于扁铝铸锭，为防止出现裂纹，应该采用较低的铸造温度。通常情况下，扁铝合金铸锭的铸造速度快，熔体的流量大，转注过程中温度降低得小。

(3) 铸造速度。

铸造速度是铸锭相对于结晶器的运动速度，单位是 mm/min 或 m/h。铸造速度除了铸造开头和收尾时受熔体液面波动影响有变化外，在铸造过程中应该保持不变。铸造速度能直接影响铸锭的组织、力学性能、表面质量等，是决定铸锭质量的重要参数。不同的合金成分、不同规格的铸锭，要求的铸造速度不同，对于扁铝锭而言，其铸造速度的选择首先要保证铝合金铸锭没有裂纹。

铸造冷裂纹倾向较大的硬合金时，随着铸锭宽厚比的增加，应该提高铸造速度；而在铸造没有冷裂纹倾向的软合金时，应该降低铸造速度。在保证质量符合技术要求的前提下，尽可能采用高的铸造速度，以充分发挥铸造机的生产力。

(4) 冷却速度。

冷却速度是指铸锭的降温速度，又称为冷却强度，用单位时间内下降的温度来表示，常用单位是℃/s。在连续铸造过程中，铸锭内各点在同一时刻的冷却速度及同一点在不同时刻的冷却速度都是不同的。冷却速度对铸锭质量的影响主要是：对同一合金来说，铸锭的力学性能一般随着冷却速度的加快而提高；但随着冷却速度的提高，铸锭中的热应力也相应加大，使铸锭的裂纹倾向性增加。

提高冷却速度可以减轻铸锭区域偏析程度，同时对改善铸锭组织和力学性能有明显的效果，实际生产中，在条件允许的情况下，尽可能强化铸锭的冷却过程。

实际生产中，主要采取改变结晶器高度、铸造速度和水冷强度的方法来改变铸锭冷却速度。只有在生产裂纹倾向性比较大的合金铸锭时，才使用通过改变给水量来改变导热强度的方法。但降低给水量增大了铸锭周边冷却的不均匀性。

(5) 结晶器高度。

结晶器的有效高度对铸锭的质量有很大影响。

降低结晶器有效高度，使铸锭冷却速度增大，可以提高铸锭的平均力学性能，并有利于消除圆铸锭表面裂纹，但却增大了圆铸锭其他类型裂纹及扁铸锭热裂纹的倾向性，而且可能造成表面冷隔缺陷。

2.6.3　熔铸后处理

熔铸工艺的后处理通常是利用相应的均匀化退火工艺来去除铸件的内应力，使铸件组织分布更加均匀。

1. 均匀化退火温度

铝合金铸锭进行均匀化退火处理的目的是使其中的不平衡共晶组织的分布更加均匀，析出过饱和的固溶元素，以此来提高塑性，减小变形应力，改善铝合金加工产品的组织与性能，同时为后续铝合金铸锭的锯切消除内应力。

2. 均匀化退火时间

铝合金铸锭的均匀化退火时间，基本上取决于非平衡相溶解及晶内偏析的消除所需的时间，因为这两个过程是同时发生的，所以铝合金铸锭的退火时间并不等于此两个过程所需时间的简单相加，而且铝合金固溶体成分充分均匀化所需的时间仅仅稍长于非平衡相完全溶解的时间。因此在很多情况下，铝合金铸锭均匀化热处理时间可按非平衡相完全溶解时间来估计。

除此之外，为了消除铸件内应力，锡青铜铸件通常加热至 650 ℃保温 2～3 h，随炉冷却至 300 ℃以下出炉空冷；磷青铜铸件加热温度为 500～550 ℃，保温 1～2 h，并随炉冷却至 300 ℃

以下出炉空冷；而对于普通黄铜铸件，α 黄铜加热至 500～600 ℃，(α＋β)黄铜通常加热至 600～700 ℃，保温 1～2 h 后随炉冷却至 300 ℃以下出炉空冷。

思考题

2-1 选择生产方案的基本流程是什么？

2-2 黑色和有色金属的生产方案的特点有哪些？

2-3 简述确定铝合金生产方案的基本过程。

2-4 钢铁和有色金属产品的工艺流程有何异同点？

2-5 生产方案选择不当会导致哪些常见的缺陷？

2-6 工艺流程之轧制工艺的主要参数有哪些？

2-7 试述我国轧制设备在重大装备零部件制造中的地位和作用。

第3章　生产设备选型与设计

3.1　生产设备设计概述

金属材料工厂所涉及的设备种类繁多，形式多样，规模不一。生产设备按照在金属材料工厂工艺过程中所承担的功能划分为主体设备和辅助设备。金属材料工厂车间生产设备设计的主要任务是精心设计主体设备和正确选用辅助设备。

主体设备包括：熔炼炉、静置炉、半连续铸造机、连铸连轧机等熔铸设备；卧式挤压机、立式挤压机等挤压设备；模型锻造压力机、液压机、冲压机等锻压设备；板带材轧机、型材轧机、管材轧机等轧制设备。

辅助设备包括：锯切机、剪切机等切断设备，以及矫直设备、热处理设备、酸洗设备、起重运输设备等。

主体设备的设计和计算包括定型设备型号、规格、数量的选择、确定及选择原则和计算方法的确定；辅助设备的选择主要是确定设备尺寸、结构、规格和数量及具体要求等。

3.1.1　主体设备

以下简要介绍轧制设备、挤压设备以及熔铸设备等主体设备。

1. 轧制设备

将金属坯料通过一对旋转轧辊的间隙（各种形状），材料因受轧辊的压力而截面减小、长度增加的压力加工方法称为轧制，轧制主要用来生产型材、板材、管材。按轧制的产品不同，轧制设备可以分为板带类轧机、型材类轧机以及管材类轧机。板带类轧机轧辊辊身成圆柱形；型材类轧机包括轨梁轧机、型材轧机以及线材轧机三种类型，轧辊辊身有轧槽；管材类轧机有自动轧管机、连续式轧管机、周期式轧管机和多辊横向旋压机，轧辊辊身呈圆锥形、腰鼓形或盘形。图3-1为某工厂大型轧机设备。

图3-1　某工厂大型轧机设备

2. 挤压设备

对放在容器中的锭坯一端施加压力，使之通过模孔成形的压力加工方法称为挤压成形。挤压机是轻合金（铝合金、铜合金和镁合金）管、棒、型材生产的主要设备。挤压机的结构形式有立式挤压机和卧式挤压机两种，传动方式包括机械传动和液压传动。同时，挤压机的类型包括有穿孔系统和无穿孔系统两种。图 3-2 为某厂大型钢管挤压机。

图 3-2　某厂大型钢管挤压机

3. 熔铸设备

熔铸设备包括熔炼炉和铸造设备。有色金属及合金熔炼炉主要有燃料炉、电子束炉和电炉三种炉型（见图 3-3）。有色金属及合金铸造设备分为半连续铸造设备和连续铸造设备。半连续铸造设备有钢丝绳式半连续铸造机、丝杠式半连续铸造机和液压式半连续铸造机；连续铸造设备有卧式连续铸造机和立式连续铸造机两种，见图 3-4。

图 3-3　有色金属及合金熔炼炉

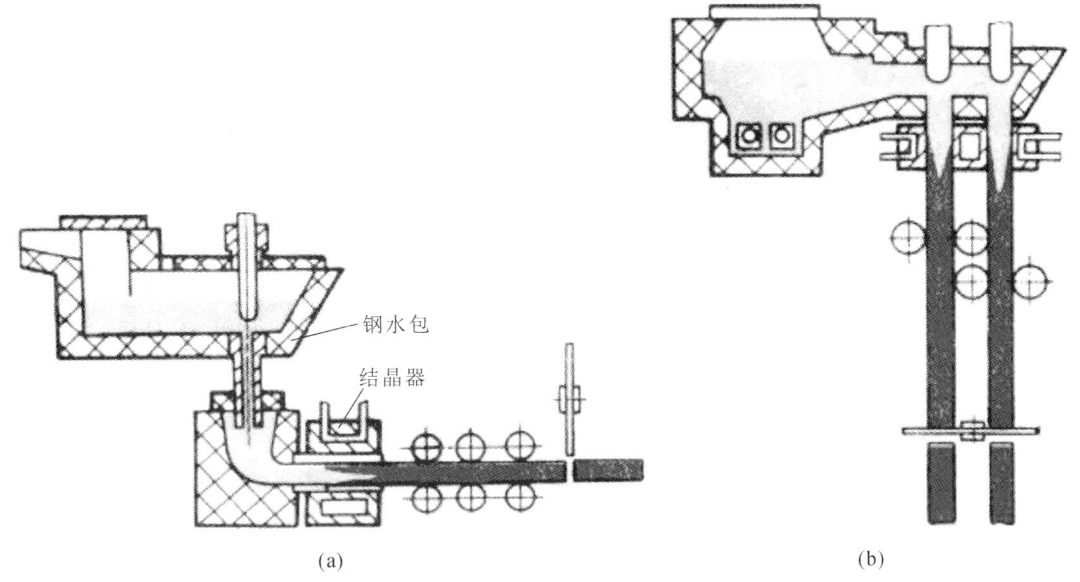

图 3-4　卧式连续铸造机和立式连续铸造机

(a) 卧式连续铸造机；(b) 立式连续铸造机

3.1.2　辅助设备

根据用途和作用不同，辅助设备分为加热设备、冷却设备、切断设备、矫直设备、起重运输设备等。

1. 加热及热处理设备

加热及热处理设备包括加热炉和热处理炉，按工艺用途分为铸锭的加热及均热炉、半成品和成品退火炉以及成品热处理炉；按加热温度分为低温炉(轻金属及合金)、中温炉(重金属及合金)和高温炉(碳钢及合金钢)。某工厂大型均热炉和加热炉如图 3-5 所示。常见热处理炉如图 3-6 所示。

图 3-5　某工厂大型均热炉和加热炉

图 3-6　常见热处理炉

2. 切断设备

切断设备的作用主要是将轧件头、尾、边切掉，以及将轧件切成规定的尺寸，主要有锯机、剪切机、折断机三大类。锯机主要有圆盘锯、圆盘飞锯、杠杆式锯、滑座式锯等形式，其中圆盘锯结构简单，主要用于锯切直径小于 50 mm 的棒、型材及薄壁管材，圆盘飞锯可用于连续焊管机组和冷弯型钢机组的锯切；杠杆式锯主要用于热锯小断面的半成品棒、型材；滑座式锯主要用于锯切大断面的管、棒、型材。马鞍山钢铁股份有限公司 H 型钢热锯机如图 3-7 所示。

图 3-7　马鞍山钢铁股份有限公司 H 型钢热锯机

剪切机包括平刃剪切机、斜刃剪切机、鳄鱼剪切机、圆盘剪切机和飞剪机。平刃剪切机模型如图 3-8 所示。

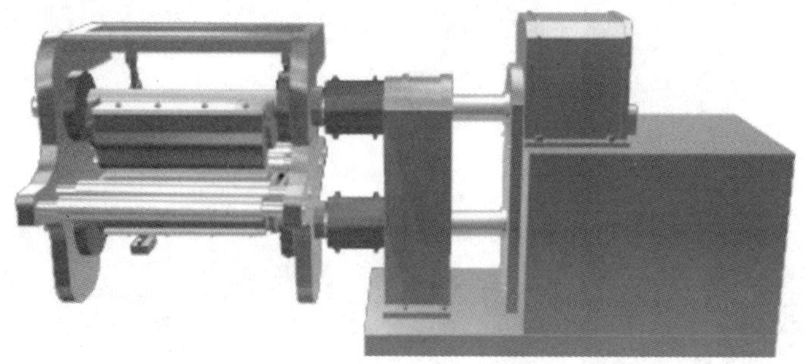

图 3-8　平刃剪切机模型

3. 矫直设备

生产过程中，因加热不均或冷却不均及轧辊调整不当，轧件在纵向或横向产生变形，此时一般需用矫直机进行矫直。矫直设备主要有辊式矫直机，钢材、棒材矫直机（即压力矫直机），张力矫直机三大类，如图3-9 所示。辊式矫直机的工作是连续进行的，生产效率高，应用广；压力矫直机是靠冲头往返运动进行矫直的，生产率低；张力矫直机多用于有色金属材料的矫直。

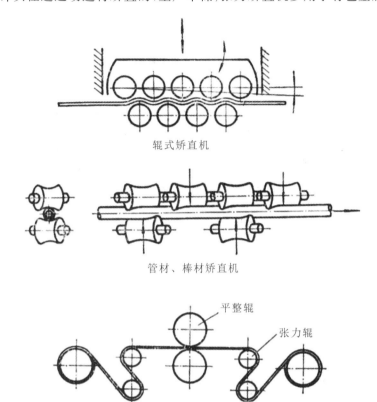

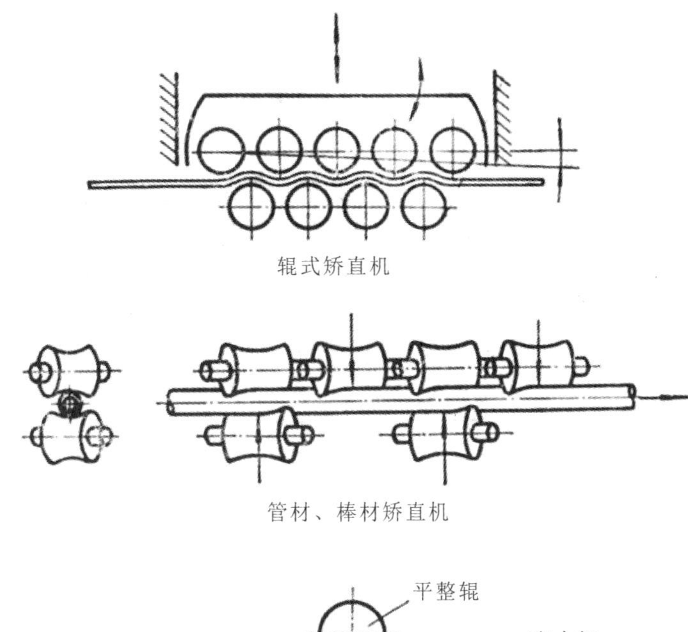

图 3-9　各类矫直设备

4. 冷却设备

冷却设备主要指的是冷床，用于将轧件冷却到 100 ℃以下，以便精整及包装。冷床形式有步进式、链式、钢绳拉料机式。对于中厚板以及型、管（断面小而长度大的轧件）制品目前大多选用步进式冷床；线材则主要采用辊式或链式冷却线再加上钩式运输机冷却。某工厂步进式冷床如图 3-10 所示。

图 3-10　某工厂步进式冷床

5. 酸洗设备

根据产品的不同，酸洗有框式酸洗（板、管、型材）和连续酸洗（带材）等方式，如图 3-11 所示。框式酸洗的酸槽长度和宽度按轧件长度和宽度（或捆宽）确定，深度按装框量确定；连续酸洗槽宽度按轧件宽度确定，其长度按洗净轧件表面的时间和轧件的运行速度确定，对于普碳带钢，2 min 即可除去氧化铁皮，若运行速度为 18 m/min，则酸槽长度需要 36 m。常见的酸洗介质有盐酸、硫酸、硝酸、磷酸、氢氟酸以及混合酸等。

图 3-11　酸洗设备结构图

1—紊流酸洗室；2—内盖；3—外盖；4—滑石；5—酸洗槽；6—水封；7—槽盖提升装置

6. 起重运输设备

起重运输设备包括起重机、辊道、运输小车及升降设备。起重机、天车或吊车主要用于车间原材料、产品、设备或部件的起重和运输。起重机的类型主要有桥式、门式、钳式、磁力起重式及电动葫芦等，其中桥式起重机的应用最广，见图 3-12。辊道主要用于运输轧件、连接设备或机组和参与轧制过程，一般占车间设备总质量的 20%～40%。辊道按其在生产过程中所起的作用分为上料辊道、炉前辊道、炉后辊道、运输辊道、工作辊道（设置在轧机工作机座的前后方，靠近工作机座，参与轧制过程）；按其结构分为实心辊道、空心辊道、圆形辊道、锥形辊道和异形辊道；按传动方式分为单独传动辊道、集体传动辊道和分组传动辊道。

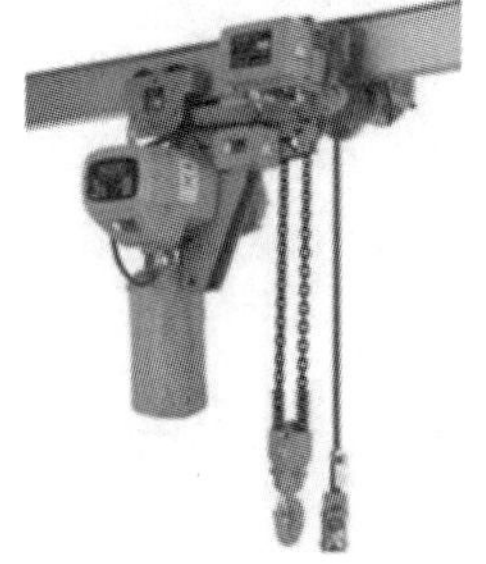

图 3-12　各式桥式起重机

3.1.3　生产设备设计基本原则

1. 主体设备设计原则

（1）从产品角度，需要满足产品方案的要求，保证获得高质量的产品；

（2）从工艺角度，需要满足生产方案及生产工艺流程的要求；

（3）从技术经济角度，应当注意设备的先进性和经济合理性；

（4）从系统效率角度，要考虑设备之间的合理配置与平衡（包括主体设备之间、主体设备与辅助设备之间的合理配置与平衡）。

2. 辅助设备设计原则

（1）必须满足生产工艺流程的要求；

（2）必须保证有较高的工作效率，充分发挥主体设备的能力；

（3）尽量选择质量轻、体积小的辅助设备，以节省投资。

辅助设备的合理选择对产品的产量和质量有十分重要的影响，在设计时应根据生产要求确定其形式、能力和数量。

3.2　轧制设备选择与设计

3.2.1　轧制设备构成

1. 按设备强度和刚度分析

从设备的强度和刚度分析，轧机（见图3-13）的构成包括以下部分：

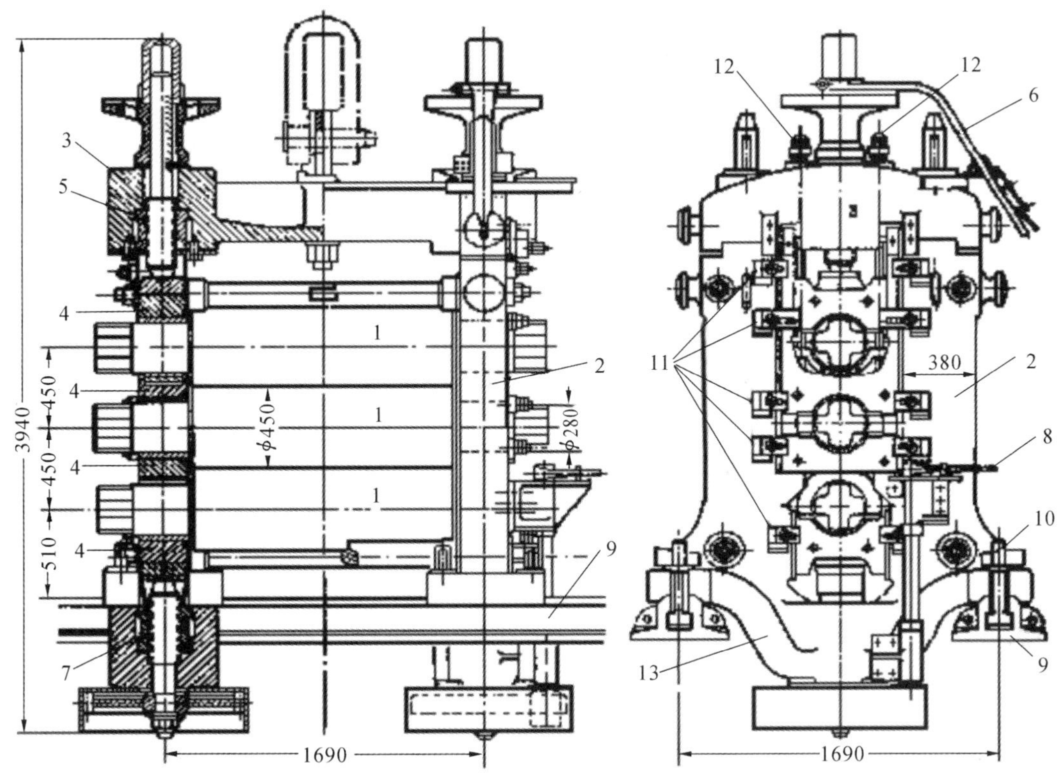

图3-13　轧机工作机组

1—轧辊；2—机架；3—机架盖；4—轧辊轴承；5—压下螺钉；6—压下螺钉调整手柄；7—压上螺钉；8—压上螺钉调整手柄；9—轨座；10—固定螺钉；11—轧辊轴向调整压板；12—平衡弹簧；13—机架下横梁

（1）轧辊，以轧制方式直接完成金属塑性变形的核心零部件；

（2）轧辊轴承，支持、固定轧辊，与轧辊构成辊系；

（3）轧辊的调整装置，调整轧辊间的位置并在调整后予以固定，以保证所要求的变形，包括轴向、径向、水平调整装置及轧辊平衡装置等；

（4）机架，用于安装和固定轧辊、轧辊轴承、轧辊调整装置、轧辊平衡装置及导卫装置等；

（5）轧辊导卫装置，用以正确、顺利地引导轧件进出轧辊；

（6）轨座（俗称地脚板），用来将机架固定于基础上。

2. 按轧机运动分析

从轧机的运动分析其构成，轧机主要包括工作机座、轧辊的传动装置以及主电机三个部分。小型轧机主机列简图如图 3-14 所示。

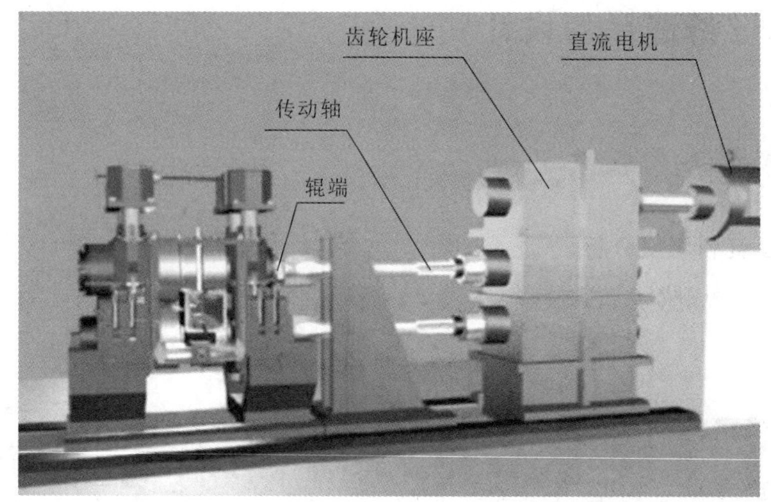

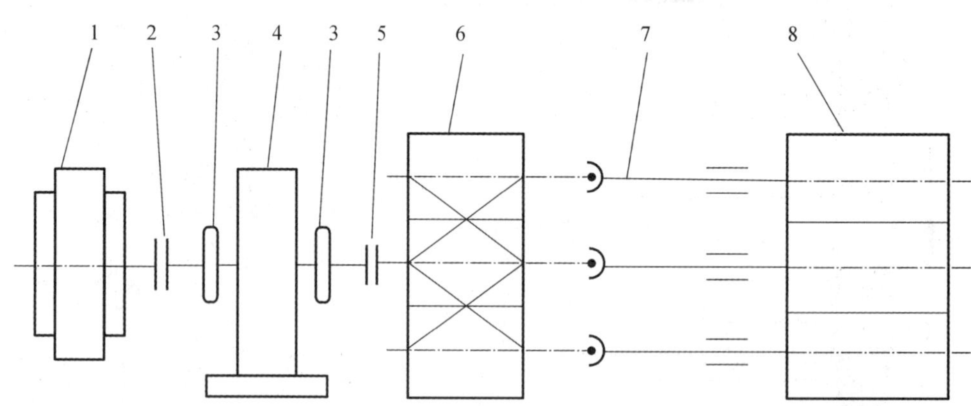

图 3-14　小型轧机主机列简图

1—主电机；2—电机联轴节；3—飞轮；4—主减速器；5—主联轴节；6—齿轮机座；7—半万向连接轴；8—轧辊

（1）工作机座是轧机的主要部分；

（2）轧辊的传动装置包括减速机、齿轮机座、连接轴和联轴节，主要作用是把主电机的运动形式和能量传递给轧辊以完成金属塑性变形；

（3）主电机有直流电机和交流电机，主要为轧机提供动力源。

3.2.2　轧制设备主要参数

1. 轧机的主要技术参数

（1）轧机牌坊（见图 3-15）窗口尺寸和主柱面积；

图 3-15　轧机牌坊

（2）最大允许轧制力、轧制力矩；

（3）轧制速度、电机功率、额定转速；

（4）坯料与成品尺寸；

（5）设备质量、外形尺寸；

（6）年产量及标称参数。

其中，开坯机、型材轧机、线材轧机以轧辊的名义直径作为标称参数，板带轧机以轧辊的辊身长度作为标称参数，钢管轧机以所轧钢管的最大外径作为标称参数。

2. 轧机的主要参数

（1）机架数。

一般参照年产量相近的同类厂家，连轧机的机架数为

$$N = \ln\left(\frac{l_{total}}{l_{ave}}\right) \tag{3-1}$$

式中：l_{total} 为总延伸系数；l_{ave} 为平均延伸系数。

（2）立柱面积。

立柱面积计算公式如下：

$$F = \alpha \times d^3 \tag{3-2}$$

式中：F 为立柱面积；d 为辊颈直径或支撑辊辊颈直径；α 为轧辊刚度系数，铸铁辊通常取0.6～0.8，钢辊通常取 0.8～1.0，合金钢辊通常取 1.0～1.2。

（3）主电机参数。

主电机参数包括主电机形式、传动方式以及额定功率和转速。主电机形式有交流和直流两种；传动方式分为单独传动、集体传动和分组传动；额定功率和转速一般参考同类车间预选。

3. 轧辊的参数

轧辊由辊身、辊颈和轴头(传动辊)三部分组成。工作辊辊身与轧件接触;轧辊辊颈安装在轴承中,通过轴承座和压下装置将轧制力传递给机架;轧辊轴头和连接轴相连,传递轧制扭矩。轧辊的基本尺寸参数有轧辊的名义直径、辊身长度、辊颈直径、辊颈长度。

(1) 轧辊直径 D。

有张力轧制时:

$$D_{max} = (1500 \sim 2000)h_{min} \tag{3-3}$$

无张力轧制时:

$$D_{max} \leqslant 1000h_{min} \tag{3-4}$$

式中:D_{max}为轧辊最大直径;h_{min}为轧件最小可轧厚度。

对型钢轧机而言,轧辊直径可由坯料高度确定:

$$D = K_1 \times H_{max} \tag{3-5}$$

式中:K_1 为轧机形式系数,不同类型轧机的 K_1 取值范围如表 3-1 所示;H_{max}为所轧坯料最大厚度。

表 3-1 不同类型轧机的轧机形式系数

轧机类型	轧机形式系数 K_1
初轧机	1.3～1.7
大型材轧机	2.5～4.5
中型材轧机	2.9～5.0
小型材轧机	4.5～6.0
线材轧机	5.0～8.0

对于管材轧机,其轧辊直径为

$$D = n \times d + K_2 \tag{3-6}$$

式中:n 表示倍数;d 为坯料直径;K_2 为附加量。

(2) 辊身长度 L。

辊身长度的计算公式如下:

$$L = B_{max} + \alpha \tag{3-7}$$

式中:B_{max}为板带轧件最大宽度;α 为辊身长度余量。

设计辊身长度时应注意,对于带液压弯辊装置的四辊轧机,为消除工作辊与支撑辊间的有害接触,支撑辊辊身长度应比工作辊的略小;对于 CVC 轧机等的工作辊横移类轧机,工作辊辊身长度应增加两倍的横移量;型材轧机辊身长度应考虑孔型数及其宽度。

(3) 轧辊辊面硬度。

软辊:肖氏硬度为 30～40 HS,用于开坯机、大型型钢粗轧机。

半硬辊:肖氏硬度为 40～60 HS,用于型钢轧机、板带粗轧机。

硬面辊:肖氏硬度为 60～85 HS,用于精轧机。

特硬辊：肖氏硬度为85～100 HS，用于冷轧机。

(4) 轧辊辊型。

轧辊辊型包括平辊(负凸度(热轧)、正凸度(冷轧))、倒角CVC辊型。

3.2.3 现代化轧制设备形式

1. 型材轧机

型材轧机分为大型型材轧机和中、小型型材轧机。

大型型材轧机生产线如图3-16所示。

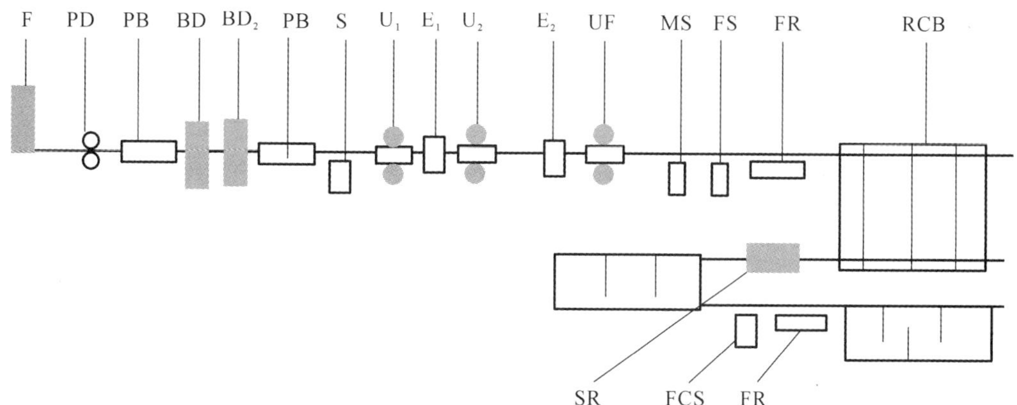

图3-16 标准式万能钢梁轧机生产线设备布置图

F—加热炉；PD—除鳞机；PB—推床；BD—开坯机；S—切头锯；U—万能轧机；E—轧边机；SR—矫直机；UF—万能精轧机；MS—移动热锯；FS—团定热锯；FR—定尺机；RCB—步进式冷床；FCS—团定冷锯

中型型材轧机生产线如图3-17所示。

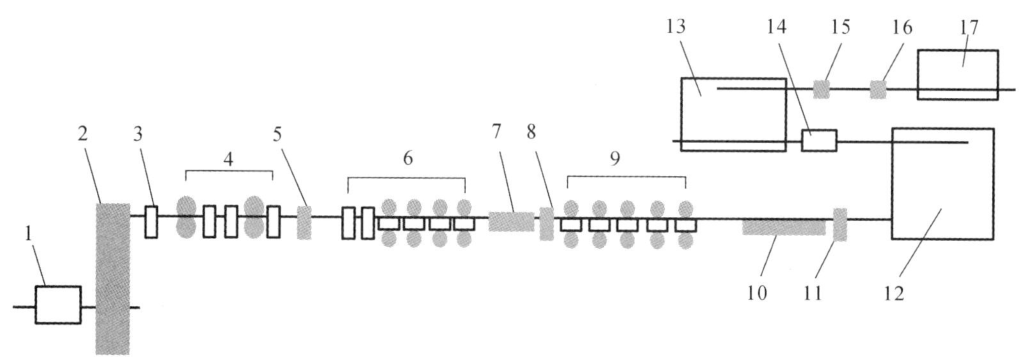

图3-17 全连续式中型型材轧机生产线设备布置图

1—坯料热送辊道；2—加热炉；3—高压水除鳞箱；4—粗轧机组；5—摆式剪；6—中轧机组；7—冷却装置；8—1# 曲柄剪；9—精轧机组；10—水冷装置；11—2# 曲柄剪；12—齿条式冷床；13—缓冲台架；14—矫直机；15—移动热锯；16—固定热锯；17—收集台架

2. 棒、线材轧机

现代化型、棒材轧机生产线如图3-18所示。

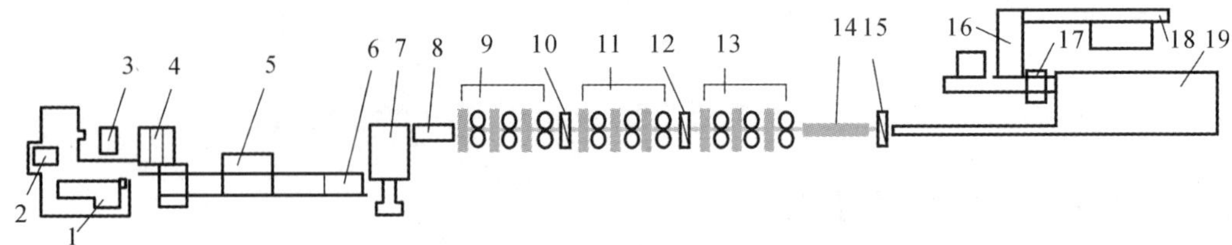

图 3-18　某厂型、棒材一体化节能型轧机生产线设备布置示意图

1—钢包回转台；2—钢包炉；3—连铸机；4—钢坯冷床；5—热存储装置；6—冷上料台架；7—步进式加热炉；8—出炉辊道及除鳞机；9—粗轧机组；10—1# 切头飞剪；11—中轧机组；12—2# 切头飞剪；13—精轧机组；14—水冷装置；15—倍尺飞剪；16—非磁性全自动堆垛机；17—多条矫直机和连续定尺冷飞剪；18—打捆机和称量装置；19—步进式冷床

现代化高速线材轧机生产线如图 3-19 所示。

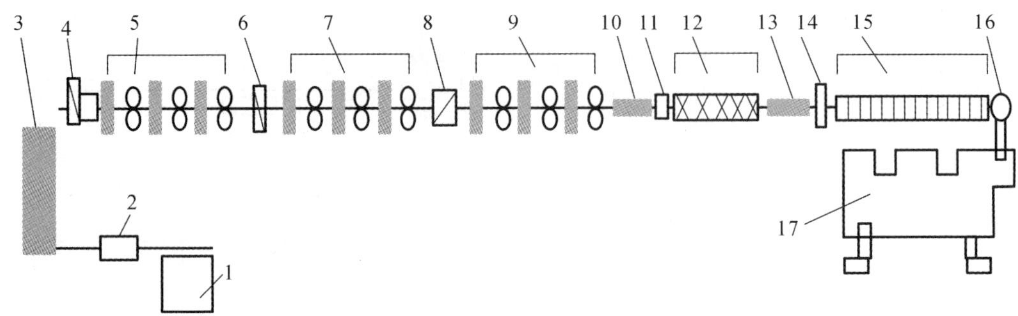

图 3-19　高速线材轧机平面布置及设备组成示意图

1—停料架；2—进料辊道；3—步进梁式加热炉；4—钳式事故剪；5—粗轧机组（H/V 交替布置）；6，8，11—切头剪；7—中轧机组（H/V 交替布置）；9—预精轧机组（H/V 交替布置）；10—控轧水冷箱；12—摩根顶交 45°精轧机组；13—轧后控冷水冷箱；14—夹送辊；15—斯太尔摩输送机；16—水平调整辊；17—成卷站

3. 板、带材热轧机

中厚板轧机生产线如图 3-20 所示。

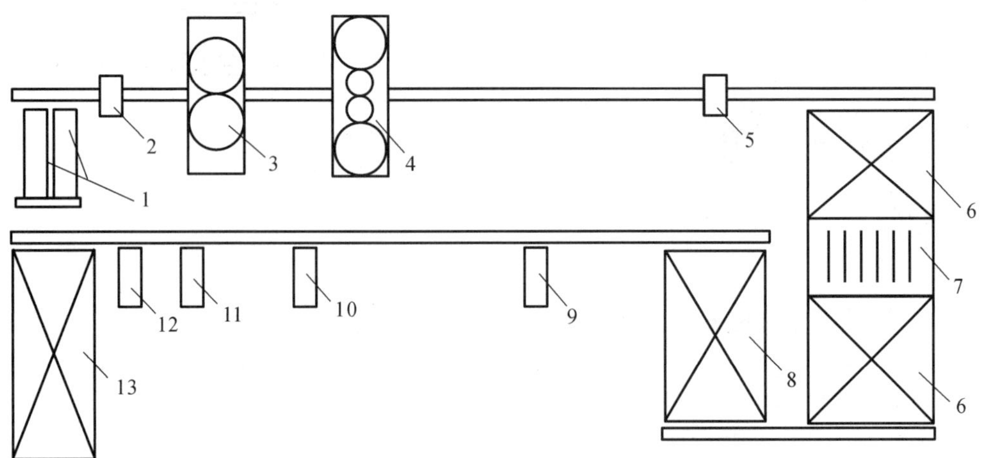

图 3-20　双机架中厚板生产线设备布置平面图

1—加热炉；2—除鳞箱；3—二辊粗轧机；4—四辊精轧机；5—矫直机；6—冷床；7—翻板机；8—检查台架；9—切头剪；10—圆盘剪；11—定尺剪；12—定尺机；13—成品垛板台

热轧带材轧机设备配置和生产线如图 3-21 和图 3-22 所示。

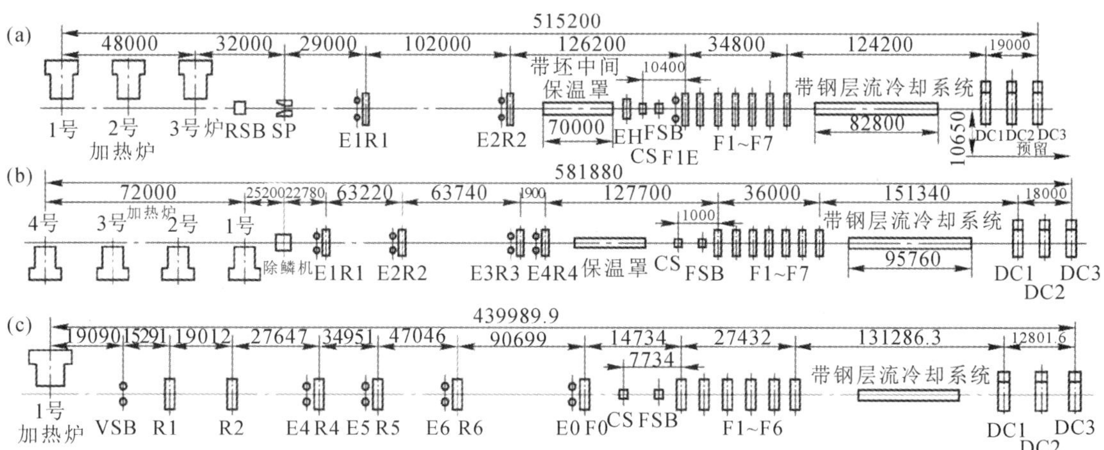

图 3-21　热轧带材轧机设备配置示意图

(a) 1580 mm 半连轧式;(b) 2050 mm 3/4 连续式;(c) 1422 mm 全连续式

RSB—粗轧高压水除鳞;SP—压力定宽机;E1～E6—小立辊轧机;R1～R6—粗轧机;

EH—带坯边部电感应加热器;CS—飞剪;F1～F7—精轧机组各架轧机;E0,E—精轧机小立辊;

DC1～DC3—液压式地下卷取机;VSB—粗轧大立辊;FSB—精轧高压水除鳞

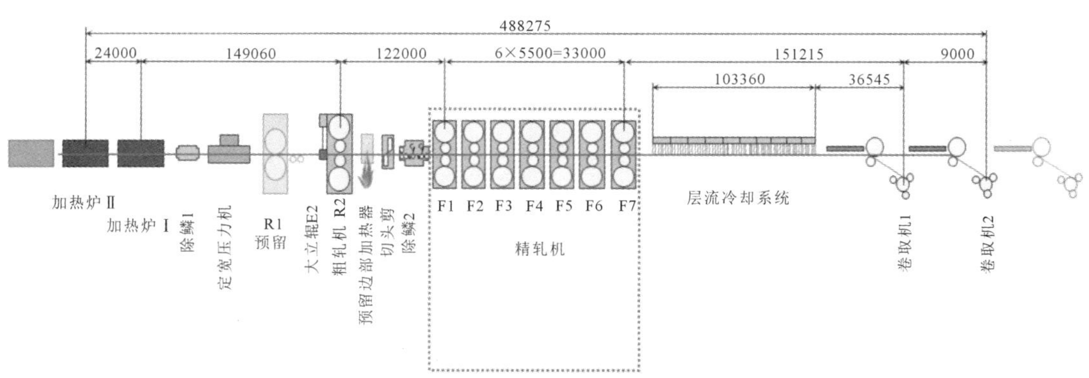

图 3-22　中国宝武钢铁集团有限公司二热轧设备布置及生产线

4. 板、带材冷轧机

图 3-23 和图 3-24 分别为 1700 mm 和 2030 mm 带材冷连轧机组设备布置图，表 3-2 为两类冷连轧设备的技术参数对照表。

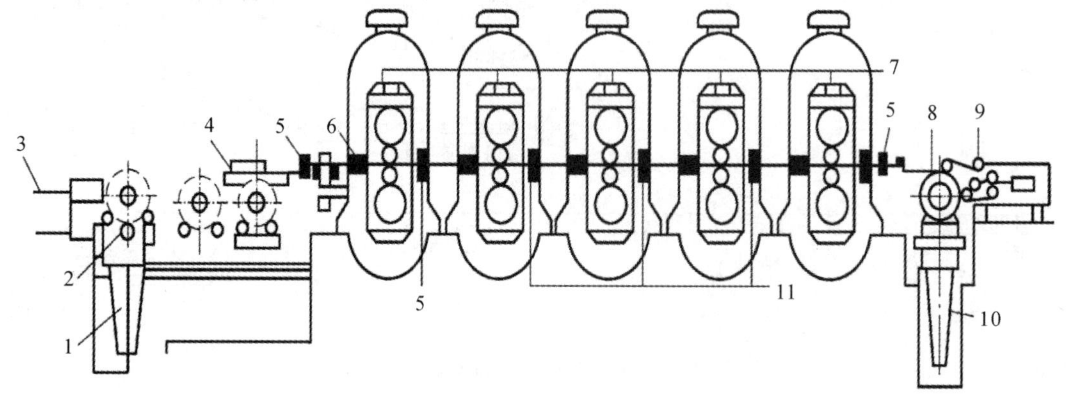

图 3-23 1700 mm **带材常规五机架冷连轧机组设备布置示意图**

1,10—钢卷小车；2—步进式梁；3—拆捆机；4—开卷机；5—同位素测厚仪；6—辊式压紧器；7—液压压下装置；8—张力卷取机；9—助卷机；11—电磁式测厚仪

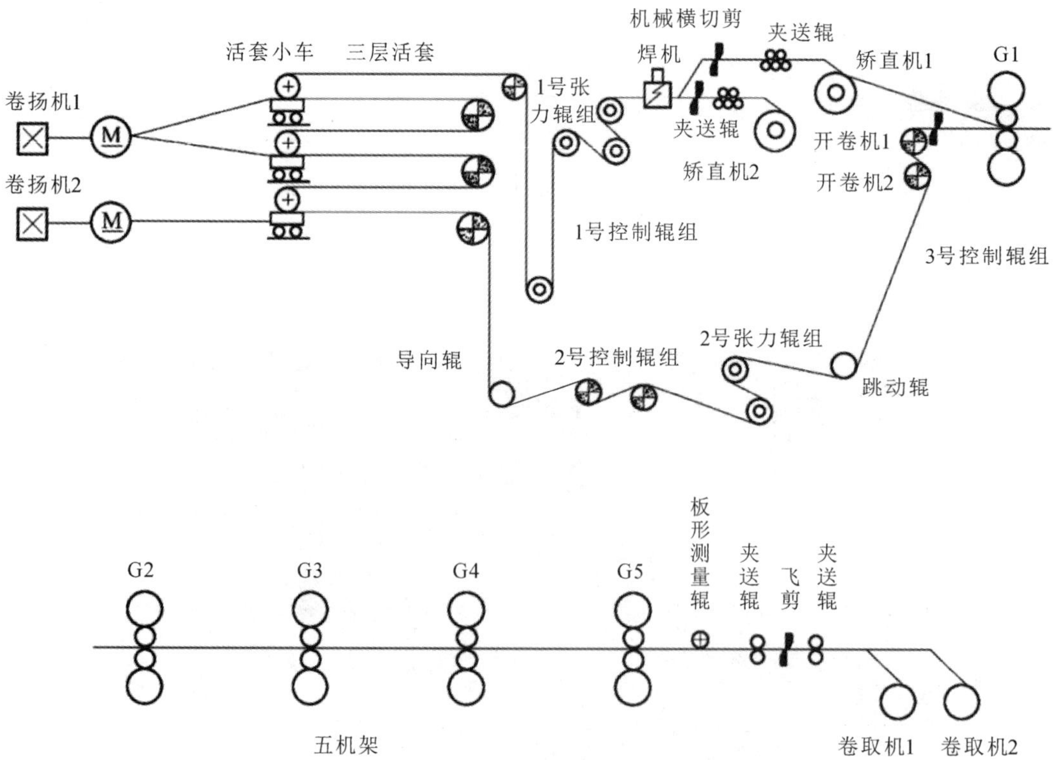

图 3-24 2030 mm **带材全连续式五机架冷连轧机组设备布置示意图**

表 3-2　1700 mm 和 2030 mm 带材冷连轧机组的技术参数对照表

参数			1700 mm 常规五机架冷连轧	2030 mm 全连续式五机架冷连轧
设备参数	工作辊/mm		(ϕ540～ϕ610)×1700	(ϕ550～ϕ615)×2030
	支持辊/mm		(ϕ1400～ϕ1525)×1700	(ϕ1425～ϕ1550)×2030
	开卷机	外径/mm	ϕ1500	ϕ1200～ϕ2510
		内径/mm	ϕ610	ϕ760
	张力卷取机	外径/mm	ϕ1500	ϕ1200～ϕ2470
		内径/mm	ϕ610	ϕ610
	最大轧制压力/t		2500	3000
	板型控制		F1～F2 正弯辊;F3～F5 正负弯辊	弯辊＋CVC
	开卷机功率/kW		2×475	2×450
	F1 功率/kW		2×1500	4×1120
	F2～F5 功率/kW		4×1500	4×1500
	张力卷取机功率/kW		每台 2×1640	每台 3×725
	机组总功率/kW		31250	31735
	单位宽度总功率/(kW/mm)		18.38	15.64
工艺参数	原料/mm		(1.5～6)×(550～1580)	(1.8～6.3)×(900～1850)
	成品/mm		(0.15～3)×(550～1580)	(0.3～3.6)×(900～1850)
	最大卷重/t		≤18	≤45
	单位宽度卷重/(kg/mm)		10.59	23(宽度 B>1300 mm); 34.5(宽度 B≤1300 mm)
	最大轧制速度/(m/min)		1800	2000

5. 铝箔轧机

对于厚度小于 0.2 mm,甚至达到 0.02 mm 以下的箔材,冷轧机的轧辊数量更多,目前应用最广泛的是可逆式 20 辊轧机,如图 3-25 所示。目前,山西太钢不锈钢股份有限公司通过该类设备已生产出厚度达到 0.015 mm 的"手撕钢"箔材。

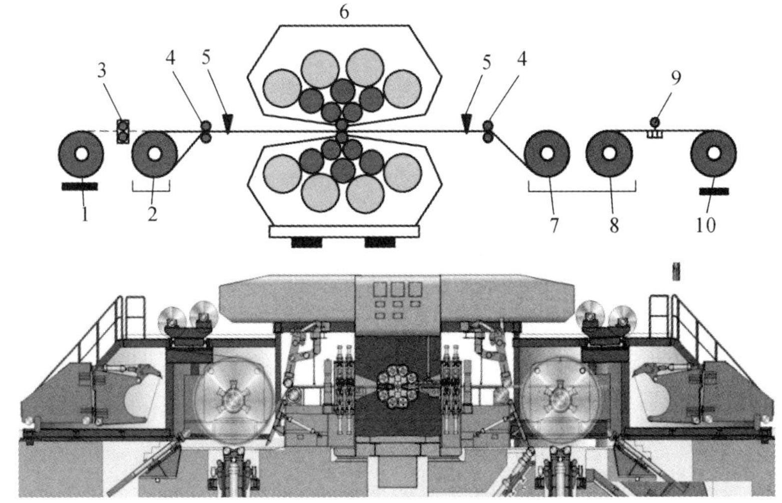

图 3-25　可逆式 20 辊轧机及主要设备组成

1—开卷;2—左卷取;3—对中装置;4—张力计;5—测厚仪;6—主机;7—右卷取;8—重卷开卷;9—张力控制;10—重卷

3.3 挤压设备选择与设计

3.3.1 挤压设备选择

1. 结构形式

挤压机按运动部件的运动方向不同，可以分为卧式挤压机和立式挤压机。

卧式挤压机主要部件的运动方向与地面平行，如图 3-26 所示，具有以下特点：

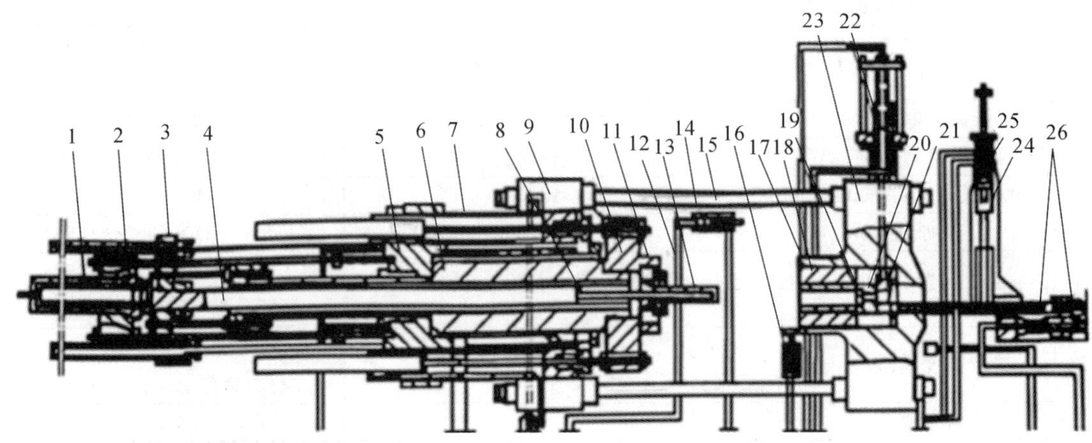

图 3-26 25 MN **卧式挤压机**

1—穿孔针工作行程缸；2—穿孔针回程缸；3—穿孔针回程横梁；4—穿孔针支座杆；5—主缸；6—主柱塞；7—主柱塞回程缸；8—穿孔针支座；9—后机架；10—主柱塞回程横梁；11—挤压杆支座；12—挤压杆；13—穿孔针；14—送锭机构推杆；15—张力柱；16—锭提升台；17—挤压筒座；18—挤压筒；19—模；20—横座；21—斜锁键；22—斜锁键用缸；23—前机架；24—剪刀；25—剪刀用缸；26—横座台运动用缸

(1) 本体和大部分附属设备可布置在地面上；

(2) 各机构可布置在同一平面，易实现机械化、自动化；

(3) 可制造和安装大型挤压机，制品规格不受限；

(4) 运动部件(柱塞、穿孔横梁、挤压筒等)自重加在套筒和导轨面上，易磨损，某些部件因热膨胀而改变位置，挤压机中心、精度会改变；

(5) 占地面积大；

(6) 易造成管材壁厚不均匀，即偏心现象。

典型的卧式挤压机根据工艺用途不同，又分为带穿孔针装置的和不带穿孔针装置的(单作用和双作用)，带穿孔针装置根据穿孔缸相对于挤压缸(主缸)的位置，又有内置式和外置式之分。内置式卧式挤压机结构紧凑，占地面积小，但维修比较困难。而外置式卧式挤压机的穿孔装置位置与内置式相反，一般为老式设备。

如图 3-27 所示，立式挤压机运动、出料与地面垂直，具有以下特点：

(1) 出料方向与地面垂直，占地面积小，表现为较高厂房和较深地坑；

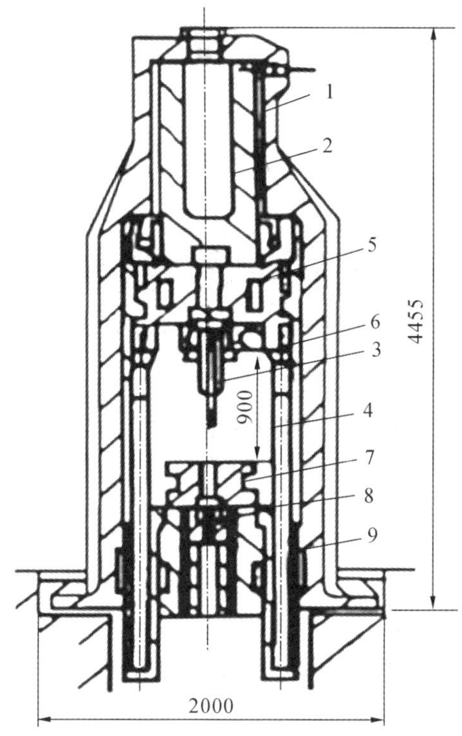

图 3-27 6 MN 立式挤压机

1—主缸；2—主柱塞；3—挤压杆；4—回程柱塞；
5—滑座；6—滑板；7—挤压筒；8—模；9—回程缸

(2) 挤压筒磨损小，部件受热变形均匀，中心不易失调，管子偏心很小；

(3) 吨位受限，一般在 6～10 MN，主要生产尺寸不大的管材和空心制品。

2. 传动方式

挤压机的传动方式有机械传动和液压传动。机械传动吨位小，热挤压很少采用；液压传动吨位大，启动平稳，过载适应性强，应用最为广泛。

3. 穿孔系统

无独立穿孔系统的挤压机适用于棒材和线坯的生产，挤压管件须用空心锭，结构简单、操作方便、机身不高，应用广泛；而带独立穿孔系统的挤压机适用于管、棒、型材的挤压生产。

3.3.2 挤压设备构成

挤压机的本体结构如图 3-28 所示。

1. 机架

机架是承受挤压力的最基本构件，由机座、横梁、张力柱组成。

(1) 机座。

机座由前机座、中间机座、后机座对接组成。前机座用于支承前横梁，后机座用于支承后横梁，中间机座通过导板支承活动横梁(挤压横梁、穿孔横梁)。

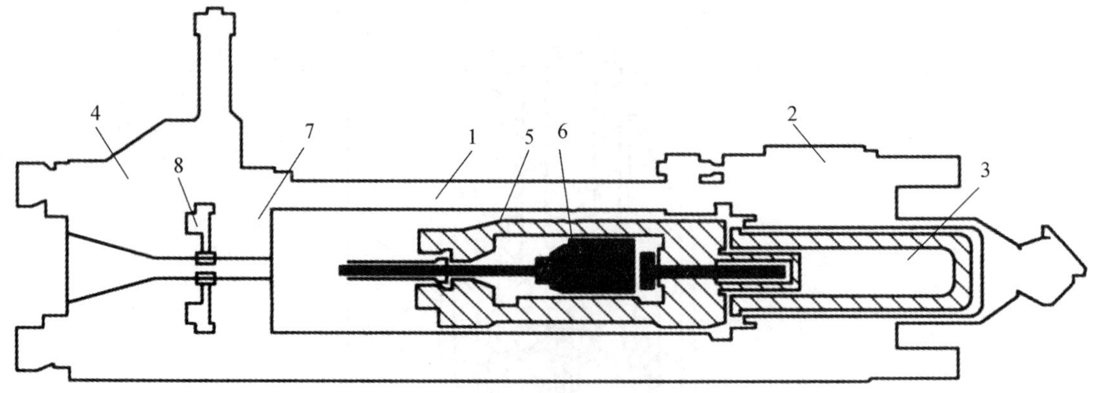

图 3-28　带有内置穿孔系统的管材卧式挤压机示意图

1—机架；2—后梁；3—主缸；4—前梁；5—动梁；6—穿孔系统；7—挤压筒；8—模座

(2) 横梁。

横梁主要包括前、后横梁。前横梁由上滑板支承，可在上滑板上沿轴向滑动，可调整上滑板使其相对机座升降移动，并且可调整侧向螺钉使它沿机座横向移动。后横梁主要用来安装主缸、回程缸、穿孔缸。大型挤压机后横梁是单独铸件，同时也是主要受力部件之一，中、小型挤压机有时把后横梁和主缸制成一体，以利于加工和装配。

(3) 张力柱。

张力柱的作用是把前、后横梁连接为一体，组成一个刚性框架，常采用三柱式和四柱式的布置方式。三柱式布置分为正三柱、倒三柱、侧三柱，倒三柱便于更换挤压筒等重型部件，侧三柱便于在侧向张力柱上安装转动式模座。

2. 液压缸部件

液压缸主要把液压能转换成机械能，由柱塞与缸组成，柱塞与缸的结构形式有圆柱式、活塞式和阶梯式，如图 3-29 所示。对于圆柱式柱塞与缸，柱塞只能单向运动；对于活塞式柱塞与缸，柱塞可做往复运动；对于阶梯式柱塞与缸，柱塞做单向运动。

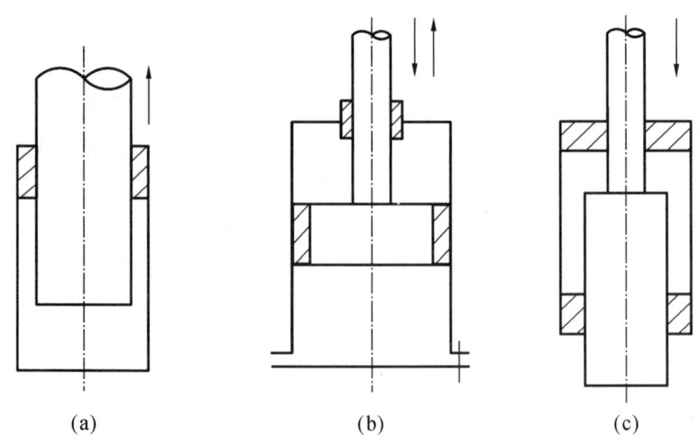

图 3-29　柱塞与缸的结构形式

(a) 圆柱式柱塞与缸；(b) 活塞式柱塞与缸；(c) 阶梯式柱塞与缸

3. 穿孔装置

穿孔装置主要用于完成锭坯的穿孔过程，包括穿孔缸、穿孔柱塞、穿孔针、穿孔动梁、穿孔限位器、调整装置等，主要形式有内置式、后置式以及侧置式。

(1) 内置式。

内置式挤压机是一种结构上较先进的挤压机，其特点是穿孔缸安置在主柱塞前部的空腔中，穿孔缸所需的工作液体用一个套筒式导管供给，其原因是穿孔缸在主柱塞移动时也要跟着移动。没有主柱塞回程缸，主柱塞返回靠两个穿孔柱塞回程缸带动，故结构较简单。内置式挤压机由于穿孔系统位于主柱塞中，故缩短了机身长度，不易偏心，如图 3-30 所示。由于穿孔缸是运动的，故其须采用活动的高压导管，密封和维护麻烦。

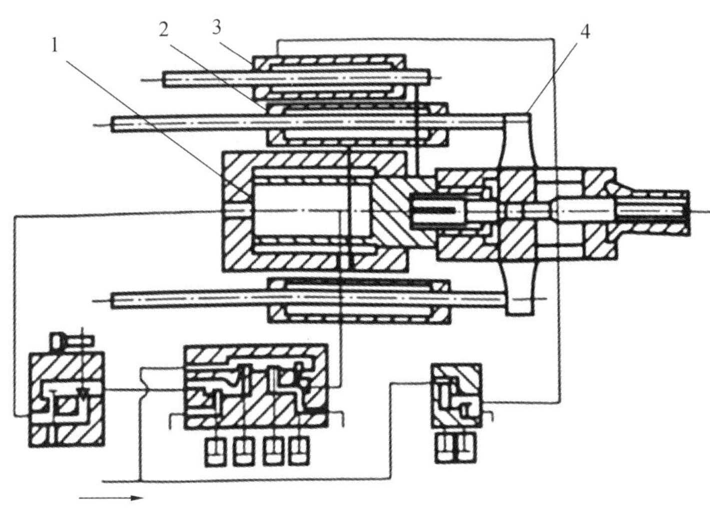

图 3-30 穿孔缸内置式挤压机

1—主缸；2—回程缸；3—工作液体导管；4—穿孔缸

(2) 后置式。

穿孔缸位于主缸之后称为后置式，其结构形式如图 3-31 所示。在挤压机尾部，穿孔行程为主柱塞行程的随动行程。后置式挤压机总长增加，动梁结构简单，制造、维修方便。

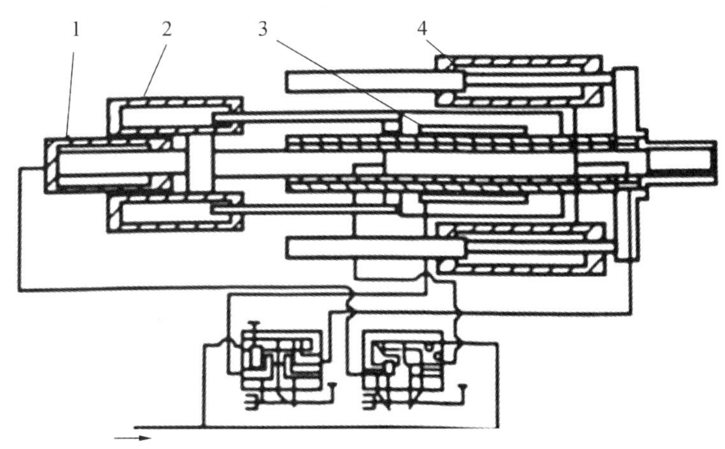

图 3-31 穿孔缸后置式挤压机

1—穿孔缸；2—穿孔回程缸；3—主缸；4—主回程缸

(3) 侧置式。

侧置式挤压机的两个穿孔缸对称布置在主缸两侧,结构较紧凑,使用、维护较方便,机身也很长。

4. 挤压工具

挤压工具主要包括挤压筒、挤压模、挤压轴、穿孔针、垫片等。

挤压筒是容纳锭坯,承受挤压杆传给锭坯的压力,并同挤压杆一起限制锭坯受压后只能从模孔挤出的挤压工具。常见的挤压筒是圆形,扁形挤压筒主要用于挤压壁板,如图 3-32 所示。圆形挤压筒一般由两层或三层衬套过盈热配合组装在一起,如图 3-33 所示。挤压筒做成多层的原因是使筒壁中的应力分布均匀,降低应力峰值;挤压筒磨损时可只更换内衬套,不必更换整个挤压筒。

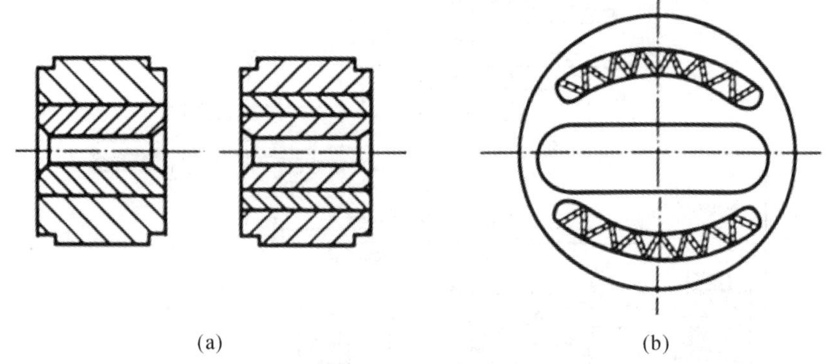

图 3-32 挤压筒

(a) 圆形筒;(b) 扁形筒

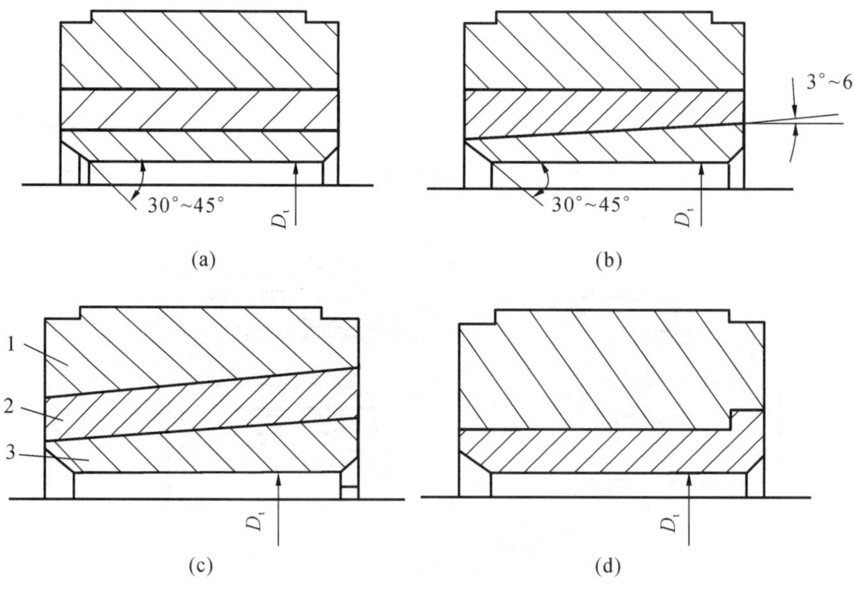

图 3-33 挤压筒衬套

1—外衬套;2—中衬套;3—内衬套

挤压筒的加热大多采用感应加热，即将加热元件包裹绝缘层后，插入沿挤压筒圆周分布的轴向孔中，然后将它们串接起来通电，靠磁场感应产生的涡流加热。挤压筒加热的温度在350～400 ℃范围内，且不应超过此温度范围。

3.3.3　挤压设备主要参数

挤压设备参数的确定原则，与其他诸多金属材料加工设备一样，设备参数是反映设备自身功能、各种特性、能力的基本数据。确定这些参数的主要依据是该设备的类型、被加工的金属材料、工艺范围、变形特点以及被加工零件的性质。

挤压机参数项目，在我国行业标准里没有统一的规定，因此，各厂家有的项目多、细一些，有的项目少、粗一些；有的将每个工作缸的柱塞直径也列入参数项目内，有的则没有。确定参数的主要依据是工艺性质，具体由使用单位和设计制造单位协商。用户根据自己的产品、坯料、工艺确定，设计制造单位根据用户的工艺参数进行设计。如技术上双方有争议，则通过协商解决。挤压机的参数主要有以下项目：① 挤压机的结构形式；② 公称挤压力（公称吨位），MN；③ 液体工作压力，MPa；④ 挤压机回程力，MN；⑤ 挤压机行程，mm；⑥ 挤压机空程速度，mm/s；⑦ 挤压机挤压速度，mm/s；⑧ 挤压机回程速度，mm/s；⑨ 挤压机穿孔力，MN；⑩ 穿孔回程力，MN；⑪ 挤压机的穿孔行程，mm；⑫ 挤压机穿孔速度，mm/s；⑬ 挤压机的穿孔回程速度，mm/s；⑭ 挤压筒的锁紧力，MN；⑮ 挤压筒的松开力，MN；⑯ 挤压筒的行程，mm；⑰ 挤压筒长度，mm；⑱ 挤压筒的内孔直径，mm；⑲ 挤压机主剪的剪切力，MN；⑳ 主剪的回程力，MN；㉑ 主剪行程，mm；㉒ 模具移出缸的移出力，MN；㉓ 模具回程力，MN；㉔ 模具移出行程，mm。

表3-3归纳了我国主要铝合金挤压机吨位系列。

表3-3　我国主要铝合金挤压机吨位系列

公称压力/t	315	500	630	800	1000	1250	1800	2000	2500	3150	3500	4000	5000	12500
公称压力/N	3.2	5	6.3	8	10	12.5	18	20	25	31.5	35	40	50	125

1. 空程速度和回程速度确定

挤压机的空程速度和回程速度均与被加工的金属（或制品）无关。为了提高设备的效率，缩短周期是很重要的，在一个周期内，提高回程速度和空程速度对缩短周期有重要意义。就这个意义上来说，回程速度和空程速度越高越好。但在实际工作中，受机械或液压元件等因素的限制，空程速度和回程速度不能太高，一般为50～150 mm/s，特殊情况可达300 mm/s。

铝合金挤压机的空程速度和回程速度要求很高，一般为50～150 mm/s。对于空程来说，在挤压轴接触工件之前要求空程速度减慢，为纠正坯料和挤压垫位置不正确留有时间。对于回程来说，一般要求在接近缸底之前减速，以免撞击缸底。

2. 挤压速度确定

挤压速度不仅是挤压工艺过程中的重要参数，还是挤压设备设计中的主要参数之一。因此，挤压速度的分析研究，对挤压生产是非常需要的。因为它关系到挤压设备的生产效率，关系到挤压工艺的制品质量，挤压速度越快，单位时间内挤压坯料的长度越长，生产效率就越高。

但是挤压速度受到坯料的机械性能、传动系统、加热温度、挤压方法等因素的限制，这些因素往往又是矛盾的，特别是对于一些挤压温度狭窄的金属，如铝、镁及其合金，其挤压敏感性强，其对挤压速度的要求高、严密性强。挤压速度低影响生产效率及经济效益，但挤压速度高则会引起变形不均匀、表面质量差，严重时出现废品。

挤压速度包括两个内容：其一是被挤压金属从模孔挤压流出的速度，它的工艺性强，对制品的组织纤维、表面质量、生产效率影响大；其二是挤压机主柱塞即挤压轴移动的速度，是挤压机的主要参数之一。

各种铝的合金，由于化学成分不同，机械性能也不同，导致挤压速度和挤压温度不同。为使挤压机的适应性增强，挤压机设计调速范围就要大，最好采用闭环控制，通过液压伺服系统实现无级调速。

挤压速度受材料的性能、加热温度、挤压方法和模具的结构、制品种类等多因素的制约，相互关系比较复杂，因此难以用数学公式表达，只有在实际生产中用仪表实测，或凭实际工作经验而得到挤压速度范围。

图 3-34 中，根据经验数据将几种典型金属材料挤压速度采用坐标形式表示出来。表 3-4 列出了铝合金铸锭加热温度与棒材挤压速度的关系。铝合金管材挤压速度见表 3-5。其他金属不同牌号的挤压速度这里不细论，如有用到，可参考有关资料。

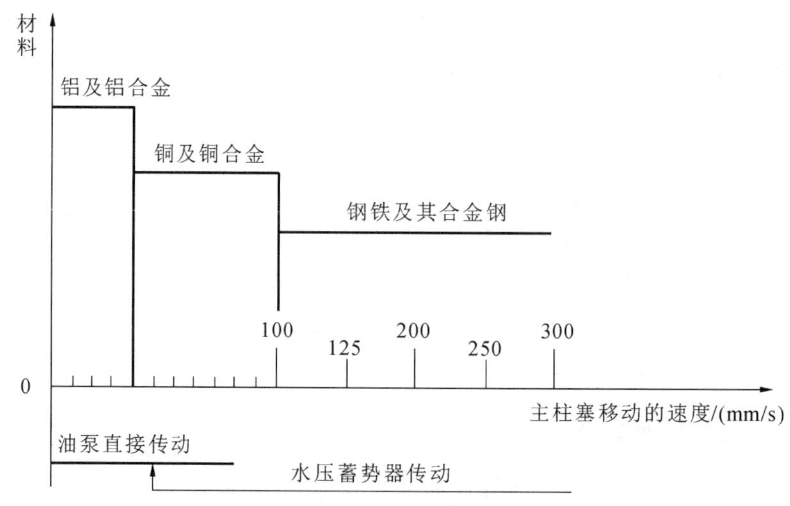

图 3-34　典型金属材料的挤压速度

表 3-4　铝合金铸锭加热温度与棒材挤压速度的关系

金属牌号	高温挤压		低温挤压	
	铸锭加热温度/℃	金属挤压速度/(m/min)	铸锭加热温度/℃	金属挤压速度/(m/min)
6A20	480～500	2.0～2.5	260～300	12～15
2A50	380～450	3.0～3.5	280～320	8～12
2A11	380～450	1.5～2.5	280～320	7～9
2A12	380～450	1.0～1.7	330～350	4.5～5
7A04	370～420	1.0～1.5	300～320	3.5～4

表 3-5 铝合金管材挤压速度范围

合金牌号	挤压速度/(m/min)	合金牌号	挤压速度/(m/min)
2A11、2A12 7A04 2A02、2A03、6A20	0.8～4.0 0.6～3.0 1.0～10.0	1060、1050、1035、8A06、3A21 5A05、5A06	不限制 0.8～6.0

3.4 熔铸设备选择与设计

3.4.1 熔炼设备及参数

熔炼设备主要有熔炉(又称熔炼炉)、静置炉(又称保温炉),以及加料、出灰、通氮等所用的操作工具。其中,熔炼炉较适合于有色金属及合金的熔炼。

1. 熔炼炉

熔炼炉是最主要的金属材料熔炼设备,它的主要作用是将各种形状和成分的金属坯料(主要是金属锭坯、废角料和中间合金),按产品所要求的化学成分熔化,并在熔化过程中清除金属液中的氧化物及杂质等。常用的熔炼炉有电阻反射炉、火焰炉、感应炉等。

电阻反射式熔炼炉通过电热体放出的热量加热炉顶和炉墙,再由炉顶、炉墙将热量以辐射方式传递给被加热的物料,使之不断升温熔化。固定式方形电阻反射式熔炼炉由炉壳、炉基、炉底、炉墙、炉顶及炉温控制和测量系统等几部分构成,如图 3-35 所示。炉壳由金属构架和钢板焊接而成,炉基由混凝土筑成,炉底由多层耐火砖、镁砂层及保温砖砌筑,四周炉墙上开有数量不等的炉门、金属液出入口。通常,炉子两端的炉门用于搅拌、扒渣,正侧的炉门用于加料、取样。电阻反射炉的炉顶一般都采用悬挂式平顶结构。为了便于电热体辐射传热,炉膛的高度多控制在 1500 mm 以下,而熔池的深度多在 250～550 mm。

电阻反射炉的优点:水蒸气含量少,烧损小,炉温控制准确,熔炼的金属质量高;没有噪声,没有燃烧废气,工作环境好;结构简单,造价较低,维护保养简便。其缺点是单位功率不大,生产率低,炉子占地面积较大。

火焰炉的优点是熔化速度快,炉子容量可以做得很大,因而产量很高,成本低;缺点是火焰直接与金属接触,金属易烧损,炉内水蒸气含量高,熔体吸气量多(在严格遵守熔炼、精炼及转注的工艺条件下,也能得到满意的熔体质量)。火焰式熔炼炉如图 3-36 所示。

感应炉的优点:一是合金烧损小,熔化速度快,热效率高;二是有电动搅拌作用,使熔体的成分和温度更为均匀,而且减轻了工人炉前操作的劳动强度;三是减少了合金氧化、吸气的机会,熔体质量高;四是烟尘少,噪声小,作业环境好。感应炉的缺点是电器设备费用较高。

2. 静置炉

静置炉用于接收在熔炼炉中熔炼好的熔体,并精炼、静置和调整熔体温度,在铸造过程中对熔体起保护作用。因此,熔体的最终质量,在许多情况下与静置炉的类型和结构有关。

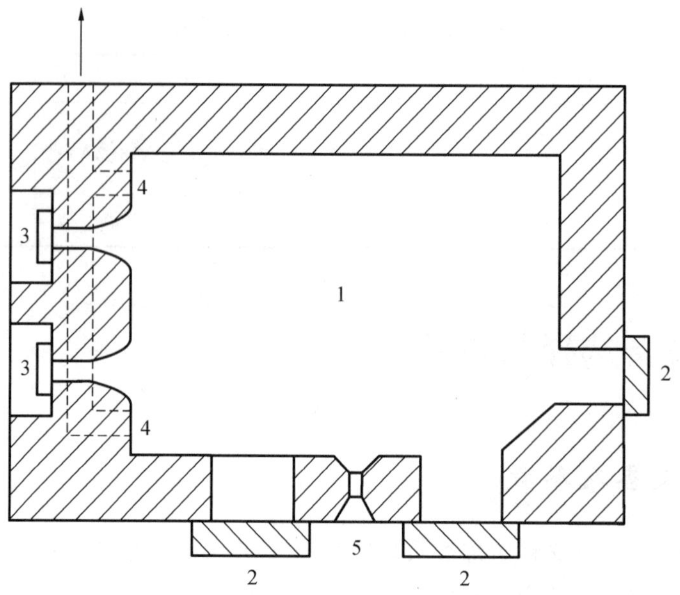

图 3-35　固定式方形电阻反射式熔炼炉结构简图

1—炉膛；2—炉门；3—燃烧器；4—烟道；5—出料口

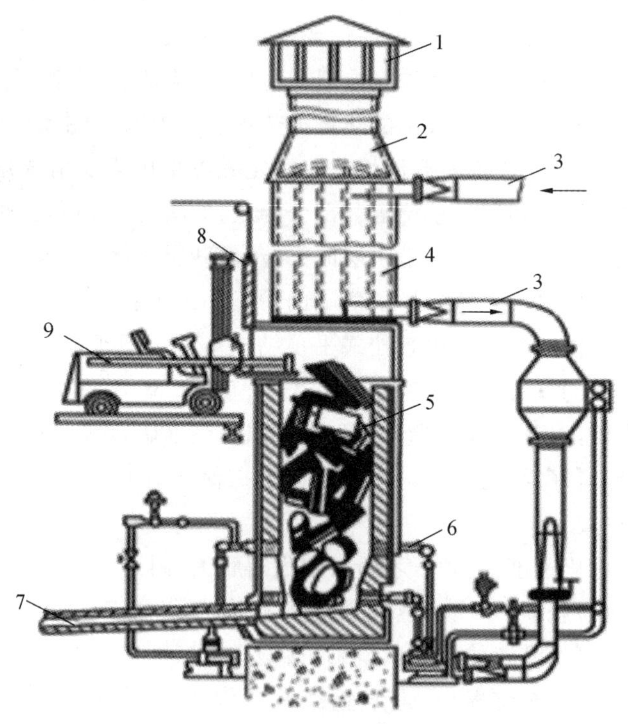

图 3-36　火焰式熔炼炉

1—烟罩；2—烟囱；3—风管；4—炉筒；5—炉膛；6—喷嘴；7 溜槽；8—装料门；9—装料车

静置炉的基本要求：炉内水蒸气含量小；保温良好并能准确控制炉温；具有一定的升温能力；熔池内熔体的温差小；容量与熔炼炉相适应；结构简单、操作方便。生产中普遍采用电阻反射炉作为静置炉。电阻反射式静置炉在结构上与电阻反射式熔炼炉相似，但熔池要稍微深一些，熔池面积要小一些，而且配置的电功率也只有同容量熔炼炉的一半左右。

3. 熔炼设备选择

熔炼设备的选择以设备参数为依据，需要从以下几点考虑：

(1) 熔炼速度、容积、能耗等技术参数；

(2) 熔炼质量；

(3) 技术水平及生产效率；

(4) 操作环境及环保要求；

(5) 投资及技术经济指标。

3.4.2 铸造设备及参数

铸造设备分为半连续铸造设备和连续铸造设备。常见半连续铸造设备有钢丝绳式半连续铸造机、丝杠式半连续铸造机和液压式半连续铸造机等。常见连续铸造设备有卧式(水平)连续铸造机和立式连续铸造机两种。

1. 半连续铸造设备

半连续铸造机的基本要求：运行可靠，生产率高，铸造质量好，铸锭成材率高，能方便地控制调节主要铸造参数(如铸造速度、冷却水压或水量、铸锭长度等)，结构简单、方便。

铸造机的工作可靠性主要取决于铸造机的类型、结构、各部件的制造和安装情况以及铸造机的维护质量。为保证铸锭具有良好的质量和高的成材率，在整个铸造过程中，铸造机必须运行平稳，保证铸锭以严格固定的速度垂直下降，不跑车、不停顿、不晃悠。

常用的半连续铸造机有辊式铸造机、液压式铸造机、丝杠传动铸造机、钢丝绳传动铸造机和链带传动铸造机5种类型。

(1) 辊式铸造机：利用两个彼此相向转动的辊子从结晶器中把铸锭拉出，通过改变辊子的转速来调节铸造速度。这种铸造机每次只能铸造一根直径小于500 mm的圆铸锭，生产率低，而且对铸锭直径变化的适应性差，一台铸造机仅能浇注直径尺寸相差不大的铸锭。此外，这种铸造机生产的铸锭实际上总是存在着较大的弯曲，因此，这种铸造机在生产中已逐渐被淘汰。

(2) 液压式铸造机：利用活塞杆当引锭器，将铸锭从结晶器中拉出，通过改变活塞下方油缸中的压力来调节铸造速度。这种铸造机可以任意调整铸造速度，最适用于电磁铸造等要求高平稳性的场合；缺点是结构复杂，当铸锭质量增加时，为了保证液压活塞均匀降落，需要采用各种复杂的调节系统。

(3) 丝杠传动铸造机：借助丝杠的运动带动底座上下升降，铸造时可以通过机械或电机进行有级或无级调速。这种铸造机运行平稳，但制造、安装和维护方面都比较复杂，丝杠容易变形，丝杠螺母易磨损，更换麻烦，铸造长铸锭困难。

(4) 钢丝绳传动铸造机：通过卷筒(绞车)缠绕钢丝绳带动底座上下升降，铸造时可以通过机械或电机进行调速。这种铸造机的优点是结构简单、操作方便，适用于铸造各种规格的圆铸锭和扁铸锭；缺点是钢丝绳的不均匀拉伸可能引起平台歪斜，甚至被卡，导致运行不平稳，影响铸锭质量。钢丝绳传动铸造机是我国目前普遍采用的铸造设备。

(5) 链带传动铸造机：借助链带的运动带动底座平台上下升降，铸造时可以通过机械或电机进行调速。这种铸造机具有结构简单、工作可靠、运行平稳、操作方便等优点，适用于铸造各种规格的扁铸锭和圆铸锭。

2. 连续铸造设备

我国目前普遍采用链动式的水平连续铸造机，这种铸造机结构简单、运行平稳、制造维护方便、成本低。它主要由机架、传动系统、引锭系统、锯切装置及排水系统组成。

在使用水平连续铸造机时应注意以下几点。

(1) 使用前必须按照设备使用规程的要求和润滑卡片对机器的各部件认真进行检查和润滑，确认正常后进行空负荷试车，重点检查链条和链轮的磨损及运行情况、加紧装置是否灵活可靠，并调整铸造速度。

(2) 铸造前，正确安装引锭杆，并严格保证结晶器、引锭杆和轨道的工艺中心线在同一水平线上。

(3) 铸造机开车后，要立即把压紧辊升起，待引锭杆进入适当位置时再将压紧辊缓慢放下、压紧。

(4) 铸造过程中，一要预防掉钩脱销；二要避免碰撞铸锭；三要防止传动辊和压紧辊打滑；四要防止“跑流子”，避免金属液凝结在牵引链条上。铸造完毕后应将设备清理干净。

3. 连续铸轧设备

连续铸轧设备与塑性加工技术相结合，应用也较为广泛。此类设备省去了铸锭的锯切、铣面、加热和热轧工序，与半连续铸造工艺相比，可节约 35% 的能源。其中，双辊式连续铸轧机是一种比较先进的生产设备。

在双辊式连续铸轧机中，金属液通过一对内部通水冷却的铸轧辊以后，直接形成厚度为 6～8 mm 的铸轧卷带，其宽度和卷重只受配套卷取机承载能力的限制。连续铸轧产品的规格不宜过多，否则将影响铸轧机的生产能力和经济效益。

双辊式连续铸轧设备包括前箱、铸嘴、铸轧机、导向辊、牵引辊、剪切机、张紧辊、卷取机、卸卷小车等，如图 3-37 所示。

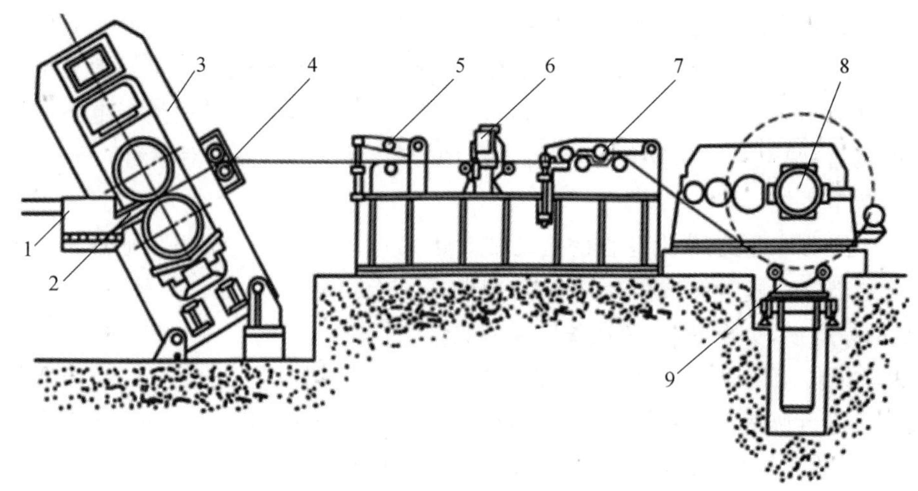

图 3-37 双辊式连续铸轧机组

1—前箱；2—铸嘴；3—铸轧机；4—导向辊；5—牵引辊；6—剪切机；7—张紧辊；8—卷取机；9—卸卷小车

4. 铸造设备选择

铸造设备的技术参数有铸造速度、铸锭尺寸、产量及能耗。铸造设备选择以其技术参数为依据，并考虑以下方面内容：

(1) 技术水平及生产效率；

(2) 操作环境及环保要求；

(3) 投资及技术经济指标。

3.5　辅助设备选择与设计

3.5.1　加热和热处理炉设计

1. 加热炉炉型的选择

炉型的选择应考虑坯料材质、形状、断面尺寸，以及装料温度，产量与质量要求等。

(1) 均热炉。

均热炉主要用于初轧车间、特厚板车间加热厚度大于 400 mm 的钢锭，炉型有换热式、蓄热式、复座式等。

(2) 均匀化炉。

均匀化炉主要用于消除铝镁合金铸造时的热应力和化学成分、组织的不均匀性。

(3) 连续加热炉。

连续加热炉的类型有推钢式炉、步进式炉、环形加热炉以及感应加热炉。

推钢式炉投资少、能耗较高，常用于产量与质量要求不高的车间。步进式炉于 20 世纪 70 年代成为型、板热轧机取代推钢式炉的主要炉型，步进式炉炉长不受推钢比限制，不产生拱钢、粘钢现象，生产能力大，单位炉底面积产量比推钢式炉高。

步进式炉加热均匀，表面擦伤少，产品质量高，氧化铁皮损失小，通常为 0.5%～1.5%；坯料种类、规格、材质、批量及温度易于调配，可加热推钢式炉无法加热的异型和薄、小规格的坯料，且易于排空检修。同时，步进式炉还具有自动化程度高、与主轧机配合好、维护容易等优点。但步进式炉的一次性投入成本较高，限制了其应用。

环形加热炉常用于管材和有色金属型、板车间，有固定炉壁的环形室和环形回转炉底，从炉底装料门至出料门回转一整圈，铸锭或轧坯即被加热。除基本具有步进式炉的优点外，它还具有炉内气氛易控制、单位能耗少等优点，但存在机械设备复杂、占地面积大、单位炉底面积产量比推钢式炉低(生产能力小)及装料门与出料门近(操作不便)的缺点。

感应加热炉在现代挤压机车间广泛采用，具有加热速度快、体积小、耗电低、可实现机械化与自动化等优点，铜合金、钢锭等加热温度高、单位电耗大、产量高的车间很少采用，但加热温度范围窄的金属或合金(如不锈钢、钛合金)车间仍然有采用。

2. 加热炉产量计算

(1) 按加热时间对加热炉产量进行计算，公式如下：

$$Q=\frac{LnG}{bt} \tag{3-8}$$

式中：Q 为加热炉小时产量；L 为炉子有效长度，m；n 为装料排列数；G 为每根坯料质量，t；b 为坯料的炉内宽度，m；t 为加热时间，h，$t=cb$，其中 c 为材质系数。

需要注意，该公式为现有炉子的产量计算公式，对于新设计的加热炉，Q 通常按主要设备平均小时产量的 1.1～1.2 倍计算，即 $Q=(1.1\sim1.2)A_p$（A_p 指主要设备的平均小时产量），或按设计产品中比例较大、小时产量较高的产品计算；Q 值计算出来后，由于炉底强度不同，按 Q 计算出的炉长不一定能满足加热时间 t 要求，还必须按有关公式确定炉底强度。

（2）按炉子生产率指标进行计算，公式如下：

$$Q=\frac{PF}{1000\psi} \tag{3-9}$$

式中：P 为有效炉底强度，kg/(m² · h)，通常取 $P=500\sim700$ kg/(m² · h)，厚板取上限；F 为炉底布料面积，m²；ψ 为炉子干扰系数，取值范围为 0.9～1.0，多座炉取下限。对于设计的新炉，通常用该公式计算。

3. 炉子尺寸（炉膛尺寸）的确定

（1）炉宽 B。

炉宽 B 主要根据坯料长度确定。

单排：

$$B=I+2C \tag{3-10}$$

双排：

$$B=2I+3C \tag{3-11}$$

式中：I 为坯料最大长度，m；C 为料间或料与炉墙间隙，一般取 0.2～0.3 m。

（2）炉长 L。

炉长 L 主要根据加热炉产量确定：

$$L=F/b \tag{3-12}$$

式中：F 为炉底布料面积；b 为设计产品坯料宽度。

对于推钢式炉，有

$$L<ib_{\min}$$

式中：i 为推钢比，坯料条件较好时 $i=250\sim300$；$b_{\min}$ 为坯料在炉内的最小宽度，m。

若推钢式炉有 $L>ib_{\min}$，则采用 2～3 座炉子。

对于步进式炉，炉长 L 确定后，还应考虑：

① 增加炉长方向坯料间隙，取为 $(n-1)a$，其中 n 为装料块数，a 为坯料间隙，通常取 0.05 m；

② 为了防止步进时坯料撞炉门，增加坯料入炉定位距离，通常为 1～1.5 m（宽料取上限），当坯料位置确定后，步进机构立即做踏步运动。

当步进式炉有 $L>60$ m 时，采用 2～3 座炉子。

4. 推钢机的选择

推钢式加热炉后采用推钢机，包括螺旋式、齿条式、液压式等。

（1）螺旋式：结构简单，质量轻，造价低，但传动效率低，零件易损，推力和推速低，常用于推力小于 20 t 的小型车间。

（2）齿条式：结构复杂，质量大，造价高，但传动效率高，不需要经常维修，推力和推速大，常用于推力大于 20 t 的大、中、小型车间。

（3）液压式：传动更平稳，质量更轻，结构简单，并能调速，但需要液压站，常用于现代化车间。

推钢机的推力、推速和行程的确定如下。

（1）推力：

$$P = Qf \tag{3-13}$$

式中：Q 为被推金属的质量，t；f 为摩擦系数，通常取 0.5～0.6。

当 P 计算出来后，应查相应手册确定推钢机吨位。

（2）推速：取决于坯料规格、炉子产量和出料方式。当料高 H=30～40 mm，推速 v=0.05～0.08 m/s；当 H=100～300 mm，v=0.1～0.12 m/s。

为了减少间歇时间，回退速度约为推进速度的两倍。

（3）行程：取决于坯料规格、辊道宽度、出料要求、一次吊运（输入）坯料量及检修要求等，通常为 2500～4000 mm。

3.5.2　切断和矫直设备设计

1. 锯机参数确定

（1）锯片直径 D。

锯片直径取决于被锯坯料最大断面，计算公式如下：

$$D \geqslant 2(h + b) + d \tag{3-14}$$

式中：d 为锯片的夹盘直径，mm，d=(0.35～0.5)D；h 为锯切件最大高度，mm；b 为伸入辊道下面长度，对于新锯片，通常为 100～150 mm。

（2）锯片厚度 S。

锯片厚度计算公式为

$$S = (0.18 \sim 0.2)\sqrt{D} \tag{3-15}$$

式中：D 为锯片直径，mm。

（3）锯机功率 N。

锯机功率计算公式为

$$N = PBf \times 10^{-6}\sqrt{D} \tag{3-16}$$

式中：P 为单位锯切面积上的锯切力，MPa；B 为锯缝宽度，mm，B=S+(2～4 mm)；f 为单位时间内锯下金属的断面面积，mm^2/s，f=uh，其中 h 为被锯件断面高度(mm)，u 为锯切速度，一般为 10～300 mm/s。

P 值主要取决于被锯金属在锯切温度下的机械性能，而锯齿形状、锯切速度和锯切件断面对其也有影响。锯机功率一般由实验确定。

(4) 锯机台数(负荷率)。

锯机台数(负荷率)计算公式如下:

$$T = (n+1)t_z + nt_j + \Delta t \tag{3-17}$$

式中:T 为锯切节奏(周期)时间,s;t_z 为锯切一次的纯锯时间,s;n 为一根料的被锯定尺数;t_j 为锯切一次间隙时间,s;Δt 为锯切相邻两根料的间隙时间,s。

当 $T/T_{zh} \geqslant 85\%$(T_{zh} 为轧机生产时间)时,则需选用两台或两台以上锯机。可以看出,锯机生产能力要大于轧机,一般要大 15%左右。

2. 剪切机参数确定

(1) 平刃剪剪切力 P。

$$P = K_1 K_2 \sigma_b \varepsilon_H F \tag{3-18}$$

式中:K_1 为剪刃钝化和间隙系数,热剪取 1.2~1.3,冷剪取 1.5;K_2 为换算系数,$K_2 = \tau/\sigma_b = 0.7 \sim 0.8$,其中 τ 为剪断时剪应力(MPa),σ_b 为抗拉强度(MPa);ε_H 为相对剪切率,热剪时 $\varepsilon_H = 0.85$,冷剪时 $\varepsilon_H = (1.2 \sim 1.6)\delta$,$\delta$ 为被剪金属的延伸率(%);F 为被剪金属的断面面积,mm^2。

按计算的 P 选相应能力的剪切机,对已有剪切机按 P 校核吨位。

(2) 平刃剪剪切行程 H。

$$H = H_1 + \Delta H_1 + \Delta H_2 + \Delta H_3 \tag{3-19}$$

式中:H_1 为辊道平面至剪切机压板下平面的距离,mm,$H_1 = h + (50 \sim 70\ \text{mm})$,其中 h 为被剪金属的最大厚度(mm);ΔH_1 为上下剪刃重叠量,取 $\Delta H_1 = 5 \sim 25$ mm;ΔH_2 为压板低于上剪刃值,$\Delta H_2 = 5 \sim 50$ mm;ΔH_3 为辊道上平面超出下剪刃值,$\Delta H_3 = 5 \sim 20$ mm;以上各值 h 大时取上限。

(3) 平刃剪剪刃长度 L。

小剪切机:

$$L = (3 \sim 4)B$$

大、中型剪切机:

$$L = (2 \sim 2.5)B$$

板坯剪切机:

$$L = B + (200 \sim 300\ \text{mm})$$

式中:B 为被剪金属最大宽度,mm。

(4) 刀片断面尺寸。

刀片横断面高度:

$$H_{刃} = (0.65 \sim 1.5)h$$

式中:h 为被剪金属最大厚度,mm。

刀片横断面厚度:

$$\delta = (0.3 \sim 0.4)H_{刃}$$

(5) 行程次数。

行程次数取决于轧机生产能力及剪切质量。

小型剪切力：$P=600\sim1600$ kN，$n=16\sim30$ 次/min。

中型剪切力：$P=2500\sim8000$ kN，$n=10\sim20$ 次/min。

大型剪切力：$P=10000\sim25000$ kN，$n=3\sim14$ 次/min。

(6) 生产能力。

$$A=\frac{3600nG}{T} \tag{3-20}$$

式中：A 为剪切机每小时生产能力，t/h；n 为同时剪切根数；G 为被剪金属质量，t；T 为剪机节奏时间，s，$T=t+\Delta t$，其中 t 为剪切时间，Δt 为相邻两根料剪切的间隙时间(通常实测其值)。

$$t=\frac{60}{K}\left(\frac{L}{l}+K'\right)$$

式中：L 为每根轧件长度，m；l 为剪切定尺长度，m；L/l 为剪切次数，取整数；K 为剪切机理论剪切次数；K' 为外加剪切次数，从锭到坯取 2～3，其他取 1。

$$\Delta t=\frac{L+L'}{v}+\sum t_d+t_c+t_g$$

式中：L' 为相邻两块料的头尾间距，m；v 为辊道线速度，m/s；$\sum t_d$ 为剪切时对中操作时间，s；t_c 为清理头尾时间，s；t_g 空转时间，s。

剪切机生产能力比轧机大 15%。

3. 辊式矫直机参数确定

(1) 矫直辊节距 t：

$$t_{min}=0.43h_{max}\sqrt{\frac{E}{\sigma_s}} \tag{3-21}$$

$$t_{max}=0.33h_{min}\frac{E}{\sigma_s} \tag{3-22}$$

式中：h 为被矫金属厚度，mm；E 为弹性模量；σ_s 为屈服强度。

经验公式为 $t=(10\sim20)\times h$。

(2) 矫直辊直径 D：

$$D=\frac{(E-\sigma_s)h}{\sigma_s} \tag{3-23}$$

经验公式为 $D=(0.9\sim0.95)\times t$。

(3) 矫直辊辊数 n。

一般辊数越多，矫直质量越好；材料越薄，要求的辊数越多。

3.5.3　冷却和酸洗设备设计

1. 冷却设备设计

(1) 冷床的宽度 B。

$$B=L_{max}+(1\sim2\ \text{m})\quad 或\quad B=1.1L_{max}$$

式中：L_{max}为进冷床前轧件最大长度，m。

对于进冷床前已经剪成 n 根 l 长的定尺轧件，则冷床宽度计算式为

$$B = n \times l + (2 \sim 3\ \mathrm{m})$$

(2) 冷床的长度 L。

冷床长度应保证在冷却时间内轧出的轧件能全部堆放在冷床上，其计算公式为

$$L = \frac{1000A\tau C}{KG} \tag{3-24}$$

式中：A 为最大小时产量，t/h，应为与加热炉对应的炉子最大小时产量；G 为每根料质量，kg；C 为相邻两根料之间的中心距离（按最宽轧件确定），m；τ 为轧件在冷床上冷却到所需要温度的时间，h；K 为冷床利用系数。

(3) 冷却时间的确定。

按同类车间相同规格产品实测的冷却时间选取，理论计算公式为

$$\tau = \frac{Q_1 - Q_2}{\alpha F T_{ave}} \tag{3-25}$$

式中：Q_1、Q_2 为冷却前后轧件的热含量，kcal/m；α 为自然对流传热系数，J/(m·h·K)，轧件温度为 150～850 ℃时取 54366 J/(m·h·K)；F 为轧件单位长度冷却面积，m^2；T_{ave}为冷却时平均温度，℃。

$$Q = qtg$$

式中：q 为轧件在某一温度下的热含量（碳钢在 850 ℃时 q＝687.939 J/(kg·K)，在 150 ℃时 q＝468.384 J/(kg·K)）；t 为轧件温度；g 为轧件单位长度质量，kg/m。

(4) 冷床生产能力计算。

由冷床长度 L 的计算公式 $L = 1000A\tau C/(KG)$，可以得到冷床生产能力的计算公式：

$$A = \frac{KGL}{1000C\tau} \tag{3-26}$$

式中：τ 为冷却时间，h；L/C 为单位时间冷却到所需要温度的根数，根/时。

通常还可按冷却到所需要温度的实际存放根数与冷床上可存放根数计算负荷率，实际需存放根数为

$$n = \frac{\tau}{T_z} \tag{3-27}$$

式中：τ 为冷却到所需要温度的时间，s；T_z 为轧制节奏时间，s。

冷床负荷率为 $n/n_L \times 100\% \leqslant 85\%$，其中 n_L 为冷床上可存放轧件根数。

2. 酸洗设备设计

(1) 框式酸洗的酸槽长度和宽度按轧件长度和宽度（或捆宽）确定，深度按装框量确定。

(2) 连续酸洗槽宽度按轧件宽度确定，其长度按洗净轧件表面的时间和轧件的运行速度确定。

(3) 生产能力的计算：

$$A = 3600bK_1FvY \tag{3-28}$$

式中：F 为酸洗轧件断面面积，m^2；v 为酸洗速度，m/s；Y 为酸洗轧件比重，t/m；b 为成材率，%；K_1 为利用系数。

3.5.4 起重运输设备设计

1. 起重机参数

(1) 起重量:按吊运物件的最大重量选取,还要考虑今后产量增加而提高起重量的可能性。

(2) 运行速度:取决于吊车的用途,检修、换辊用吊车运行速度小于操作用吊车,成品库及原料库吊车采用较高的速度。

(3) 工作制度:按起重量、运行速度、使用频繁程度分为轻型、中型和重型。

① 轻型(25%):提升及运行速度较慢,用于主电室;

② 中型(40%):提升及运行速度中等,用于安装、检修、换辊等;

③ 重型(60%):操作行车(原料和成品的吊运),提升及运行速度较大。

④ 起重机的台数 n:按轧机班产量计算。

$$n=(1.1\sim1.2)\times\frac{T}{480K\eta} \tag{3-29}$$

式中:T 为起重机每班工作时间,min;K 为起重机作业率,取 $K=0.8$;η 为起重机有效工作时间系数,取 $\eta=0.8$。

通常中小型车间每 70～100 m 应有一台起重机;原料库、成品库,每跨至少应有两台吊车。

2. 辊道参数

辊道主要参数有辊径 D、辊身长度 L、节距 t 和线速度 v。

(1) 辊径 D:根据轧件质量、要求及辊子强度确定。

(2) 辊身长度 L:取决于轧件宽度、轧机辊身长度和用途。

(3) 节距 t:取决于轧件的长度,$t\leqslant L_{min}/2$。

(4) 线速度 v:取决于辊道的用途和工作条件,轧机入口 $v\leqslant v_{轧}$(5%～10%),以免轧件过分撞击导卫装置和孔型;轧机出口 $v\geqslant v_{轧}$(5%～10%),以保证轧件不拱起。

3.6 主体设备负荷计算

3.6.1 年工作时间确定

确定年工作时间的说明如下:

(1) 年计划工作时间是设备一年最大可能的工作时间;

(2) 非计划停工时间是指由于技术或管理上的原因造成的设备故障、待料、待热、待气、待电等所占时间,其为计划工作时间的 0.8～0.92,现代化轧机取上限;

(3) 大中修和小修时间如已包括交接班和换工具时间应扣除,不能重复计算;

(4) 在确定年工作时间时,应参考国内外同类厂家的实际情况,取平均先进水平。

3.6.2 生产图表

以轧制图表为例对生产图表进行说明。轧制图表是表示和反映轧制道次和轧制时间之间关系的图表，也称为轧制进程表或轧制工作图表。轧制图表具有四个特征时间：纯轧时间、间隙时间、轧制节奏时间和轧制延续时间。

轧制过程安排的合理性，不仅对轧机产量、质量有决定性影响，而且对整个车间生产的各方面有重要影响。典型的几种轧制图表说明如下。

1. 单机座可逆式轧机

单机座可逆式轧机轧制图表如图 3-38 所示。

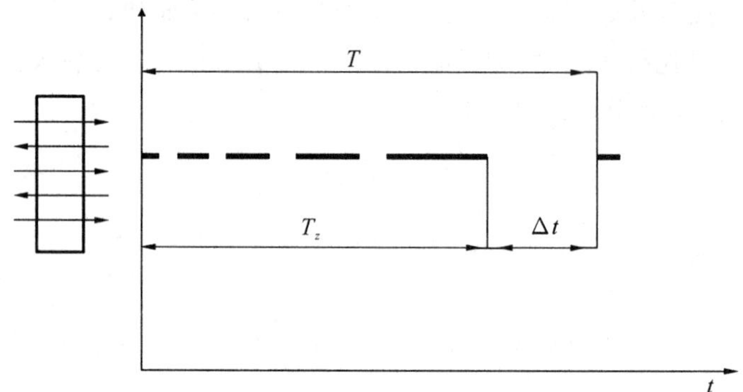

图 3-38 单机座可逆式轧机轧制图表

图 3-38 中，T 为轧制节奏时间，$T = T_z + \Delta t$，T_z 为一根料轧制总延续时间，Δt 为前、后两根料轧制间隙时间(原始间隙时间)；同时，$T_z = \sum t_{zh} + \sum t_j$，$t_{zh}$ 和 t_j 分别为道次纯轧时间、道次间隙时间。

2. 横列式轧机

横列式轧机轧制图表如图 3-39 所示。

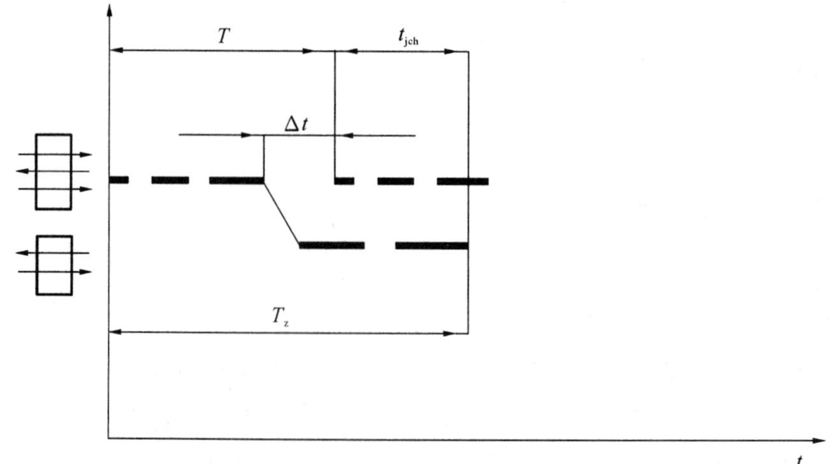

图 3-39 横列式轧机轧制图表

图 3-39 中，t_{jch} 为轧件同时通过轧机的交叉轧制时间，即前、后两根料在轧制总延续时间中的重叠部分。

3. 顺序式轧机

顺序式轧机轧制图表如图 3-40 所示。

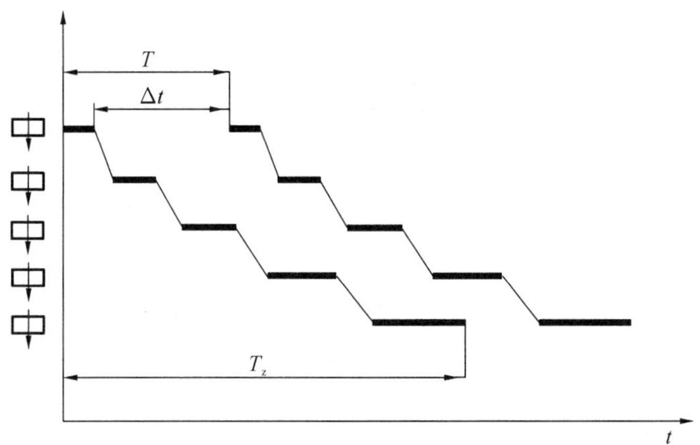

图 3-40　顺序式轧机轧制图表

纯轧时间 $t_{zh1}=t_{zh2}=\cdots=t_{zhn}$；间隙时间 $t_{j1}=t_{j2}=\cdots=t_{jn}$；$T_z=\sum t_{zh}+\sum t_j=nt_{zh}+(n-1)t_j$

4. 连续式轧机

连续式轧机轧制图表如图 3-41 所示。

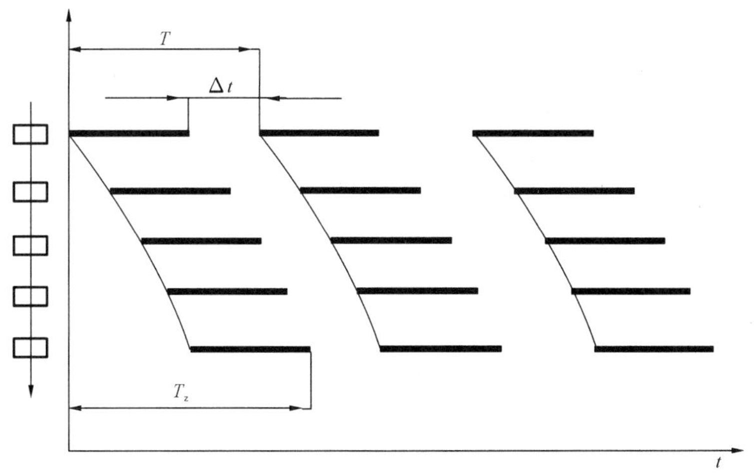

图 3-41　连续式轧机轧制图表

连续式轧机具有以下特点：

(1) 通过各机架的体积流量相等；

(2) 各道次的间隙时间随各机架轧机轧制速度的提高而递减，$t_{j1}>t_{j2}>\cdots>t_{jn-1}$；

(3) 轧制节奏时间 $T=t_{zh}+\Delta t$；

(4) 轧制总延续时间 $T_z = t_{zh} + \sum_{i}^{n-1} t_j$。

3.6.3 设备负荷率

设备负荷率(η)反映了设备充分利用情况及设备之间的平衡情况。对于主要设备,通常设备负荷率的计算公式如下:

(1) η=计算台数/采用台数×100%;

(2) η=生产产品所需的台时/设备年规定的台时×100%;

(3) η=年实际工作时间/年规定工作时间×100%;

(4) η=计划年产量/实际年产量×100%,实际年产量=A_p×年实际工作时间,计划年产量=A_p×年规定工作时间。

如果设备负荷率大于0.9甚至1.0,说明负荷过重,应考虑增加设备台数。

一般情况下,设备负荷率介于0.7~0.85之间较合适。该值过低,设备不能充分发挥作用,而过高则负荷过重。

需要注意,由于热轧机各工序是连续作业的,轧机各代表产品的小时产量 A_i 受各辅助设备生产能力的影响,生产链上的薄弱环节(通常是加热炉)将影响轧机能力的发挥。因此,在确定轧机的 A_i 时,以各生产链上最薄弱环节的小时产量作为轧机的小时产量 A_i;在计算年实际工作时间和轧机负荷率时,均以此最薄弱环节的 A_i 计算。

思考题

3-1 生产设备选型和设计有何特点?

3-2 金属材料车间主要的生产设备有哪些?

3-3 试述金属材料轧制工艺车间生产设备的类型。

3-4 如何根据生产方案和工艺流程设计轧制设备的主要结构及参数?

3-5 查阅资料,阐述我国典型民用铝产品挤压设备的技术先进程度。

第4章　厂址选择与车间布置

4.1　厂址选择的原则和程序

厂址选择是基本建设中的一个重要环节，是一项政策性和技术性都很强的综合性工作。厂址选择的合理性，不仅影响工程项目的建设投资、建设进度，还对工厂建成后企业的生产条件和经济效益起着决定性的作用。因此，在选择厂址时，必须采取科学、慎重的态度。

厂址选择必须认真贯彻基本建设的各项方针政策，要贯彻既有合理的工业布局又要节约用地、有利生产和方便生活的原则。要根据当地资源、燃料供应、电力、水源、交通运输、工程地质、生产协作、产品销售等建设条件，通过认真的综合分析和技术经济比较，提出厂址选择报告。厂址选择任务，一般由主管部门组织勘测、设计、施工等单位成立的厂址选择工作组来具体完成。

厂址选择要根据国民经济建设整体规划要求进行，可分为确定建厂范围和选定具体厂址两个阶段。前者是在现场踏勘、搜集基础资料的基础上，进行多方案分析比较，提出厂区范围报告，报送上级领导机关审批，此项工作有的在建厂调查及可行性研究阶段即已完成。后者是根据所确定的厂区范围，进一步落实建厂条件，提出多个具体厂址方案，并分别绘出工艺总平面布置草图，通过技术经济分析与比较，确定具体的厂址。

4.1.1　厂址选择原则

正确选择厂址对于贯彻执行国家基本建设的方针政策、加快工程建设速度、节约基本建设资金、提高投资效果、改善企业的经济效益和社会效益，都具有重大的现实意义。因此，在进行厂址选择工作时要坚持以下原则。

(1) 厂址宜选在原料、燃料供应和产品销售便利，并在贮运、机修、公用工程和生活设施等方面有良好协作条件的地区。

(2) 厂址应靠近水量充足和水质良好的水源，以满足工厂内生产和生活的用水要求。

(3) 应有便利的交通条件，即当地的水、陆运输能力能满足工厂运输的要求；另外，对于有超重或超限设备的工厂，应注意沿途是否具有运输条件。

(4) 应注意节约用地，不占或少占耕地，厂区的面积、形状和其他条件应满足工艺流程要求，厂区适当留有发展余地。

(5) 厂址应选在城镇常年主导风向的下风向和河流的下游，同时要远离居民住宅区，避免工厂排放烟尘和污水影响居民的生活。

(6) 厂址应避开低于洪水位或在采取措施后仍不能确保不受水淹的地段。

(7) 厂址的自然地形要有利于厂房和管线的布置、交通联系和场地排水。

(8) 厂址应避免布置在下列地区:

① 地震断层地区和基本烈度九度以上的地震区;

② 厚度较大的Ⅲ级自重湿陷性黄土地区;

③ 易遭受洪水、泥石流、滑坡等危害的山区;

④ 有开采价值矿藏的地区;

⑤ 对机场、电台等使用有影响的地区;

⑥ 国家规定的历史文物、生物保护和风景游览地区等。

上面列举了厂址选择的基本原则,要完全满足是很困难的。在选择厂址时,要根据具体情况,尽量先满足对工厂的生存和发展起决定作用的主要条件,有些次要条件可以随着工厂的发展,逐步创造条件加以解决。

4.1.2 厂址选择程序

1. 准备阶段

准备阶段从接收设计任务书开始至现场踏勘为止。在设计任务书下达后,即可根据任务书规定的内容并参考可行性研究报告,采用扩大指标或参照同类型工厂及类似企业的有关资料,确定各主要车间的平面尺寸及有关的工业和民用场地,由工艺专业人员编制工艺布置方案,绘出总平面布置方案草图,初步确定厂区外形和估算占地面积。然后,各专业人员在已有区域地形图以及工程地质、水文、气象、矿产资源、交通运输、水电供应和协作条件等厂址基础资料的基础上,根据工厂的特点及厂址要求进行综合分析,拟定几个可能的厂址方案。

2. 现场踏勘

现场踏勘是厂址选择的关键环节,其目的是通过现场踏勘最后确定几个厂址,以供比较。现场踏勘前,首先向当地有关部门报告拟建厂的性质、规模和厂址的要求等,根据地形图和地方有关部门推荐,初步选择几个需要到现场踏勘的可能建厂地址。现场踏勘具体内容主要包括:

(1) 了解该地区自然地形,研究利用改造的可能性,并确定原有设施的利用、保留和拆除的可能性;

(2) 研究工厂组成部分在现场的几种布置方案;

(3) 拟订交通运输干线的走向、接口,河道和码头建设的适宜地点,以及厂区主要道路及其出口和入口的位置;

(4) 选择工厂的取水面、排水口和厂外管路走向等的适宜地段;

(5) 调查厂区的洪水淹没情况以及气象、水文和地质状况,周围环境状况,工厂和居民点的分布状况及特点;

(6) 了解该地区的经济状况和发展规划等情况;

(7) 查勘供电条件可靠性及供电外线的基本情况。

3. 方案比较和分析论证

根据现场踏勘结果,从各专业角度对所收集的资料进行整理和研究。对具备建厂条件的若干厂址方案进行政策、经济、技术等方面的综合分析论证，提出推荐方案，说明推荐理由，并给出厂址规划示意图（表明厂区位置、备用地、生活区位置、水源地和污水排放口位置、厂外交通运输线路和输电线路位置等）和工厂总平面布置示意图。

4. 提出厂址选择报告，确定厂址和报批

厂址选择报告是厂址选择的最终成果，可参照以下内容进行编写。

（1）前言。前言中叙述工厂性质、规模，厂址选择工作的依据、人员及相关情况，有关部门对厂址的要求，工厂的工艺技术路线、供水、供电、交通运输及协作条件，用地、环境卫生要求，踏勘厂址及推荐厂址意见等。

（2）产品方案及主要技术经济指标。

（3）建厂条件分析。建厂条件分析描述厂址的自然地理、交通位置和四邻情况，场地的地形、地貌，工程地质、水文地质条件，气象条件，地区社会经济发展概况，原材料、燃料的供应条件，水源情况，电源情况，交通运输条件，环境卫生条件，施工条件，生产、生活及协作条件等。

（4）厂址方案比较。

（5）各厂址方案的综合分析论证、推荐方案及推荐理由。

（6）当地主管部门对厂址的意见。

（7）存在的问题及解决办法。

此外，厂址选择报告还应附有下列文件：

（1）有关协议文件和附件；

（2）厂址规划示意图；

（3）工厂总平面布置示意图。

4.2　厂址选择的技术分析方法

下面介绍两种厂址选择的技术分析方法——综合比较法和多因素评分法。

4.2.1　综合比较法

综合比较法是厂址选择较为常用的技术经济分析方法。操作时，首先根据拟建厂厂址的调查和现场踏勘结果，编制厂址技术条件比较表，并加以概略说明和估算，通过分析与对比筛选出多个有价值的厂址方案；其次对筛选出的厂址方案进行工程建设投资和日后经营费用的估算，可以算出全部费用，也可以只算出投资不同部分的费用和影响成本较大项目的费用。建设投资可按扩大指标或参照类似工程的有关资料计算。如果某一方案的建设投资和经营费用都最小，则该方案显然就是最优方案；如果某方案建设投资大而经营费用小，另一方案的建设投资小而经营费用大，则可采用追加投资回收期等方法确定方案的优劣。

应当指出，经济指标并不是判断方案优劣的唯一指标，最终方案的抉择尚需考虑一些非经济因素，如生活条件、自然条件以及一些社会因素等，详细内容可参考文献[1]。

4.2.2 多因素评分法

影响厂址选择的因素很多,数学分析法只能对少数几个定量因素进行计算,而许多因素往往只能定性分析,很难进行定量计算。可采用多因素评分法确定出最优厂址方案,这种方法又称为目标决策法,详细内容可参考文献[1],其步骤如下:

(1) 列出影响厂址选择的所有重要因素,其中包括不发生费用但对决策有影响的因素;

(2) 根据每个因素的重要程度将其分成若干等级,并对每一等级定出相应的分数;

(3) 根据拟建工厂的地区或厂址情况对每一因素定级评分,然后计算总分。

总分最高者即为最优方案。

4.3 车间布置设计

4.3.1 车间布置原则

车间平面布置主要是指设备和设施按选定的生产工艺流程确定平面位置,布置原则如下:

(1) 满足工艺要求,生产线合理(通畅),避免运输线相互交叉;

(2) 有利于生产,且占地面积小,运输线路短,以缩短生产周期、提高生产率和单位面积产量;

(3) 操作方便,有利于安全生产和工人健康,人行道与生产线平行;

(4) 节省投资,并为将来发展留有余地。

4.3.2 车间布置形式

1. 生产线路的总平面布置

生产线路的总平面布置方式有以下几种。

(1) 纵向生产线路布置。纵向生产线路布置是按各车间的纵轴,顺着地形等高线布置,主要有单列式和多列式,多适用于长方形地带或狭长地带,如图 4-1 所示。

(2) 横向生产线路布置。横向生产线路布置是指工厂主要生产线路垂直于厂区或车间纵轴,并垂直于地形等高线。这种布置方式多适用于山地或丘陵地区,尤其适宜于物料自流布置。

(3) 混合式生产线路布置。混合式生产线路布置是指工厂主要生产线路呈环状,即一部分为纵向,一部分为横向。

2. 厂区的总平面布置

厂区的总平面布置方式一般有街区式、台阶-区带式、成片式和自由式。

(1) 街区式。街区式布置是在四周道路环绕的街区内,根据工艺流程特点和地形条件,合理布置相应建(构) 筑物及装置,如图 4-2(a)所示。这种布置方式适合于厂区建(构) 筑物较

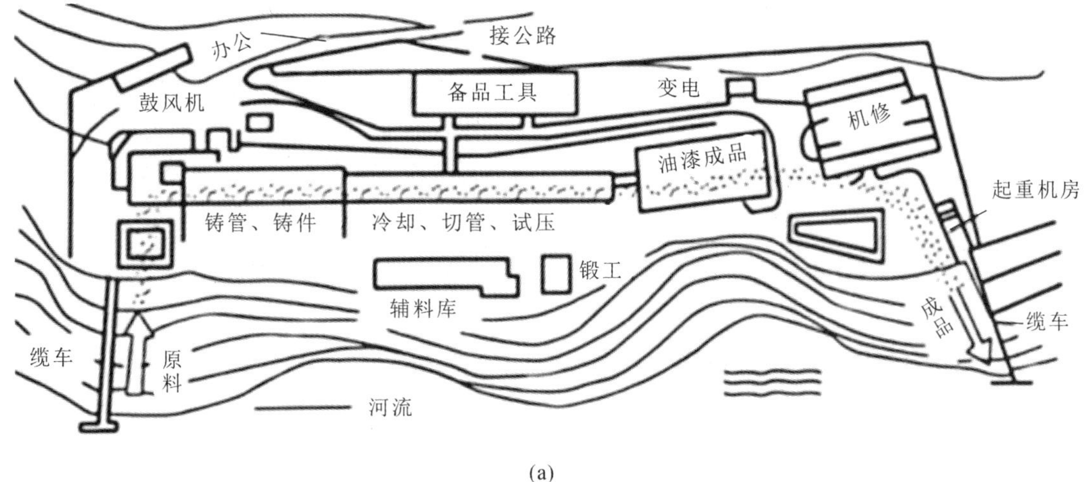

(a)

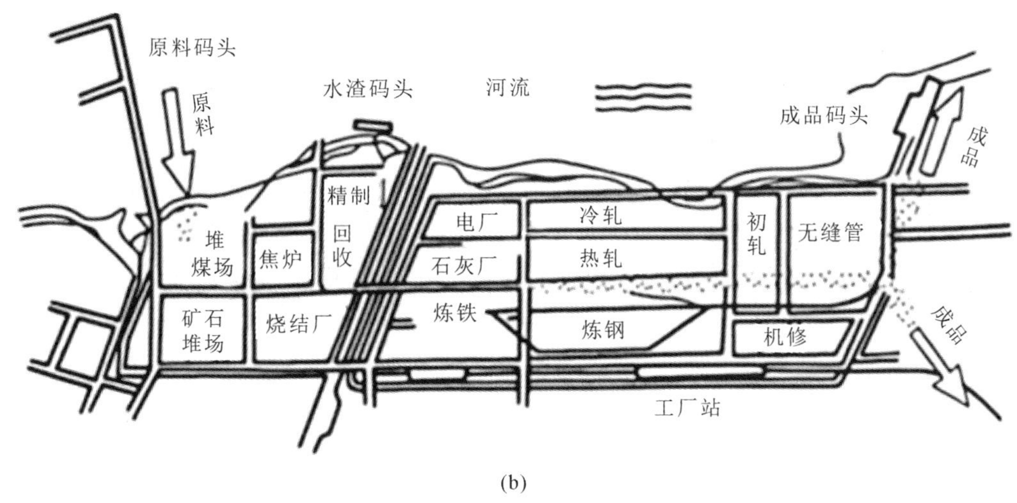

(b)

图 4-1　纵向生产线路布置

(a) 某坡地铸钢厂;(b) 某钢铁厂

多、地形平坦且为矩形的场地。如果布置得当,它可使总平面布置紧凑、用地节约、运输及管网线路缩短、建(构) 筑物井然有序。

(2) 台阶-区带式。台阶-区带式布置是在具有一定坡度的场地上,对厂区沿纵轴平行于等高线布置,并顺着地形等高线划分为若干区带,区带间形成台阶,在每条区带上按工艺要求布置相应的建(构) 筑物及装置,如图 4-2(b)所示。

(3) 成片式。成片式布置以成片厂房(联合厂房)为主体建筑,在其附近的适当位置根据生产要求布置相应的辅助厂房,如图 4-2(c)所示。这种布置方式是适应现代化工业生产的连续性和自动控制要求,大量采用联合厂房而逐渐兴起的,具有节约用地、便于生产管理、建筑群体主次分明等优点。

(4) 自由式。对生产连续性要求不高或生产运输线路可以灵活组合的小型工厂,在地形复杂地区建厂时,为充分利用地形,可依山就势开拓工业场地,采取灵活的布置方式,无须具备一定的格局,如图 4-2(d)所示。

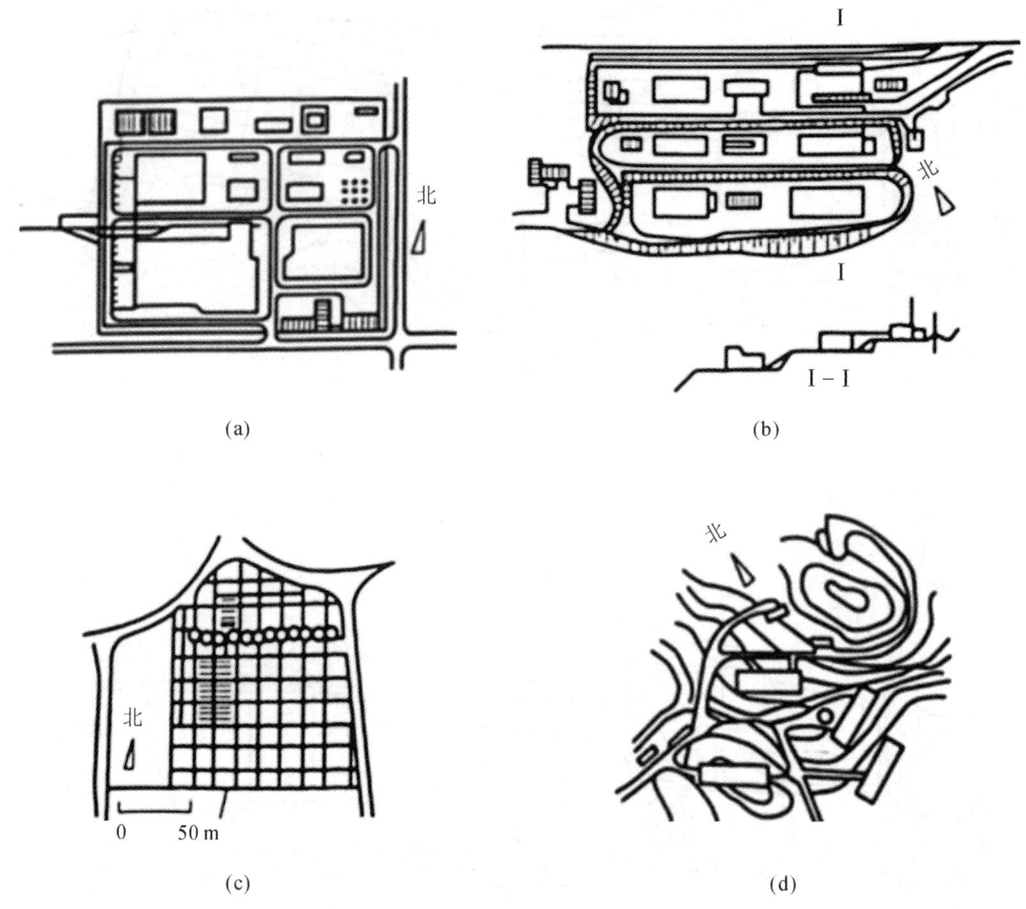

图 4-2 厂区总平面布置方式示意图

(a)街区式;(b)台阶-区带式;(c)成片式;(d)自由式

3. 厂区的竖向布置

厂区竖向布置的总体要求:充分利用地形,合理确定建(构)筑物、铁路、道路的标高,保证生产运输的连续性,力争做到物料自流;避免高填深挖,减少土石方工程量,创造稳定的场地和建筑基地;应使场地排水畅通,注意防洪防涝,一般基础底面应高出最高地下水位 0.5 m 以上,场地最低表面标高应高出最高洪水位 0.5 m 以上;注意厂区环境立体空间的美观;等等。为此,一般采用如下竖向布置方式。

(1) 平坡式。平坡式布置是把场地处理成一个或几个坡向整体平面,坡度和标高没有剧烈变化。在自然地形坡度不大于 3%或场地宽度不大时,宜采用这种布置方式。

(2) 台阶式。台阶式布置由几个标高相差较大的整体平面相连而成,在连接处一般设置挡土墙或护坡建筑物。当自然坡度大于 3%,或自然坡度虽小于 3%,但场地宽度较大时,可采用此种布置方式。

(3) 混合式。混合式布置即平坡式与台阶式混合使用的布置方式。当自然地形坡度有缓有陡时,可考虑采用这种布置方式。

一般来说,平坡式布置比台阶式布置易于处理。但如果处理得当,对以流体输送为主的湿法冶炼厂来说,台阶式布置能充分利用地形高差,把不利地形变为有利地形,在许多场合还是可取的。

4.3.3　车间立面尺寸

根据工艺要求确定车间的工艺高度和所有设备工作面高度,为建筑设计者进行厂房剖面、立面设计提供参数,并为设备基础施工和安装提供依据。

1. 车间工艺高度的确定

车间工艺高度主要是指吊车轨面标高(H),即地面(±0.0)至吊车轨道面的高度。其取决于设备高度、检修和操作所需要的空间、吊车类型及被吊物件的尺寸、车间通风及照明要求和车间投资成本等。当 H 越大时,厂房越高,通风照明条件越好,投资越大。

在车间吊车要越过的最高设备高度已知情况下,吊车轨面标高 H 可用以下公式计算:

$$H = h_1 + h_2 + h_3 + h_4 + h_5$$

式中　h_1——自地坪算起在吊车行走范围内最高设备或其他物件的高度;

h_2——被吊物件与最高设备间的安全距离,一般取 400～500 mm;

h_3——被吊最大物件的高度,例如集装箱高度;

h_4——吊具高度;

h_5——吊钩极限位置至轨面距离。

2. 车间设备工作面标高

设备工作面标高,一般以轧制线标高为基准。其取决于以下因素:

(1) 工艺要求,如无缝管车间运输靠管子自由滚动,故每个设备标高各异;

(2) 检修方便,如辊道要高出车间地面;

(3) 操作方便。

4.3.4　车间设备布置

车间设备的布置要满足生产工艺要求,便于安装和维修,形成良好操作条件,保障安全生产,符合建筑要求,节省基建投资,留有发展余地。

1. 生产工艺对设备布置的要求

(1) 按照工艺流程的顺序进行设备配置,保证工艺流程的连续性。

(2) 利用车间位差,实现物料自流;计量槽、高位槽布置在高层,工艺设备布置在中层,储槽及重型设备或产生振动的设备布置在底层。

(3) 同类设备或操作性能相似的设备,应尽可能布置在一起。

(4) 设备间的距离要便于操作,表 4-1 为常用设备的安全距离。

表 4-1 常用设备的安全距离

序号	项目	净安全距离/m
1	泵与泵间的距离	不小于 0.7
2	泵与墙间的距离	不小于 1.2
3	泵列与泵列间的距离(双排泵间)	不小于 2.0
4	贮槽间、计量槽间的距离	0.4～0.6
5	换热器与换热器间的距离	至少 1.0
6	塔与塔的间距	1.0～2.0
7	离心机周围通道	不小于 1.5
8	过滤机周围通道	1.0～1.8
9	反应罐盖上传动装置至天花板距离	不小于 0.8
10	反应罐底部与人行道间的距离	不小于 1.8～2.0
11	起吊物品和设备最高点间的距离	不小于 0.4
12	往复运动机械的运动部件至墙距离	不小于 1.5
13	回转机械至墙及回转机械相互间距离	不小于 0.8～1.2
14	通廊、操作台通行部分的最小净空高度	不小于 2.0～2.5
15	控制室、开关室与工业炉间的距离	15
16	产生可燃性气体的设备与炉子间的距离	不小于 8.0
17	工艺设备和通道间的距离	不小于 1.0

2. 设备安装对设备布置的要求

(1) 要考虑便于设备安装、操作及检修;

(2) 要考虑设备能顺利进出车间,有足够的操作空间;

(3) 穿过楼层的设备,楼面上要设置吊装孔。

3. 厂房建筑对设备布置的要求

(1) 笨重设备和运转时产生很大振动的设备,尽可能布置在厂房底层;

(2) 有剧烈振动的设备,其操作台和基础不得与建筑物的墙、柱连在一起。

4. 安全卫生对设备布置的要求

(1) 噪声大的设备要隔离;

(2) 车间内应有良好的通风、采光条件;

(3) 凡产生腐蚀性介质的设备,其基础、地面、墙柱需采取防腐措施;

(4) 高温熔体设备,要预留安全坑;

(5) 明火设备及产生有毒气体和粉尘的设备,布置在下风处。

5. 车间内部运输线路合理

管线要短，矿浆及气体运输尽可能利用空间沿墙铺设；建立固体物料运输线，与人行道分开。

4.3.5 车间布置的技术分析

总平面布置的评价，常通过其技术经济指标的比较来进行。一方面，利用这些指标对所设计的每个方案作出造价概算，以确定方案的经济合理性；另一方面，可把设计中的技术经济指标与类似现有工厂的指标进行比较，以评定各方案的优缺点，从中筛选出最佳方案。表4-2列出总平面布置的主要技术经济指标及其计算方法。

表4-2 总平面布置的主要技术经济指标及其计算方法

序号	指标名称	单位	计算方法及说明
1	地理位置		
2	工厂规模	t/a	
3	厂区占地面积	m^2	围墙以内占地；若无围墙，则按设置围墙的要求确定范围
4	单位产品占地面积	$m^2/(t/a)$	单位产品占地面积＝厂区占地面积/工厂设计规模
5	建(构)筑物占地面积	m^2	构筑物是指有屋盖的构筑物
6	建筑系数	%	建筑系数＝建(构)筑物占地面积/厂区占地面积×100%
7	露天场地占地面积	m^2	没有固定建(构)筑基础的露天堆场和露天作业场
8	露天场地系数	%	露天场地系数＝露天场地占地面积/厂区占地面积×100%
9	单位铁路长度	m/m^2	单位铁路长度＝厂区内铁路长度/厂区占地面积
10	单位道路长度	m/m^2	单位道路长度＝厂区内道路长度/厂区占地面积
11	单位道路铺砌面积	m^2/m^2	单位道路铺砌面积＝道路铺设区占地面积/厂区占地面积
12	场地利用率	%	场地利用率＝(建(构)筑物占地面积＋无盖构筑物占地面积)/厂区占地面积×100%
13	厂区平整土石方工程总量 (1) 挖方 (2) 填方	m^3 m^3 m^3	
14	单位土石方工程量	m^3/m^2	单位土石方工程量＝厂区平整土石方工程总量/厂区占地面积
15	绿化系数	%	绿化系数＝绿化总面积/厂区占地面积×100%
16	厂区围墙长度	m	

4.4 车间布置图绘制

4.4.1 车间平面布置图

1. 明确图线

图面线条要符合《机械制图　图样画法　图线》(GB/T 4457.4—2002)的规定。设备、有关工艺设施、部件和零件等可用中实线绘制，改建和扩建工程原有的设备、建(构)筑物以及与本图相连而不在本图编号的设备用细实线绘制，与工艺关系密切的外专业设备，如通风柜、整流器、变压器、仪表盘等用细实线绘出其简单轮廓。

2. 画出建筑定位轴线

对于承重墙、柱子等结构，按建筑图用细点画线画出建筑定位轴线，在每一建筑轴线的一端画出直径为 8～10 mm 的细线圆，水平方向用阿拉伯数字编号，垂直方向从下向上用大写字母标注。

3. 画出与设备安装相关的厂房建筑基本结构

按比例采用规定图例绘出墙、柱、地面、楼面、操作台、栏杆、楼梯、安装空洞、地沟、地坑、吊车梁及设备基础等，与设备安装关系不大的门窗等，在平面图上画出位置、门的开启方向等。

4. 画出设备中心线和设备、支架、基础、操作台等轮廓形状和安装方位

对于非安装设备如熔体包、车辆等，应按比例将其外部轮廓绘制在经常停放的位置或通道上，图形数量可不与设备明细表上的数量相同；必要的辅助设备与构件也应绘出轮廓图形，如通风柜、整流器、变压器等；相邻的数台规格、安装方式相同且排列方式一致的设备，详细绘出其中一台，其余的用简单轮廓线和中心线表示位置。

5. 平面图命名

以该平面的相对标高命名图号，写于图形的上方，如 500 平面。相对标高是把室内地坪面定为相对标高的零点，常用于建筑物施工图的标高标注。

4.4.2 车间立面布置图

绘制车间立面或剖视图的步骤与平面图大致相同。

立面图反映车间主要设备、厂房等在高度方向上的尺寸情况。

剖切线一般在±0.000 平面图上。

剖视名称按平面图由下往上排列，如 A—A、Ⅰ—Ⅰ；剖面图和平面图画在一张图上，按剖视顺序，依从左到右、由下而上顺序排列。

图 4-3 和图 4-4 为典型金属材料工厂车间平面布置图和立面布置图。

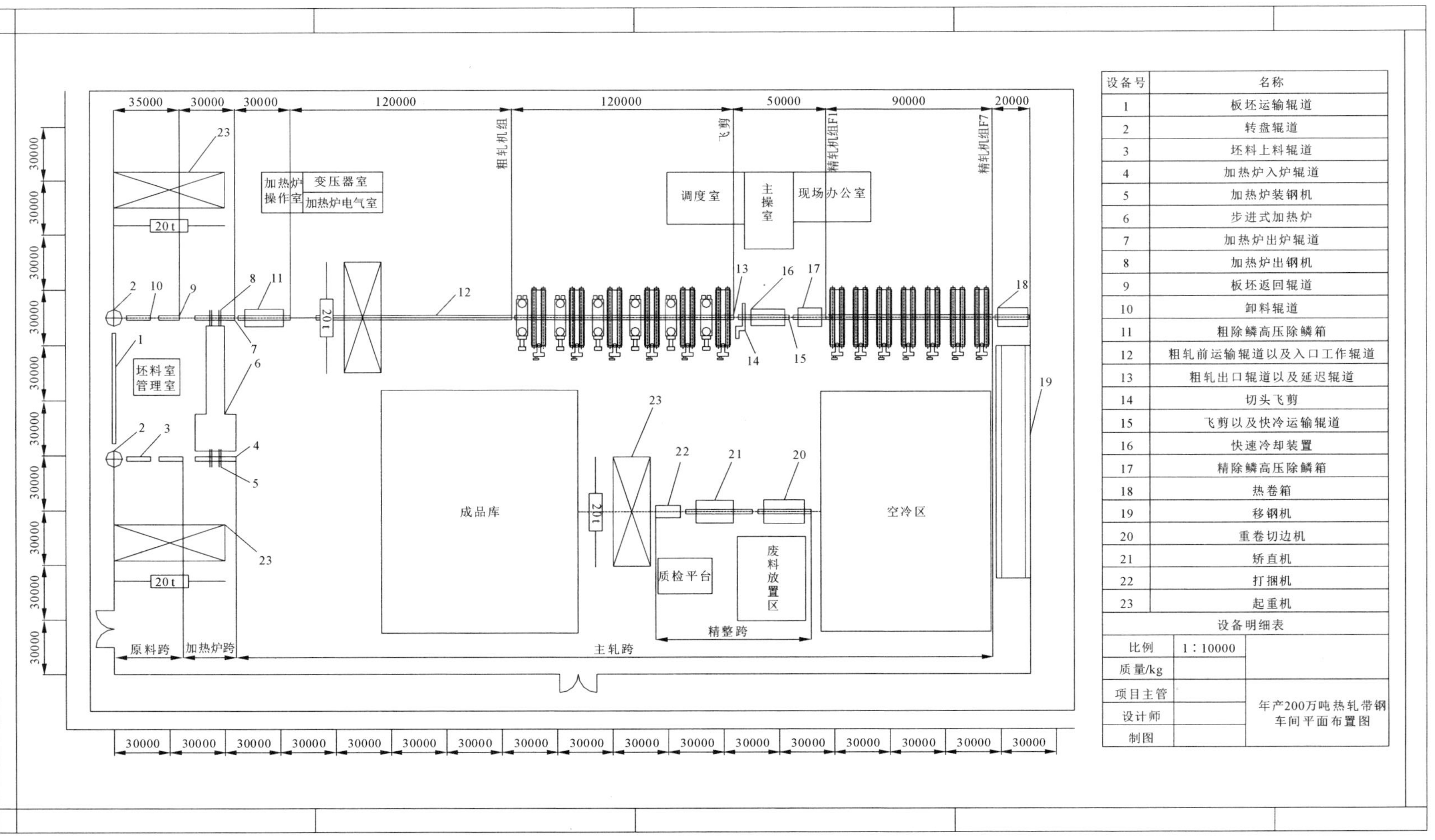

设备号	名称
1	板坯运输辊道
2	转盘辊道
3	坯料上料辊道
4	加热炉入炉辊道
5	加热炉装钢机
6	步进式加热炉
7	加热炉出炉辊道
8	加热炉出钢机
9	板坯返回辊道
10	卸料辊道
11	粗除鳞高压除鳞箱
12	粗轧前运输辊道以及入口工作辊道
13	粗轧出口辊道以及延迟辊道
14	切头飞剪
15	飞剪以及快冷运输辊道
16	快速冷却装置
17	精除鳞高压除鳞箱
18	热卷箱
19	移钢机
20	重卷切边机
21	矫直机
22	打捆机
23	起重机
	设备明细表

比例	1∶10000	
质量/kg		
项目主管		年产200万吨热轧带钢车间平面布置图
设计师		
制图		

图 4-3　典型金属材料工厂车间平面布置图

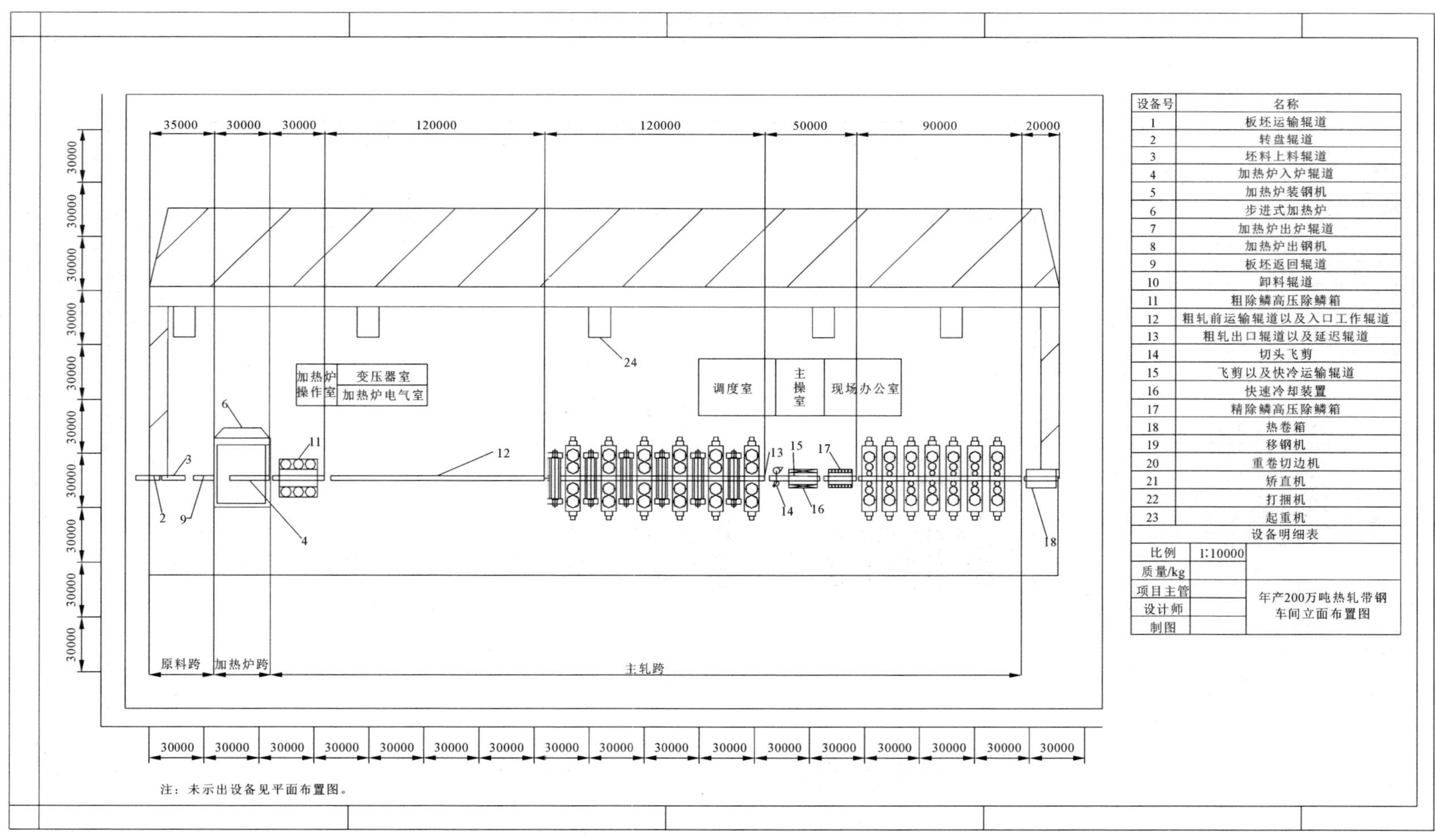

图 4-4 典型金属材料工厂车间立面布置图

思考题

4-1 简述金属材料工厂厂址选择的基本原则。

4-2 厂址选择需要考虑的环境因素主要有哪些?

4-3 查阅文献,试述厂址选择的综合比较法和多因素评分法的步骤。

4-4 以我国东北、华北、华南和西南地区的钢铁加工企业为例,说明其厂址选择的重要特征。

第 5 章　物料和能源介质衡算

5.1　衡算目的

材料加工过程中的物料衡算是根据材料加工的基本原理，用数学分析的方法从量的方面来研究材料加工工艺过程。物料衡算对控制生产过程有着重要的指导意义。物料衡算可以确定生产过程中各个工序物料处理量，中间产物量的组成和数量，产品产量，废水、废渣和废气的排放量以及原辅材料、燃料、水、电等的消耗量，促使整个生产过程的各环节协调一致。物料衡算还可以检验生产过程的完善程度，对生产工艺设计工作有着重要的指导作用。物料衡算是原料与产品之间的定量关系计算，由此定出原料和辅助材料的用量、原料和辅助材料的单耗指标，以及生产过程中各个阶段的原料和辅助材料的损耗量及其组成。

物料衡算也是金属材料平衡计算，它是能量衡算、定型设备选型、非定型设备工艺计算和其他工艺计算的基础。物料衡算能为整个生产过程的设备选型及数量确定、辅助工程和公共设施的规模、能量的提供和利用提供依据。同时，物料衡算可以挖潜增效，提高企业的经济效益。

5.2　衡算内容

5.2.1　金属的平衡

1. 成材率

(1) 成材率是产品质量与投入的原料质量之比的百分数，是一个重要的技术经济指标，其高低反映了生产组织管理及生产技术水平的高低。成材率的倒数就是金属消耗系数。成材率的计算公式如下：

$$\frac{Q-W}{Q}\times 100\% \tag{5-1}$$

式中：Q 为原料量，t；W 为金属消耗量，t。

(2) 影响成材率的因素。

影响成材率的因素主要是金属消耗量，包括烧损（含熔损）、溶损、切损（含残屑）和工艺损失（轧废）等。试样造成的损失不大，通常包含在切损中。对于轧钢，金属消耗量通常包括烧损、轧损和切损，而溶损和表面清理（修磨）及热处理损失计入烧损之中。

2. 金属平衡表的编制

金属材料工厂设计的金属平衡表大体可以按照表 5-1 的形式进行编制，其中烧损、溶损、切损等内容可根据实际生产工艺进行调整。

表 5-1　金属平衡表示例

钢种牌号	坯料质量/万吨	金属消耗								废料总计/万吨	成材率/(%)	年产量/万吨
		烧损		溶损		切损		工艺损失				
		万吨	%	万吨	%	万吨	%	万吨	%			

(1) 烧损。

烧损指的是金属在高温状态下的氧化损失(含炉内及成形过程的二次氧化),与材质、坯料种类、炉型和加热制度等有关。一般表面积越大,加热时间越长,温度越高,气氛氧化性越强,则金属烧损越大。钢的烧损比有色金属大,通常为 0.5%～3%,步进式加热炉连铸坯(钢坯)为 0.5%～1.5%。

(2) 溶损。

溶损是指酸、碱或化学处理过程中的溶解损失,与材质、处理液、表面积和处理工艺等有关。钢的溶损比有色金属大,通常为 0.3%～2%。

(3) 切损。

切损是指切头、尾和边等几何废料损失(含切试样),与坯料种类、规格、材质、交货状态(定尺或非定尺)和轧制方法及工艺装备水平有关。钢板的切损量大于型钢。型钢的切损量一般小于 5%,而钢板、钢管可达到 10%以上。有色金属切头尾损失为 5%左右,切边损失为 3%～5%。

(4) 轧废。

轧废属于技术损失,是各工序由于设备、工具、技术操作及表面介质等问题造成的质量不合要求的废品,如轧断、轧卡、卡钢、超差、浪形、轧扭、腰薄、性能不合格等。由于成材率直接影响生产成本,因此实际生产中应尽可能采取措施提高成材率,主要应从工艺、设备、原料、管理(操作)四个方面入手。通常轧废率,普碳小于 1%,合金钢为 1%～3%。

5.2.2　能源介质的平衡

能源介质平衡需要做到的要求如下:

(1) 根据各用户点设备数量及设备技术参数所需用电功率、电压进行汇总,确定输电线路功率以及各变压器的选择;

(2) 根据各用户点设备数量及设备技术参数所需用水量、水质进行汇总,确定总供水量以及各水处理设备的选择;

(3) 其他风、气等同样如此。

5.3　能源介质设计

1. 供配电设施

(1) 工程概况:各工序用电设备及需求、公共辅助系统(如除尘、水处理等)用电要求。

(2) 电力负荷及年耗电量计算与确定：各工序设备功率、作业时间、电压要求汇总计算及功率补偿。

(3) 供电范围、容量及电源：如各变电站母线最大运行方式下短路容量、各设备电源电压要求。

(4) 供电方案：工厂总降压变电所及配电系统(如 110/35/10 kV)、各车间设备供电方案。

(5) 中压系统接地方式、低压电及直流电系统设计：10 kV 供电系统单相接地故障电流可能超过 30 A，根据有关规程规定，设计考虑经消弧线圈接地。

(6) 监控系统、继电保护、功率补偿及滤波。

(7) 火灾报警、防火措施、防雷接地、防震等。

2. 热力设施

(1) 余热锅炉设计：包括系统设计的基本数据、循环系统方案、蒸汽系统和给水系统运行参数、余热锅炉主要设备规格及特性等。

(2) 压缩空气确定：各工序用户点需求量计算并确定总量，同时进行设备选型及管道布置。

(3) 蒸汽确定：各工序用户点需求量计算并确定总量，在考虑各余热锅炉供应量的基础上，平衡电厂蒸汽用量。

(4) 车间内外部热力管道布置。

3. 能源介质及特种消防设施

(1) 各车间内部能源介质的消耗与供给：根据各专业任务书，汇总能源介质消耗量，包括氧气、氮气、氩气、天然气、各类煤气；根据各介质消耗量设计供应数量及供应点。

(2) 各能源介质的贮存、净化与加压。

(3) 氧、氮球罐，阀门室及区域管网布置。

(4) 特种消防：根据有关专业要求，遵照《建筑灭火器配置设计规范》(GB 50140—2005)等相关规范，在电气室、计算机室等场所，针对不同的灭火对象配置相应数量、型号的移动式干粉灭火器。

5.4 通风、除尘设计

1. 主要设计依据

(1) 通风、除尘、空调设计国家现行的规范及标准：如《大气污染物综合排放标准》(GB 16297—1996)、《工业建筑供暖通风与空气调节设计规范》(GB 50019—2015)。

(2) 通风、除尘、空调室外气象资料：包括温度、湿度、气压、风速及风向变化。

(3) 给排水必须符合国家环保政策、节水节能的要求，各类给水尽可能按循环水系统设计，以减少污水外排；各类废水均经处理达到国家规定标准后方能外排。

2. 主要设计内容及措施

(1) 根据各有关专业提供的设计任务书，确定主要设计内容、所采用工艺、各用户点所需设备数量及设备技术参数。

(2) 根据各用户点通风、除尘、空调设备参数汇总装机电容量、水耗、压缩空气消耗量、蒸汽消耗量、煤气消耗量等。

(3) 根据各用户点用水量及用水要求，确定各循环水处理系统水量、水温、水压及相关设备参数。

5.5　物流、消防系统设计

1. 物流运输设计依据

(1) 项目总概况。

(2) 厂区地理位置、地形地貌、水文地质、地震烈度及气象条件等，以及与项目相关的外部铁路、公路、水路运输条件。

2. 各物流体系的确定

(1) 根据各工序所需的原辅材料、产品、设备、备品备件数量及所产生的废渣废水量，确定内外部运输总量，从而进一步在优化物流成本的基础上设计内外部铁路、公路、水路及管道运输系统。

(2) 设计各运输线路具体技术标准、施工及绿化要求。

3. 消防系统的设计

(1) 设计依据包括我国与消防相关的法律法规、其他规范、主要建筑物耐火等级及防火分类设计，如《中华人民共和国消防法》《建筑设计防火规范(2018 年版)》(GB 50016—2014)等。

(2) 消防设计对象，一般包括电气楼、变压器室、操作室、变配电站、电缆夹层、电缆隧道、电缆桥架等场所，以及有乙类防爆要求的煤气加压站等存在火灾隐患的地方。

(3) 确定各用户点的防火间距、消防通道、火灾危险性类别和耐火等级。

(4) 建筑构造及电气设施构造处理设计，包括设计防火墙、防火门，高温区采用阻燃耐高温电缆，电气室、操作室等电缆出入处采用防火隔板等。

(5) 厂房的防火分区及安全疏散设计。

(6) 厂房的防爆和安全标志设计。

(7) 火灾自动报警系统及特种消防，如安装感烟探测器、感温探测器等。

思考题

5-1 物料衡算包括哪些内容？

5-2 成材率是指什么？如何确定？

5-3 如何制定车间工艺的物料平衡表？

5-4 为什么要进行能源介质衡算？

5-5 对于金属材料工厂车间设计，通风和除尘设计要考虑哪些因素？

第 6 章　劳动组织和技术经济分析

6.1　劳动组织

6.1.1　劳动定额

劳动定额指的是在一定的技术和组织条件下，生产一定产品或完成一定工作所需的劳动量标准。劳动定额的形式如下：

(1) 工时定额，指完成单位产品所消耗的工时；

(2) 产量定额，指工人在单位时间内应完成的产品数量，也即工时定额的倒数；

(3) 看管定额，指一个(或一组)工人同时看管的设备数量或操作岗位数目。

劳动定额的制定方法有：

(1) 统一分析法，即参考生产同类产品工时统计资料，并分析当前条件的变化，结合现实的生产组织制定定额。

(2) 经验估算法，即按工艺规程和技术文件的要求，并考虑所用设备、工具及其他条件，直接估算出时间消耗量。

6.1.2　劳动定员

劳动定员是指按产品方案和生产规模，规定配备具有一定技能(等级)的各类人员的数量标准。劳动定员范围主要包括生产工人、辅助工人、勤杂人员、行政管理人员和服务人员，可以分为直接生产人员和非直接生产人员。劳动定员的目的在于为劳动力和人才引进提供依据以及为生产成本计算提供依据。

1. 劳动定员的作用

(1) 合理的劳动定员是用人的科学标准；

(2) 合理的劳动定员是人力资源计划的基础；

(3) 劳动定员是各类员工调配的主要依据；

(4) 劳动定员有利于提高员工队伍的素质。

2. 劳动定员的原则

(1) 以企业生产经营目标为依据；

(2) 以精简高效为目标，

(3) 各类人员比例关系要协调；

(4) 人尽其才，人事相宜；

(5) 创造执行劳动定员标准的良好环境；

(6) 劳动定员标准适时修订。

3. 劳动定员的方法

(1) 按劳动效率定员。

按劳动效率定员的方法有两种，即以产量定额计算和以工时定额计算。

以产量定额计算：

$$定员人数 = \frac{计划期生产任务总量}{工人劳动效率 \times 出勤率} \tag{6-1}$$

$$工人劳动效率 = 产量定额 \times 定额完成率 \tag{6-2}$$

以工时定额计算：

$$定员人数 = \frac{计划期生产任务总量 \times 工时定额}{工人上班时间 \times 定额完成率 \times 出勤率} \tag{6-3}$$

$$工时定额 = 工作时间 / 产量定额 \tag{6-4}$$

(2) 按设备定员。

$$定员人数 = \frac{需要开动设备数 \times 每台设备开动班次}{工人看管定额 \times 出勤率} \tag{6-5}$$

例如：某车间为了完成生产任务需要开动车床 40 台，每台设备开动班次为 2 班，工人看管定额为 4 台，出勤率为 96%，则该车间定员人数 $= \frac{40 \times 2}{4 \times 96\%} = 20.83 \approx 21$。

(3) 按岗位定员。

根据岗位数、岗位工作量、作业性质、作业班次和出勤率等计算定员人数，一般有按设备岗位定员和按工作岗位定员两种方式。

设备岗位定员：一般岗位负荷量不足 4 h 的考虑作为兼职岗位；特殊岗位连续工作不得超过 2 h。

(4) 按比例定员。

按比例定员是按总人数与某类人员数的比例计算定员人数，常用于服务性人员的定员。

(5) 按组织机构、职责和分工定员。

按组织机构、职责和分工定员常用于企业管理人员、工程技术人员的定员。

6.1.3　组织机构配置

组织机构配置是指为了完成某工厂车间生产任务，进而设置的工序岗位和实行的工作制度。

工序岗位根据各岗位人数来确定劳动定员，如挤压生产线主要为生产人员、后勤人员、维修人员、运输人员、管理和行政人员。

工作制度主要取决于车间主要生产设备的工作制度，如铝管生产车间选用连续工作制，年工作日按 309 d 计，每天三班倒，24 h 连续生产，轮流值班，每班安排负责人监管。

组织机构配置图如图 6-1 所示，组织机构配置人员表如表 6-1 所示。

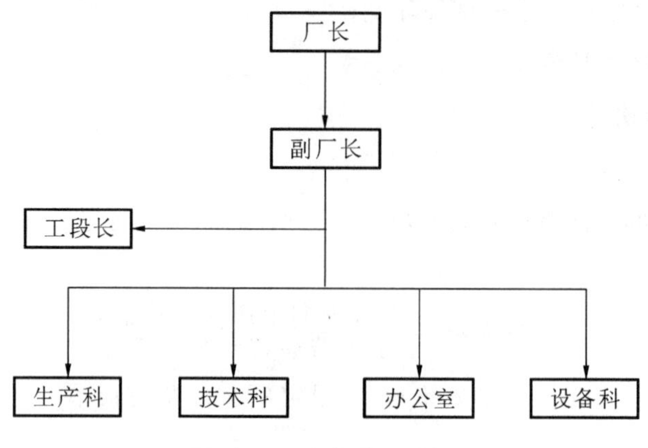

图 6-1　组织机构配置图

表 6-1　组织机构配置人员表

序号	项目	岗位	甲班定员	乙班定员	丙班定员	合计
1	加热炉	工段长	1	—	—	1
		操作工	3	3	3	9
		主控室	2	2	2	6
2	挤压机	工段长	1	—	—	1
		操作工	3	3	3	9
		主控室	2	2	2	6
3	锯切机	工段长	1	—	—	1
		操作工	3	3	3	9
		主控室	2	2	2	6
4	维修	工段长	1	—	—	1
		设备检修	8	8	8	24
		技术员	5	5	5	15
5	技术管理和行政人员		30	—	—	30
总计						118

6.2　技术经济分析

6.2.1　技术经济指标

设计中的技术经济指标是衡量设计方案合理性的重要指标之一。任何一种设计，如果只有技术上的先进性，而不考虑经济上的合理性，这种设计是不完善的，反之亦然。实际上技术和经济是矛盾的，采用先进技术必然要增加投资，降低技术的先进性，投资就会减少。先进技术是国民经济增长的前提，但技术问题往往可通过多种方法解决，各种技术措施也可用多种方法来实现。实施方法的不同，所需要的基建费用，工人数量，原材料、燃料、动力等消耗量都不同，因此，往往需要通过多种方案对比，使技术与经济的矛盾得到合理的解决。

1. 技术经济评价

技术经济评价包括以下方面：

(1) 生产成本及销售收入分析；

(2) 财务分析，涉及销售利润计算表、财务平衡表、现金流量表(包括现金流入、现金流出、净现金流量以及累计现金流量)。

2. 风险性及不确定性分析

(1) 盈亏平衡分析。

盈亏平衡产量(BEP) = 固定成本 /(单位产品销售收入 − 单位产品可变成本)

(2) 敏感性分析。

主要对产品销售价、原料价和固定资产投资等因素的变化造成静态收益率的升降进行敏感性分析。

技术经济评价是设计效果的总反映，既可反映该设计的优点，又可进一步找出差距，加以改进。

6.2.2　投资和成本概算

1. 建设投资概算

建设投资概算主要包含以下内容：

(1) 建设工程费，包括厂房、建(构)筑物、电气系统、给排水系统、热力及通风系统、总图运输、燃气系统等的建设费用。

(2) 设备购置费，通过查产品目录价格、询价、按设备质量估价获得，其包括运杂费，通常按设备原价的 5%计算，边远地区按 8%计算。

(3) 设备安装费，按设备价格的 6%～7%计算。

(4) 工、器具购置费，指应配备的达到固定资产标准的各种工具、器具、仪器及生产工具等的购置费(不达标的按低值易耗品列入流动资金)。

(5) 其他费用，指不包括上述费用的费用，如建设单位管理费、征用土地费。

(6) 试车费，按(设备费＋安装费)×0.8%计算。

(7) 贷款利息，按贷款金额×月息×月数计算。

(8) 设计费，包括工厂设计费(按总投资的 2%～3%计算)和非标设备设计费(按设备原价的 8%～15%)。

(9) 不可预见费用，按总投资的 10%～15%计算。

(10) 培训费，出国培训费按国务院规定，或与外商约定。

(11) 科研试制费、建设场地清理费、现有厂房拆除费、新区绿化费等，按概算定额标准确定。

编制建设投资概算的主要依据如下：

(1) 初步设计图纸和技术文件;

(2) 现行的各种建筑安装工程概算定额、价格、标准。

2. 流动资金定额的概算

流动资金是用于购买劳动对象、支付职工工资和产品销售开销等保证生产经营活动所需的资金,也是供、产、销所需资金。计算流动资金时,既要保证生产经营活动的正常进行,又要符合最低需求标准。

流动资金的组成如下。

(1) 储备资金。

储备资金为原辅材料、燃料、备品备件、包装用品等占用的流动资金,其计算公式如下:

$$储备资金 = \sum(材料日均消耗量 \times 计划单价 \times 储备定额天数)$$

(2) 生产资金。

生产资金是从原料投产到产品入库所占用的资金,其计算公式如下:

$$生产资金 = (在制品平均费用 + 待摊费用) \times 在制品资金定额天数$$

$$在制品资金定额天数 = 生产周期 \times 在制品系数$$

$$在制品系数 = 在制品平均成本 / 单位产品工厂成本$$

其中,生产周期是指从投料到产品检验入库的生产过程所经历的天数。

(3) 成品资金。

成品资金是从产品检验入库到产品发送并收到货款时占用的资金,其计算公式如下:

$$成品资金 = 日均产量 \times 单位产品工厂成本 \times 成品资金定额天数$$

$$成品资金定额天数 = 库存天数 + 发送及结算天数$$

流动资金也可按总投资的40%粗估。

3. 产品成本的概算

产品成本是企业生产某种产品所需费用的总和,是企业生产产品所耗用的货币量,反映的人力、物力的总和。

$$产品价值 = C + V + m$$

式中 C——物化劳动,指已耗费掉的生产资料转移价值,如原辅材料、燃料、动力、固定资产折旧等;

V——活化劳动,指劳动者自身创造的价值(以工资形式分配给劳动者个人和集体消耗的部分);

m——税金与利润之和,指劳动者为社会创造的价值。

(1) 产品成本的分类。

产品成本按成本本身性质分为实际成本、目标成本、设计成本和质量成本;按费用发生地点分为车间成本、工厂成本、经营成本和销售成本;按生产负荷变化情况分为固定成本和可变成本。固定成本是指不随生产负荷变化的那部分成本,如企业管理费、折旧费、工人工资等。可变成本指的则是随生产负荷变化而改变的那部分成本,如原辅材料、燃料、动力等。

(2) 产品成本的构成。

产品成本主要由以下几个部分构成。

① 原材料费用，包括生产产品的原料和主要材料费。

② 辅助材料费用，指除原材料之外的材料和物料(如润滑油、乳液、轧辊等)消耗的费用。

③ 燃料及动力费用。燃料包括煤、油、气，动力包括电、水、汽、压缩空气。

④ 生产工人工资及工资附加费。

工资附加费＝工资总额×13％，它包括医药附加费、福利基金、奖励基金和工会基金。

⑤ 车间经费。

车间经费包括：固定资产(厂房、设备)折旧(基本折旧、大修基金)，按固定资产原值的8％～10％计算；维修费；除生产工人以外的车间人员工资及其附加费、劳保费、水电费等车间管理费。

⑥ 企业管理费。

企业管理费是指全厂范围内为管理和组织生产而发生的各项管理费用、业务费用及其他费用，包括厂管固定资产折旧、厂管固定资产维修费、企业行政管理人员工资及附加费、科研费、利息等管理费。

⑦ 销售费。

销售费是产品销售过程中发生的费用，如销售人员工资及附加费、广告费、宣传费、保管费、办公费、仓库折旧费等。销售成本等于工厂成本加上销售费，其决定了利润。而经营成本等于销售成本扣除折旧费。

⑧ 税金。

⑨ 利润。

利润包括税前利润和税后利润。税前利润又称为销售利润，从销售收入中扣除销售成本和税金便能得到销售利润额。税后利润又称为企业利润，税前利润扣除所得税即为税后利润。

⑩ 所得税。

$$所得税 = 销售利润 \times 税率$$

6.2.3　投资回收概算

投资回收期是自项目正式投产之日起到工程收益总额达到建设投资总额之日止的时间(用资金平衡表测算)。

$$投资回收期 = (建设投资 + 建设期利息 + 涨价预备金)/ 达产年利润$$

投资回收期愈短，经济效益愈好。

思考题

6-1 劳动定额的主要形式有哪些？

6-2 劳动定员包括哪些内容？如何确定？

6-3 如何制定车间工艺的组织机构配置？

6-4 如何对车间工艺设计进行技术经济分析？

6-5 对于金属材料工厂车间设计，其投资和成本核算需要考虑哪些方面？

第7章 环境保护

工业化虽然给人类社会创造了巨大的物质财富和灿烂的现代文明，但也给人类社会带来了资源快速消耗、环境遭受污染和生态严重失衡的骇人后果。1982年5月联合国环境规划署在肯尼亚的内罗毕召开人类环境特别会议，正式提出了可持续发展的问题，并把环境保护提上议事日程。

材料的加工成形是制造业的重要组成部分。美国早在2010年就确定要把“精确成形工艺”发展为“无废弃物成形加工技术”。所谓“无废弃物成形加工”，是指加工过程中不产生废弃物，或产生的废弃物能被整个制造过程作为原料而利用。由于无废弃物加工减少了废料、污染和能量消耗，并对环境有利，从而成为今后推广的重要的绿色制造技术。绿色制造是长期的努力方向；现实的目标应是防止污染、减少废弃物、推广重用及再生回用。

金属材料工厂既是产品的生产场所，又是大量烟尘、废水等有害物质的发生地，进行环境保护尤为重要。车间生产工艺过程较复杂，材料和动力消耗较大，设备品种繁多，生产区域高温、高尘、高噪声。由于人类对环境问题的重视程度越来越高，在金属材料工厂设计和生产中，以“无废弃物成形加工”为代表的绿色加工技术日趋受到重视。本章将简述环境保护的意义及我国的环境保护法规，重点介绍金属材料工厂设计中环境保护的内容和评价程序。

7.1 环境保护的要求及内容

7.1.1 环境保护依据和标准

随着世界各国对环境保护的日趋重视，各种形式的环境保护法律、法规不断出现，我国也先后颁布并实施了二十余种有关环境保护的法律、法规及标准。《中华人民共和国环境保护法》已由中华人民共和国第十二届全国人民代表大会常务委员会第八次会议于2014年4月24日修订通过，自2015年1月1日起施行。《中华人民共和国环境保护法》第二条：“本法所称环境，是指影响人类生存和发展的各种天然的和经过人工改造的自然因素的总体，包括大气、水、海洋、土地、矿藏、森林、草原、湿地、野生生物、自然遗迹、人文遗迹、自然保护区、风景名胜区、城市和乡村等。”第四十二条：“排放污染物的企业事业单位和其他生产经营者，应当采取措施，防治在生产建设或者其他活动中产生的废气、废水、废渣、医疗废物、粉尘、恶臭气体、放射性物质以及噪声、振动、光辐射、电磁辐射等对环境的污染和危害。”

金属材料工厂的生产工艺主要包括液态成形、塑性成形、连接成形、热处理等，涉及的污染物包括废气、废水、废渣或废砂、粉尘等物质以及噪声、振动、热辐射等环境污染源。例如：铸造生产过程中的高温、高尘、高噪声直接影响工人的身体健康，废砂、废水的直接排放会给环境造成严重的污染，对铸造车间的灰尘、噪声等进行控制，对所产生的废砂、废气、废水进行处理或回用是现代铸造生产的主要任务之一；塑性加工过程中的锻造、冲压、轧制等工序产生的振动大、噪声强，还伴随有高温热辐射，工人在强噪声环境下长时间工作，易引起耳鸣、烦躁等，影响工人健康，因此进行减振降噪是现代塑性加工工艺及设备生产设计中必须考虑的问题。

金属材料工厂的环保设计依据《建设项目环境保护管理条例》，设计遵循冶金环保设计规定、大气污染物排放标准(GB 9078、GB 16297)、钢铁工业水污染排放标准(GB 13456)、污水综合排放标准(GB 8978)和工业企业噪声标准(GB 12348)。

7.1.2　水质处理

1. 废水种类

(1) 净废水：指未被污染，仅水温升高的废水，如加热炉、轧机、主电机、液压站、润滑站、空调等的间接冷却水；

(2) 浊废水：如加热炉、轧机、冷床以及高压除鳞水箱等的直接冷却水，含氧化铁皮和油；

(3) 生活废水；

(4) 其他废水：机修、轧辊加工、煤气管道水封、车间地坪冲洗等产生的废水。

2. 水质处理措施

对于净废水和浊废水，可以分别建立净环水处理系统和浊环水处理系统进行处理，而生活废水和其他废水一般集中由自来水公司处理。

7.1.3　大气污染物防治

大气污染物主要有硫的氧化物(SO_x)、氮氧化物(NO_x)、酸气和粉尘等。

(1) SO_x 的控制：燃料低硫化、煤气脱硫、采用排烟脱硫装置。

(2) NO_x 的控制：燃烧控制。

(3) 酸气控制：密封和使用过滤塔。

(4) 粉尘控制：改善劳动条件，防止烟尘产生(环保型炉)；采用集尘装置。

7.1.4　固体废弃物治理

1. 固体废弃物的分类

固体废弃物分为一般固体废弃物和危险固体废弃物。

(1) 一般固体废弃物。

一般固体废弃物分为可回收废弃物和不可回收废弃物。可回收废弃物包括废报纸、废纸张、废包装箱、废木箱等办公垃圾和废金属、空材料桶、碎玻璃、钢筋头等基建垃圾。不可回收废弃物通常是瓦砾、混凝土及其试块、废石膏制品、沉淀物等施工垃圾和其他生活垃圾。

(2) 危险固体废弃物。

危险固体废弃物主要包括：施工现场危险固体废弃物(包括废化工材料及其包装物、电焊条、废玻璃丝布、废铝箔纸、聚氨酯夹芯板废料、工业棉布、油手套、含油棉纱棉布、油漆刷、废沥青路面、废旧测温计等）；实验室用废液瓶、化学试剂废料；清洗工具废渣、机械维修保养液废渣；办公区废复写纸、复印机废墨盒、打印机废墨盒、废硒鼓、废色带、废电池、废磁盘、废计算机、废日光灯管、废涂改液。

2. 固体废弃物的处理方法

固体废弃物的处理通常是用物理、化学、生物、物化及生化方法，把固体废弃物转化为适于运输、贮存、利用或处置的过程。固体废弃物处理的目标是无害化、减量化、资源化。固体废弃物是“三废”中最难处理的一种，因为它含有的成分相当复杂，其物理性状（体积、流动性、均匀性、粉碎程度、水分、热值等）也千变万化，要达到上述“无害化、减量化、资源化”目标会遇到相当大的麻烦。一般防治固体废弃物污染的方法，首先是要控制其产生量，例如逐步改革城市燃料结构、控制工厂原料的消耗、提高产品的使用寿命、提高废品的回收率等；其次是开展综合利用，把固体废弃物作为资源和能源对待，实在不能利用的则经压缩和无毒处理后成为终态固体废弃物，然后填埋或沉海，主要采用的方法包括压实、破碎、分选、固化、焚烧、生物处理等。

3. 固体废弃物的治理

固体废弃物的产生、贮存、运输、处理全过程不但需要先进的技术、巨额的资金，而且因为处理容量有限，焚烧、填埋等处理场地的选择也比较困难。在固体废弃物的产生和处理环节充分进行资源化利用，既能减少原料和能源的消耗，又能减少进入焚烧、填埋处理的危险废弃物数量，所以固体废弃物的资源化处理具有重要意义。但是，如果没有完善的收集运输网络及先进的回收再生工艺，一些工业固体废弃物，特别是危险废弃物的资源化也可能产生新的、严重的二次污染。对于具有有害特性的固体废弃物，在推进废弃物资源化的同时，必须加强对资源化全过程的管理，避免产生二次污染。

7.2 环境影响评价

1. 环境影响评价程序

(1) 环境影响评价程序的定义与分类。

环境影响评价程序是指按一定的顺序或步骤完成环境影响评价工作的过程，分为管理程序和工作程序。管理程序用于指导环境影响评价的监督与管理（由环保局完成）；工作程序用于指导环境影响评价的工作内容和进程（由环评机构与申报单位完成）。

(2) 环境影响评价的主体。

环境影响评价的主体包括建设单位（申报环评的单位）、管理部门（环保局）、评价机构。

(3) 环境影响评价机构的分类和资质条件。

环境影响评价资质分为甲、乙两个等级。

① 甲级评价机构：承担各级环境保护行政主管部门负责审批的建设项目。

② 乙级评价机构：承担省级以下环境保护行政主管部门负责审批的建设项目。

根据申报单位注册资金额度决定环评由哪一级环保局负责。一般注册资金为 500 万元在县级环保局；5000 万元以下在市级环保局；5000 万元以上在省级环保局。

2. 各阶段的环境影响评价程序

(1) 基本建设程序与环境管理程序的关系。

基本建设程序与环境管理程序的关系如图 7-1 所示。

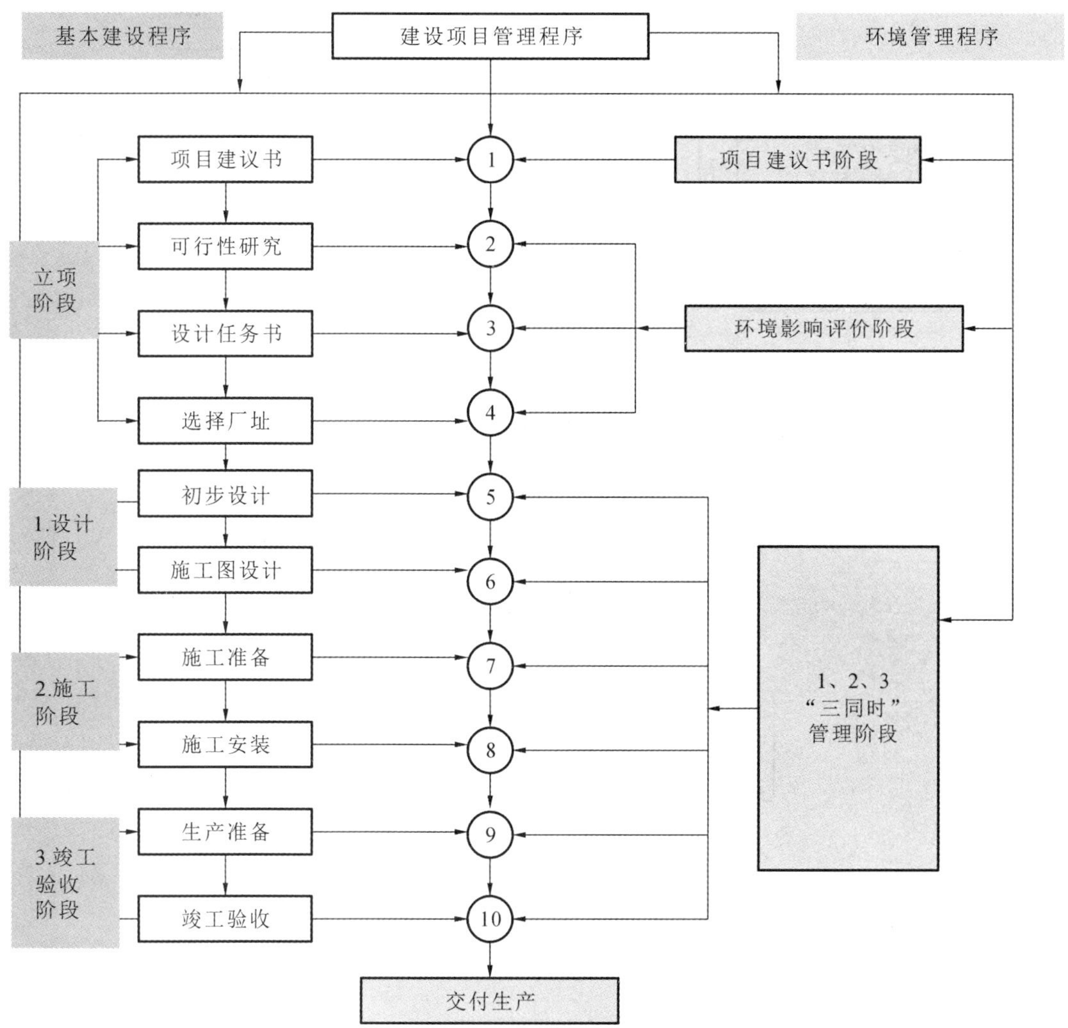

图 7-1　基本建设程序与环境管理程序的关系

(2) 建设项目施工前的环境影响评价(评价机构与申报单位)。

建设项目施工前的环境影响评价程序流程图如图 7-2 所示。

(3) 建设项目环境影响评价工作程序。

建设项目环境影响评价工作程序流程图如图 7-3 所示。

3. 环境影响评价所需资料

(1) 主要工艺设备名称、型号、规格及数量。

(2) 原辅材料供应及消耗量(原料、配料、电、新水和循环水的年消耗量与单位消耗量)。

(3) 公用工程资料,涉及以下方面。

① 供电系统:需要自建几座变电所?变电所的规模如何?

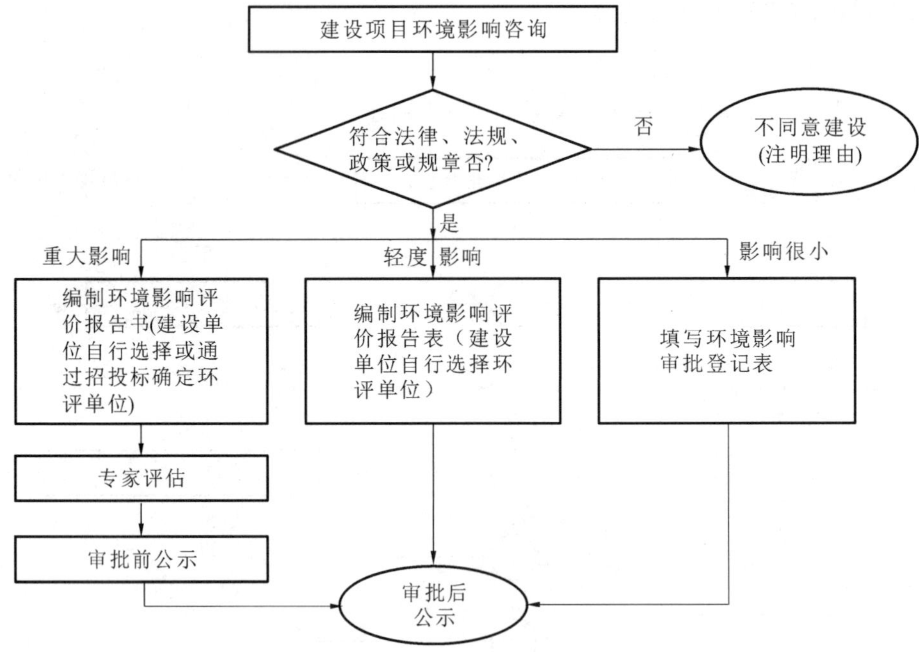

图 7-2　建设项目施工前的环境影响评价程序流程图

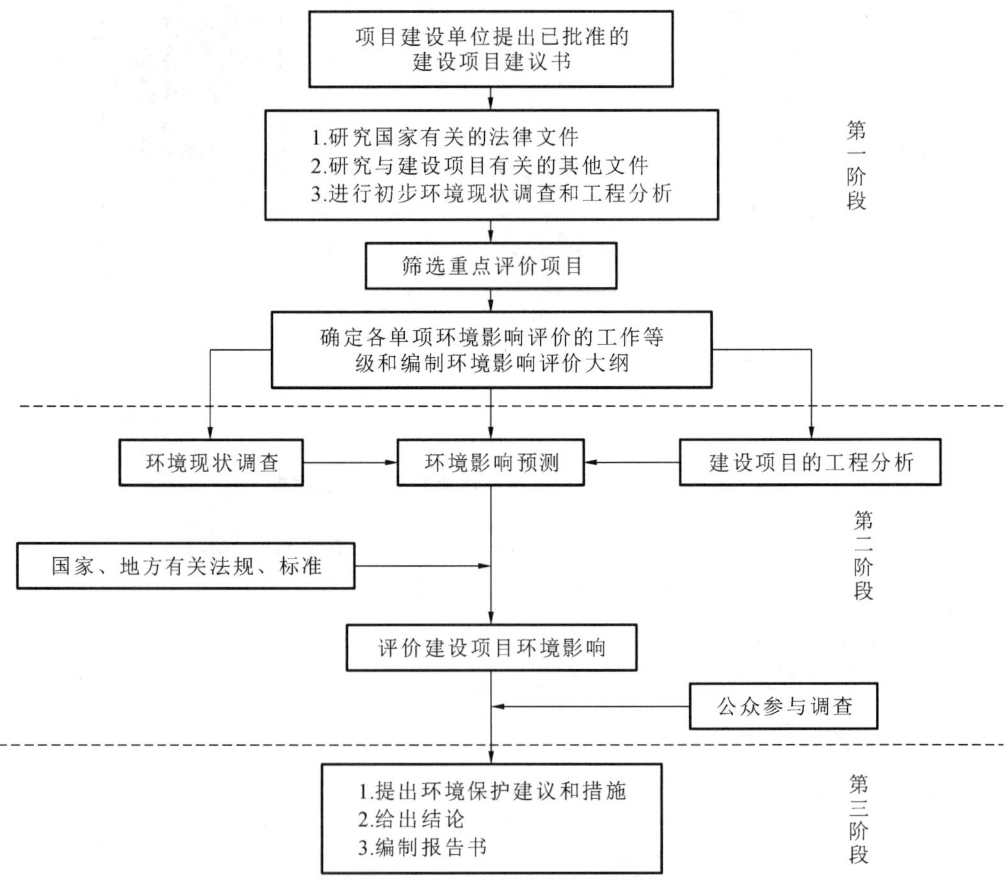

图 7-3　建设项目环境影响评价工作程序流程图

② 供水系统：新鲜用水量、循环冷却用水量、生活用水量、生产用水量、消防用水量各是多少？

③ 供暖系统：若项目有自建供暖系统，需知道供暖锅炉的大小、种类、规模，燃料的种类、来源、年消耗量，锅炉的循环补充水量。

④ 供汽系统：项目是否新建供汽系统？若新建，供汽系统的规模是多少？总用汽量是多少？其中，生产用汽、采暖用汽、除氧耗汽、汽水损失、运行恶化耗汽各是多少？

⑤ 污水处理：采用何种污水处理工艺？年处理能力是多少？主要处理工艺流程如何？处理后的污水如何处理？还需知道项目生活废水排放量，生活污水中 COD、BOD 和 NH_3-N 排放初始浓度及处理后的浓度、削减量和最终排放量。

(4) 锅炉：锅炉的大小、种类、规模、用途、各种用途所占比例，燃料的种类、来源、年消耗量，锅炉的循环补充水量。

(5) 固体废弃物：燃煤炉渣、生活垃圾产生量及去向。

(6) 项目总平面布置图。

(7) 项目主要技术经济指标。

(8) 项目总投资额及来源。

(9) 新建构筑物指标(新建构筑物名称、面积、体积、结构形式)。

(10) 建厂区域地质勘查报告。

(11) 环境现状调查报告。

(12) 项目物料运输情况。

(13) 建设方基本资料(公司名称、法人、联系方式、公司地址、所从事行业)。

7.3 “三废”治理设计

“三废”污染的具体形式包括氟污染、水体重金属污染以及砷污染等，如图 7-4 所示。氟污染即氟及其化合物对环境造成的污染。水体重金属污染如铅、镉、铬、汞、铜、镍等会对人体神经、造血、肾脏、心血管和内分泌等系统造成危害，产生慢性毒性、致癌、致畸、致突变的危害。

1. “三废”治理设计的内容

(1) 生产过程中“三废”产生及危害情况分析；

(2) “三废”治理依据、标准；

(3) “三废”治理方法的选择与论证；

(4) “三废”治理的设备与设施设计；

(5) 预期效果评价；

(6) “三废”治理专项投资概算。

2. “三废”治理设计原则

(1) 实事求是；

(2) 综合治理，争取做到变废为宝。

图 7-4 生活中看得见、闻得到的“三废”污染

思考题

7-1 金属材料工厂设计需遵循的环境保护标准有哪些？

7-2 环境保护包括哪些内容？

7-3 如何解决轧制工艺车间的冷却水处理问题？

7-4 为什么要进行工厂环境影响评价？

7-5 金属材料工厂车间设计的环境影响评价和环境保护应考虑哪些方面？

下篇　金属材料工厂设计工程案例

第 8 章　螺纹钢棒材车间工艺设计

钢铁作为工业制造和基础建设的重要原材料，不仅支撑着整个国民经济的发展，而且与民生息息相关。改革开放以来，我国钢铁工业经过 30 多年的高速发展，于 2014 年钢产量突破 8 亿吨后，近几年钢产量上涨幅度明显降低，但线棒材的绝对需求量仍在持续上升（占全国钢材总产量的一半，约 4 亿吨）。线棒材的主力军——建筑用螺纹钢筋（见图 8-1），作为基础建设的一种重要材料，其产量达到钢材总产量的四分之一以上。

图 8-1　建筑用螺纹钢筋

为了提高建筑物的质量，特别是提高其核心建筑材料——带肋钢筋的抗震性能和焊接性能，我国相关部门于 2018 年制定和发布了《钢筋混凝土用钢　第 2 部分：热轧带肋钢筋》(GB/T 1499.2—2018)，该标准新增了有关金相组织检测的内容并且提供了相应的方法来检验，要求热轧钢筋的组织为铁素体＋珠光体，其余组织钢筋视为不合格钢筋。然而我国绝大多数生产企业采用轧后钢筋穿水强冷工艺，生产的钢筋为余热淬火钢筋，钢筋表面组织为铁素体＋回火马氏体或铁素体＋回火索氏体，为了满足国家标准 GB/T 1499.2—2018，传统企业只能采用增加合金成分、降低轧制速度、降低轧后穿水冷却强度等方法，这样势必造成生产成本大幅增加和产量降低。因此，改进工艺和设备，降低合金成本，已成为传统企业改造的重点，其中控轧控冷技术、多线切分轧制技术、热送热装技术、预穿水和轧后冷却技术已被普遍引入实际生产之中。

本章以国内某企业的螺纹钢棒材生产为例，介绍其车间工艺设计，主要涉及厂址设计、生产方案和工艺流程设计、车间设备选型与设计、车间布置设计、环境保护等主要内容。

8.1　螺纹钢棒材产品方案和厂址选择

8.1.1　螺纹钢棒材生产车间初始条件

1. 初始条件

本设计车间年产量为 120 万吨，主要生产热轧带肋螺纹钢筋，交货状态为直条状，定尺长度为 6～12 m。车间产品方案如表 8-1 所示。

表 8-1　车间产品方案

产品名称	钢种	产品规格/mm	年产量/万吨	所占比例/(%)
热轧带肋螺纹钢筋	HRB400	ϕ12～ϕ16	120	100

2. 坯料的选择

在挑选坯料时，要综合地考虑坯料的材质、种类、断面形状、尺寸和大小等诸多因素。由于连铸坯相对于模铸坯来说具有较好的金属收得率，并且产品成本低、轧制坯形好、短尺少和成分均匀等，因此本设计选用尺寸为 165 mm×165 mm×10000 mm 的连铸坯料作为主要的原料，其化学成分如表 8-2 所示。

表 8-2　坯料化学成分

名称	化学成分(质量分数，%)					碳当量
	C	Si	Mn	P	S	Ceq/(%)
连铸坯	≤0.25	≤0.8	≤1.6	≤0.045	≤0.045	0.54

8.1.2　螺纹钢棒材产品技术要求

(1) 螺纹钢牌号及化学成分见表 8-3。

表 8-3　螺纹钢牌号及化学成分表

牌号	化学成分(质量分数,%)				
	C	Si	Mn	P	S
HRB400	≤0.25	≤0.8	≤1.6	≤0.045	≤0.045

(2) 力学性能。

HRB400 力学性能如表 8-4 所示。

表 8-4　HRB400 力学性能参数

牌号	下屈服强度 R_{eL}/MPa	抗拉强度 R_m/MPa	断后伸长率 A/(%)	最大力总延伸率 A_{gt}/(%)
HRB400	≥400	≥540	≥16	≥7.5

(3) 工艺性能。

HRB400 工艺性能如表 8-5 所示。

表 8-5　HRB400 工艺性能参数

牌号	公称直径 d/mm	弯曲压头直径/mm
HRB400	6～25	4d

(4) 金相组织。

金相组织应符合国家标准,为铁素体+珠光体。

(5) 表面质量。

钢筋表面不能有缺陷,如裂纹。

8.1.3　螺纹钢棒材厂址选择

(1) 交通情况。

防城港市台风出现较少,货船可以在海港内平稳停泊,每年作业时间高达 300 d,并且防城港水路运输的效率很高,历史上很少有潮灾、海啸等记录。防城港涨潮和退潮的间隔较长,这对于巨轮运输来说十分有利。

(2) 能源介质情况。

防城港市拥有丰富的淡水资源,其年降雨量保持在 3000 mm 左右,水利条件良好,供水充足,并且水的价格低。除此之外,防城港兴建有核电站,电价也比较低。

(3) 厂址选择。

防城港市为丘陵地带,地势较为平整,土地类型为盐碱地,这种地形对工业发展来说十分适合。与此同时,防城港市位于地理上的北部湾,加之国家的“一带一路”倡议,选择防城港地区作为建厂厂址合理。

8.2 螺纹钢棒材工艺流程设计

8.2.1 螺纹钢棒材工艺流程确定

正确的工艺设计流程可以保证所生产的产品符合质量和技术要求。因此，我们在设计轧钢车间产品的工艺流程时要做到优质量、高产量、低消耗。

(1) 产品的技术条件。

产品的生产标准一般包括钢材的规格、性能及组织检验等的内容。

(2) 产品的生产成本。

产品成本也是工艺流程设计的一个重要依据。从以往的经验来讲，产品的工艺性能越好，那么产品的制造工艺要求就越严格，工艺流程自然就越复杂，产品的制造成本也肯定会随之升高，反之亦然。所以，在产品工艺流程设计时，要尽量做到低成本、高质量。

(3) 产品性能。

产品的工艺性能，例如变形抗力、导热性等，是工艺流程设计的重要依据。

(4) 产品质量。

《钢筋混凝土用钢　第 2 部分：热轧带肋钢筋》(GB/T 1499.2—2018)不仅对热轧带肋钢筋的力学性能提出要求，还要求对其金相组织进行检测。其组织应为铁素体＋珠光体。

本工艺流程设计以 ϕ16 mm 的螺纹钢产品为样本，根据设计要求和工序分析，确定此产品的工艺流程，如图 8-2 所示。

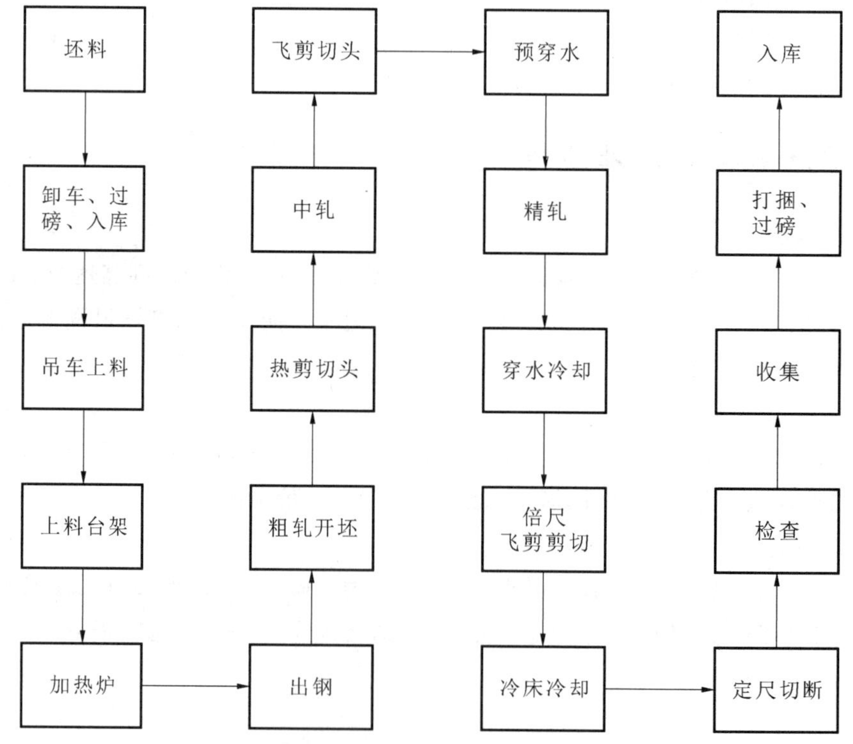

图 8-2　螺纹钢生产工艺流程

8.2.2　主要工艺参数设计

1. 坯料加热参数

（1）加热时间。

在选择坯料加热时间时，可以采用理论计算或者根据坯料在生产中的实验结果进行估算。

对于连续式加热炉，有

$$T = (7 + 0.5B)B \tag{8-1}$$

式中　T——加热时长，min；

B——钢料厚度，mm。

加热时间也可以按照单位厚度的金属所需的加热时间进行计算，计算公式可以定义为

$$T = C \cdot B \tag{8-2}$$

式中　B——钢料厚度，mm；

C——钢的影响系数，可查表 8-6 获得。

这里取 T=37.85 s。

表 8-6　不同钢种的影响系数

钢种	中碳钢及低合金钢	高合金工具钢
C 值	0.15～0.20	0.30～0.40

（2）加热速度。

加热时，钢的温度变化越大，说明加热炉的加热速度越快，损耗也就越小。所以，温度对于低碳钢加热炉的生产尤为重要，快速加热可以有效提高加热炉的生产率。一般来说，坯料的加热可以分为低温加热和高温加热两个时期。低温加热时，我们需要采取慢速加热方式。高温加热时，金属的导热性提高、塑性增强，则需要采取快速加热方式。

（3）加热温度。

坯料加热出炉时的温度越高，提供的加工条件越好。但是，过高的温度容易使材料产生过热等缺陷。所以，坯料加热出炉时的温度不可以太高。与此同时，有些产品还需要得到一些特定的内部组织和机械性能，所以温度又不能太低。

2. 轧制工艺参数

（1）轧制速度。

在生产中，轧制的速度越快，生产量越高。轧机速度变化控制的核心是沿道次实现轧制速度的变化。

各道次轧制速度可根据下列公式计算：

$$v_1 F_1 = v_2 F_2 = \cdots = v_n F_n \tag{8-3}$$

式中　$v_1, v_2, \cdots, v_n$——第 1、2、…、n 道次加热辊道和冷轧件两端出口旋转速度；

$F_1, F_2, \cdots, F_n$——第 1、2、…、n 道次轧件轧制完成后的横截面积。

轧辊转速为

$$n = \frac{v \times 1000 \times 60}{\pi \times D_g \times (1 + S_h)} \tag{8-4}$$

式中 D_g——轧辊直径；

S_h——前滑值。

各道次轧制速度和轧辊转速见表 8-7。

表 8-7 各道次轧制速度和轧辊转速

道次	轧制速度/(m/s)	轧辊转速/(r/min)	道次	轧制速度/(m/s)	轧辊转速/(r/min)
1	0.20	5.18	10	1.73	62.72
2	0.22	5.71	11	2.55	105.23
3	0.27	7.95	12	6.28	267.86
4	0.35	10.44	13	6.28	267.86
5	0.44	12.53	14	8.86	399.67
6	0.60	17.35	15	9.54	527.47
7	0.75	26.56	16	11.96	676.66
8	0.95	34.58	17	18.72	1121.63
9	1.26	43.43	18	22	1312.05

(2) 轧制温度。

在生产中，确定轧制温度时，要特别参考钢种的特性和相图。要求钢种的轧制温度尽可能在一个单相区，尤其针对一些特殊的钢种，应尽量避开它的高温脆性区和多相区。

要想终轧温度合理，就要依据钢出炉温度来确定开轧温度，而终轧温度以保证产品的组织和性能等为基础来确定。所以，确定轧制温度时需要考虑以下几点：

① 根据钢的特性，选择塑性条件最好时的温度；

② 选择金属变形抗力最小的温度；

③ 考虑整个轧件是否能顺利地咬入轧辊，并且在轧辊内部机械磨损小；

④ 获得所需要的组织和性能，并且成品晶粒细小；

⑤ 注意钢的内部组织的分布情况，不允许钢中的碳化物与铁素体形成粗大的网状组织，也不允许钢中铁素体与珠光体形成粗大的带状组织；

⑥ 要注意头、尾温差的影响。

本设计的钢种为低合金钢，属于亚共析钢，其终轧温度通常高于铁碳相图中的 Ar3 线 50～100 ℃，以便获得较细的晶粒组织。根据铁碳相图，可确定亚共析钢的开轧温度在 950～1050 ℃。

各道次的温度变化值 Δt 为

$$\Delta t = t_0 - \frac{1000}{\sqrt[3]{\frac{0.0255c\tau}{\omega} + \left(\frac{1000}{t_0 + \Delta t_b + 273}\right)^3}} - 273 \tag{8-5}$$

式中　t_0——轧件未进入孔型时的温度,℃；

c——轧件轧制后的横截面周长,mm；

ω——轧件轧制后的横截面面积,mm^2；

τ——轧件冷却时间,s；

Δt_b——轧件升高的温度,℃。

$$t_{i+1} = \frac{1000}{\sqrt[3]{\frac{0.0255c\tau}{\omega} + \left(\frac{1000}{t_1 + \Delta t_{bi} + 273}\right)^3}} \tag{8-6}$$

式中　t_{i+1}——第 $i+1$ 道次轧制后轧件的温度,℃；

t_i——第 i 道次轧制后轧件的温度,℃；

Δt_{bi}——第 i 道次轧制过程中轧件升高的温度,℃。

在第 12 道次和第 13 道次之间有 8 m 预穿水冷却段,温降可达 48 ℃左右,见表 8-8。

表 8-8　轧制过程的温度变化

道次	温度/℃	道次	温度/℃
1	1050	10	973.21
2	1032.7	11	971.73
3	1032.7	12	972.64
4	1005.7	13	924.88
5	998.48	14	926.09
6	990.38	15	929.39
7	990.38	16	937.7
8	990.38	17	944.3
9	990.38	18	956.94

8.2.3　孔型设计

产品孔型设计需要满足下列四点要求。

(1) 保证获得优质的产品。

确保所生产产品的尺寸和断面的几何形状合适,断面尺寸不超过允许的偏差。除此之外,产品要求达到高精度,有光洁的金属表面,不存在耳子、折叠、麻点等金属缺陷,同时产品的力学性能表现良好,金相组织也符合标准。

(2) 保证轧机生产率高。

在实际的生产中,孔型涉及轧制节奏时间和轧辊作业率,会直接影响每一台轧机的生产能力。而每一台轧机的作业速度和作业率主要受到轧机孔型和轧机轧辊之间的辅件、负荷和压力分配三者的共同作用影响。所以，在进行孔型的设计时应尽量使每一台轧机的生产率达到最高。

(3) 金属消耗低。

为了降低成本，就要降低消耗，其中最主要的是要降低金属消耗。金属消耗降低，成本自然会降低。80%的成本都是由金属消耗决定的，所以降低金属消耗对于降低成本来说十分重要。

(4) 劳动条件好，操作方便。

孔型设计也要考虑劳动强度和操作方面的要求。劳动条件好可以实现安全生产，一些笨重的工作也得到减轻，以机械化取代传统的劳动力。不仅如此，轧制质量也会变得更加稳定，轧辊等辅助设备也会变得耐用，装卸也更加方便。

8.2.4 冷却和精整工艺

1.冷却工艺

(1) 预穿水冷却。

预穿水冷却工艺就是在中轧和精轧机组之间增加穿水冷却装置，其目的就是防止动态回复和动态再结晶，细化晶粒，使轧制在未结晶奥氏体区所在温度或者两相区所在温度进行。但考虑到在两相区轧制，其温度较低，会影响成品尺寸控制的稳定性，进而影响生产节奏，同时低温轧制会造成轧辊损耗大幅上升，增加生产成本，因此将精轧温度控制在未结晶奥氏体区所在温度。本设计水冷装置的最大供水流量为 300 m^3/h，最大供水压力不大于 1.5 MPa，供水流量在80 m^3/h到 300 m^3/h(最大流量)之间可调，供水方式为连续供水。

(2) 轧后逐级分段冷却工艺。

钢材经热轧成形后，温度仍然较高，所以需要将钢材冷却到室温。此时可利用轧件轧后的余热，进行控制冷却，从而获得较高的力学性能。轧后穿水的换热方式设定为冷却水的对流换热、辐射换热和辊道接触换热。钢筋在热轧之后进行表面激冷，对于 $\phi12$～$\phi50$ mm 的钢筋来说，表面的冷却速度可以达到 800～1000 ℃/s，具体操作为在轧后进行穿水冷却，控制穿水出口温度在 400～500 ℃，回火温度在 640 ℃左右。热轧钢筋在激冷后，钢筋表面借助内部热量传导至过冷面，使表面迅速升温至 Ar1 点以上，随后与钢筋芯部一起进入高温转变区，形成铁素体＋珠光体组织。这种多段分级冷却的控冷工艺，不仅满足国家标准 GB/T 1499.2—2018 要求，还可以有效降低钢筋中的合金添加量，实现“以水代金”的绿色减量化生产。

2.精整工艺

精整工艺通常包含以下内容。

(1) 钢材的冷却。

轧制工艺完成后进入钢材冷却工序。在冷却过程中，由于温度和应力的相互作用，钢材的内部或外部可能会在冷却过程中出现一些裂纹，因此需要全部或者部分地消除钢材在冷却过程中可能产生的各种裂纹和应力，例如可以通过缓冷等方式来有效缓解该现象。另外，还可以利用钢材冷轧件轧后的余热来有效控制钢材的冷却。

(2) 钢材的剪切。

为了便于各种类型钢材的安装运输和用户的日常使用，一般可以用冷剪机或切削剪切机等切削工具将各种类型钢材切成定尺长度。

(3) 其他精整工序。

其他精整工序包括成品的热处理、成品的检验等。

8.3　螺纹钢棒材生产设备选型和设计

8.3.1　轧制设备

1. 轧机类型和布置形式

(1) 横列式轧机。这种轧机是最早使用的棒材轧机，它分为单列式和多列式两种。目前，单列式轧机已被淘汰。

(2) 半连续式轧机。这种轧机是横列式轧机的改进版本，它的粗轧机组使用传统连续式轧机，其余机组使用横列式轧机。这种轧机可以大大提高产品的尺寸精度，而且可以用很大的张力来对产品进行拉钢轧制。

(3) 传统连续式轧机。这种轧机可以实现自动化轧制，并且轧制速度较高，因此它的生产能力很高。与横列式轧机相比较，传统连续式轧机有着轧制速度高、产品尺寸精度高、产量高、轧件沿长度方向上的温差小等特点。

本设计车间全部机组采用传统连续式轧机，粗、中、精轧车间机组由 18 架短应力线轧机组成，粗轧机组所有偶数架轧机为可平立转换式线轧机。

2. 轧机主要参数

主轧机基本参数见表 8-9。

表 8-9　主轧机基本参数

机组	机架代号	轧机类型	轧辊尺寸/mm					主电机	
			轧辊直径	辊身长度	辊颈直径	辊颈长度	速比 i	功率/kW	转速/(r/min)
精轧机组	1H	二辊水平	700	650	350	315	93.779	550	400/1200
	2V	二辊立式	700	650	350	315	77.76	550	400/1200
	3H	二辊水平	610	650	305	305	53.499	550	400/1200
	4V	二辊立式	610	650	305	305	39.98	550	400/1200
	5H	二辊水平	610	650	305	305	30.942	800	510/1200
	6V	二辊立式	610	650	305	305	23.062	800	510/1200
	7H	二辊水平	500	600	250	250	14.415	800	510/1200

续表

机组	机架代号	轧机类型	轧辊尺寸/mm					主电机	
			轧辊直径	辊身长度	辊颈直径	辊颈长度	速比 i	功率/kW	转速/(r/min)
中轧机组	8V	二辊立式	500	600	250	250	10.326	800	510/1200
	9H	二辊水平	500	600	250	250	7.57	800	510/1200
	10V	二辊立式	500	600	250	250	5.69	800	600/1200
	11H	二辊水平	400	600	200	200	3.289	800	600/1200
	12V	二辊立式	400	600	200	200	2.57	800	600/1200
	13H	二辊水平	400	500	200	200	1.973	1000	600/1200
粗轧机组	14V/H	二辊平立转换式	400	500	200	200	1.579	1000	600/1200
	15H	二辊水平	300	500	150	150	1.925	1000	600/1200
	16V/H	二辊平立转换式	300	500	150	150	1.581	1000	600/1200
	17H	二辊水平	300	500	150	150	1.338	1000	620/1200
	18V/H	二辊平立转换式	300	500	150	150	1.162	1000	620/1200

8.3.2 传动力矩计算

轧制力矩：

$$M_z = 2Pl_c\left(\frac{d_1m + d_2}{m + d_3}\right) \tag{8-7}$$

式中 M_z——轧制力矩，kN·m；

P——垂直压力，N；

m——变形区形状参数；

l_c——平均接触弧长度，mm；

d_1——轧制前连铸坯平均高度，mm；

d_2——轧制后连铸坯平均高度，mm；

d_3——轧制变形区的连铸坯高度，mm。

按金属对轧辊的作用力计算轧制力矩，则有

$$M_z = 2Pa = 2P\Psi l_i \tag{8-8}$$

式中 P——垂直压力，N；

Ψ——轧制力臂系数，取 $\Psi=0.55$；

l_i——接触弧长度，mm。

$$l_i = \sqrt{R\Delta h} \tag{8-9}$$

式中　R——轧辊半径；

Δh——连铸坯厚度变化量。

各道次轧制力矩见表 8-10。

表 8-10　各道次轧制力矩

道次	轧制力矩 M_z/(kN·m)	道次	轧制力矩 M_z/(kN·m)
1	266.05	10	88.91
2	165.56	11	28.46
3	220.54	12	62.24
4	136.06	13	25.27
5	174.87	14	103.65
6	171.41	15	30.01
7	58.23	16	50.31
8	148.85	17	11.61
9	79.3	18	14.14

8.3.3　螺纹钢棒材设备负荷计算

1. 轧机小时产量

轧机实际生产能够达到的小时产量用下式表示：

$$A_p = \frac{3600}{T} \times Q \times k_1 \times b \tag{8-10}$$

式中　Q——原料质量，t；

k_1——轧机的材料利用系数；

b——成材率，取 $b=94\%$；

T——轧制节奏时间，s。

$$\begin{aligned} Q &= \text{坯料的长度(m)} \times \text{坯料截面积(m}^2\text{)} \times \text{钢材密度(t/m}^3\text{)} \\ &= 10 \times 0.0272 \times 7.85\ \text{t} = 2.1352\ \text{t} \end{aligned} \tag{8-11}$$

轧机的材料利用系数 $k_1=0.85$，成材率 $b=0.94$，轧制节奏时间 $T=37.85$ s，则产品的小时产量为

$$A_p = \frac{3600}{T} \times Q \times k_1 \times b = 162.2639\ \text{t}$$

2. 车间年产量

车间年产量的计算公式为

$$A = A_p \cdot T_{jw} \cdot k_2 \tag{8-12}$$

式中　A——车间每年总产量，t/a；

A_p——每小时的平均产量，t/h；

T_{jw}——每年轧机的计划工作时间，h；

k_2——时间利用系数。

$$T_{jw} = (365 - T_1 - T_2 - T_3) \cdot (24 - T_4) \tag{8-13}$$

式中 T_1——大修时间；

T_2——中小修时间；

T_3——换辊时间；

T_4——交接班时间。

车间年产量为

$$A = A_p \cdot T_{jw} \cdot k_2 = 162.2639 \times 8154 \times 0.95 \text{ 吨} = 125.694 \text{ 万吨}$$

8.3.4 螺纹钢加热设备

(1) 加热炉炉型：步进式加热炉。

(2) 加热炉产量计算：

$$Q = \frac{PF}{1000} \tag{8-14}$$

式中 Q——加热炉每小时平均产量，t/h；

P——炉底有效强度，kg/m^2；

F——炉底布料面积，m^2。

$$F = L \cdot l \tag{8-15}$$

式中 L——炉底有效长度，m；

l——加热料长，m。

设加热炉长度为 36 m，每根坯料之间的距离为 0.2 m，可加热坯料数量为

$$n = (36 \div 0.2) \text{ 根} = 180 \text{ 根}$$

考虑到坯料在炉内循环，只放置 170 根，则炉底布料面积为

$$F = 10 \times 170 \times 0.2 \text{ m}^2 = 340 \text{ m}^2$$

(3) 炉子宽度。

双排料时，炉子宽度为

$$B = l + 2c \tag{8-16}$$

式中 l——来料长度最大值，m；

c——间隙距离。

$$B = l + 2c = (10 + 2 \times 0.3) \text{ m} = 10.6 \text{ m}$$

本设计中取炉宽 B=15 m。

(4) 推钢机选择。

推力 P 计算式为

$$P = QF \tag{8-17}$$

式中 Q——被推金属的质量，t；

F——摩擦系数，取 0.5～0.6。

8.4　螺纹钢棒材生产车间布置

8.4.1　螺纹钢棒材车间布置设计

1. 平面布置原则

平面布置应满足以下原则：

(1) 工艺流程畅通、合理；

(2) 考虑产品未来发展需要；

(3) 设备间不会互相产生影响，并且要考虑工人的劳动条件；

(4) 各跨的位置要合理，在满足工艺要求的同时还要节省成本；

(5) 为了车间各部分联系方便，应尽量缩短各部分的运输距离。

2. 工艺流程线确定

工艺流程线布置是车间布置的主要环节，它反映生产的各类产品由原料到成品的过程，把所选定的设备与设施布置在相应工序的工艺流程线上，同时要考虑中间的堆料场地以及运输等。常用的工艺流程线如图 8-3 所示。

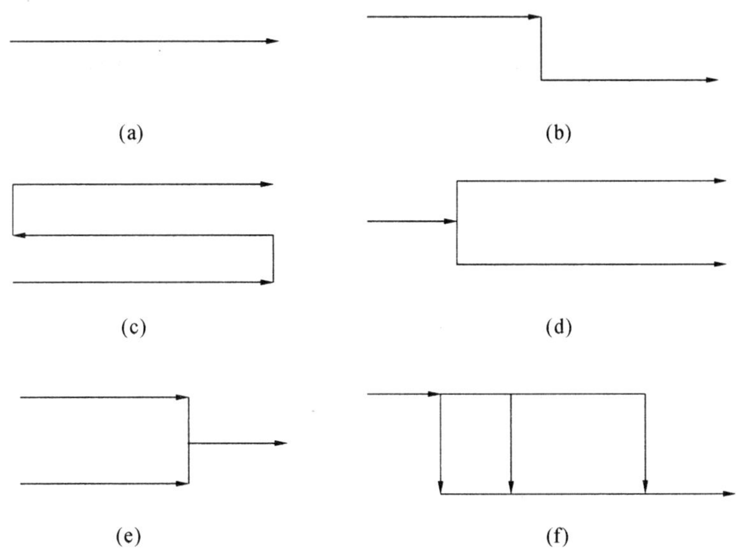

图 8-3　工艺流程线

(a) 直线式；(b) 直线横移式；(c) 曲折式；(d) 放射式；(e) 汇聚式；(f) 过渡式

(1) 直线式(见图 8-3(a))，从生产的连续性及运输等方面看是最合理的，因此常用于连轧机的布置。但这种工艺流程线受到厂房长度的限制。

(2) 直线横移式(见图 8-3(b))，主要用于管材车间。

(3) 曲折式(见图 8-3(c))，节省厂房长度，适合多跨的车间。

(4) 放射式(见图 8-3(d))，常用于由一台设备加工后的料坯送到两台以上相同设备继续加工的情况。例如,由一台轧机轧制后的料坯进入两台以上平行布置的机组中继续进行轧制,可采用放射式布置。

(5) 汇聚式(见图 8-3(e)),常用于分别由两台以上相同或不同设备加工后的料坯送到一台设备加工时的情况。

(6) 过渡式(见图 8-3(f)),当布置很多相同设备时才采用此种方案,如精整工段。

本设计车间采用的金属流程线是以上六种方式的综合。

3. 设备间距的确定

(1) 加热炉到轧机的距离。

加热炉到轧机的间距一般为 15 m。

(2) 轧机间的距离。

粗轧机间距为 2.5 m;粗轧机到中轧机的间距为 18.5 m;中轧机间距为 2.1 m;中轧机到精轧机的间距为 8.4 m;精轧机间距为 4.2 m。

(3) 轧机到切断设备的距离。

粗轧机到飞剪的距离为 5 m,精轧机到飞剪的距离为 20 m。

4. 仓库面积的计算

(1) 原料仓库面积:

$$F = \frac{24Ank}{0.7qh} \tag{8-18}$$

式中:F 为原料仓库面积,$\mathrm{m^2}$;q 为单位面积的原料质量,t;h 为每堆原料堆放高度,m;A 为轧机小时产量,t/h;n 为存放天数;k 为金属综合消耗指数。

$$F = \frac{24 \times 85.157 \times 7 \times 1.09}{0.7 \times 6 \times 2}\ \mathrm{m^2} = 1856\ \mathrm{m^2}$$

(2) 成品仓库面积:

$$F = \frac{24 \times 85.157 \times 7 \times 1.09}{0.7 \times 5.3 \times 2.2}\ \mathrm{m^2} = 1911\ \mathrm{m^2}$$

(3) 中间仓库面积:

$$F = \frac{Q}{q} \qquad Q = A \cdot T \cdot \mu \tag{8-19}$$

式中:q 为单位面积的材料质量,取 $q=2.65\ \mathrm{t/m^2}$;Q 为堆放量,t;A 为轧机平均每天的产量,t/d;T 为生产周转时间,d;μ 为轧机的产量与各项精整设备的不平衡系数。

$$Q = 2001 \times 4 \times 0.8\ \mathrm{t} = 6403\ \mathrm{t}$$

$$F = \frac{Q}{q} = \frac{6403}{2.65}\ \mathrm{m^2} = 2416\ \mathrm{m^2}$$

8.4.2 螺纹钢棒材车间平面图和立面图

本设计的车间平面图和立面图如图 8-4 和图 8-5 所示。

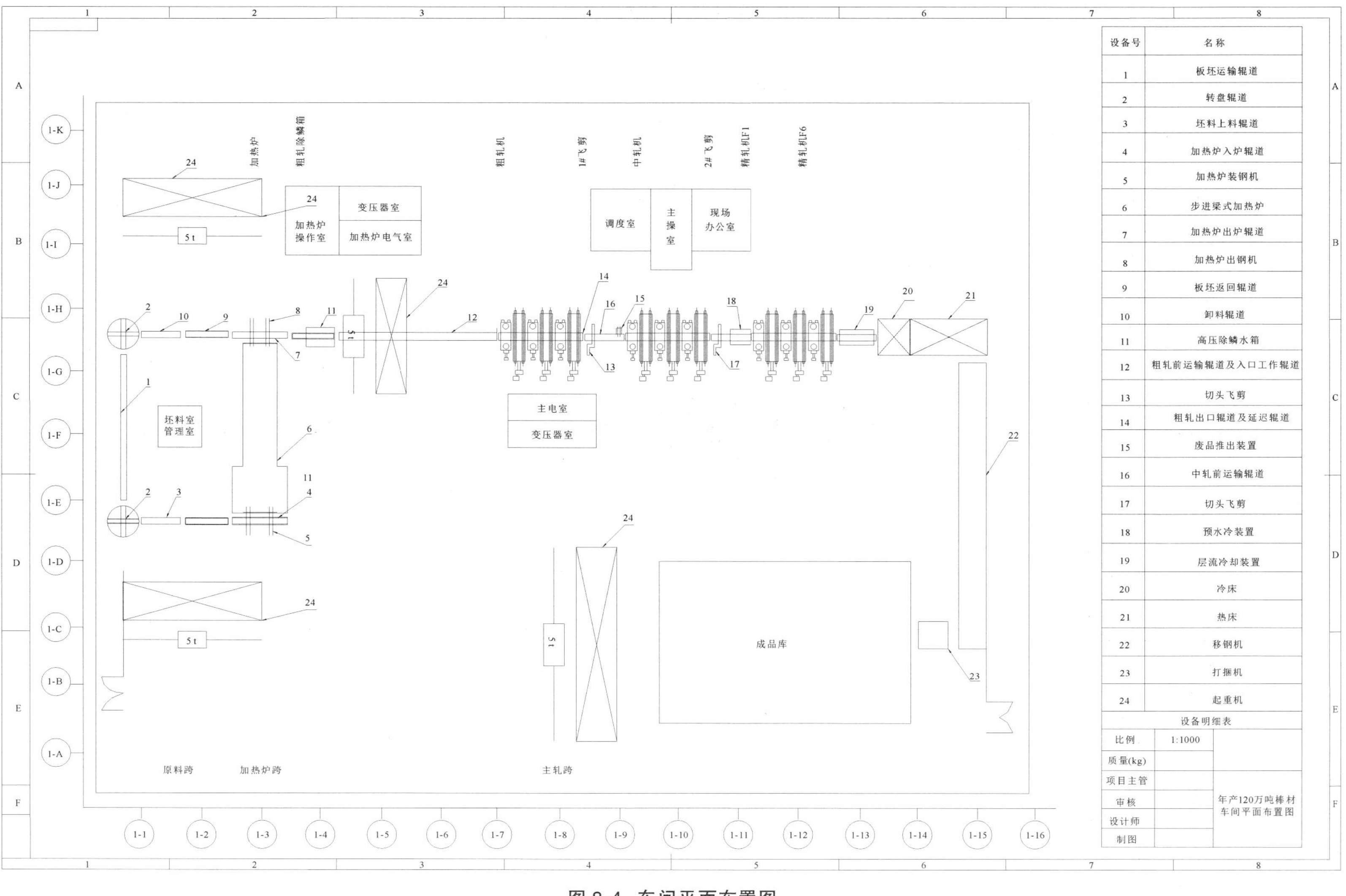

设备号	名称
1	板坯运输辊道
2	转盘辊道
3	坯料上料辊道
4	加热炉入炉辊道
5	加热炉装钢机
6	步进梁式加热炉
7	加热炉出炉辊道
8	加热炉出钢机
9	板坯返回辊道
10	卸料辊道
11	高压除鳞水箱
12	粗轧前运输辊道及入口工作辊道
13	切头飞剪
14	粗轧出口辊道及延迟辊道
15	废品推出装置
16	中轧前运输辊道
17	切头飞剪
18	预水冷装置
19	层流冷却装置
20	冷床
21	热床
22	移钢机
23	打捆机
24	起重机

设备明细表		
比例	1:1000	年产120万吨棒材车间平面布置图
质量(kg)		
项目主管		
审核		
设计师		
制图		

图 8-4　车间平面布置图

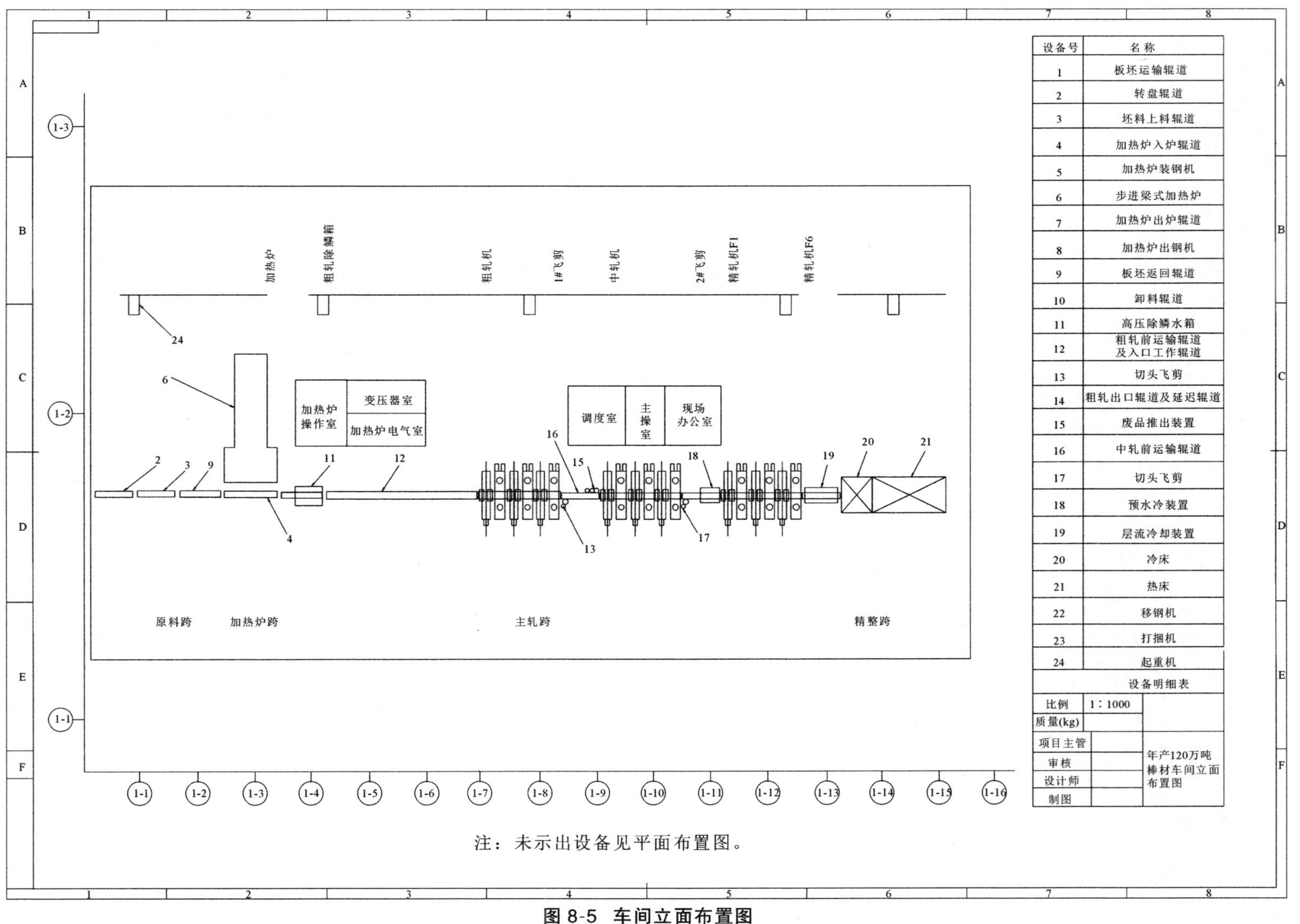

注：未示出设备见平面布置图。

图 8-5 车间立面布置图

8.5　螺纹钢棒材物料和能源介质衡算

8.5.1　金属平衡表编制

1. 金属消耗

金属消耗系数的计算公式为

$$K=\frac{W-Q}{Q} \tag{8-20}$$

式中：K 为金属消耗系数；W 为投入坯料质量，t；Q 为合格产品质量，t。

成材率：

$$b=\frac{Q-W}{Q}\times 100\% \tag{8-21}$$

式中：Q 为原料量，t；W 为金属消耗量，t。

2. 金属消耗量的组成

（1）烧损：金属在高温环境下会产生氧化皮。其中，步进式加热炉加热连铸坯的烧损为 0.5%～1.5%。

（2）切损：约占 5%。

（3）工艺损失：因操作不当导致事故产出废品的损失。合金钢的工艺损失占 1%～3%。

3. 所需坯料计算

设坯料总重为 X 万吨，则

$$X-X\times 1.5\%-X\times 5\%-X\times 2\%=120$$

得

$$X=131.15\ \text{万吨}$$

所以，本设计车间需要 131.15 万吨坯料，规格为 165 mm×165 mm×10000 mm。

4. 金属平衡表

由金属消耗量分析可知，本设计生产车间中热轧带肋钢筋的成材率大约为 91.5%，编制的金属平衡表如表 8-11 所示。

表 8-11　金属平衡表

钢种	坯料质量/万吨	金属消耗						废料总计/万吨	成材率/（%）	年产量/万吨
		烧损		切损		工艺损失				
		万吨	%	万吨	%	万吨	%			
HRB400	131.15	2	1.5	6.6	5	2.6	2	11.2	91.5	120

8.5.2 螺纹钢能源介质平衡计算

1. 冷却水计算

冷却水在预穿水段和轧后穿水段使用，每生产 1 t 螺纹钢筋约平均需要 0.2 t 水，本设计的年产量为 120 万吨，故需要冷却水 24 万吨。

2. 电计算

本设计共需轧机 18 架，总功率为 14600 kW。每年用电量约为 6394 万度，其他用电设备每年用电量约为 1000 万度。

3. 煤气计算

参考其他厂家，煤气年均单耗约为 380.30 m^3/t。本设计为年产 120 万吨棒材车间，故需煤气约 4.56×10^8 m^3。

8.6 螺纹钢棒材车间劳动定员、技术经济分析和环境保护

8.6.1 棒材车间组织机构设置

本设计车间的组织机构设置，拟采用厂长负责制，下设各个职能部门完成生产任务，如表 8-12 所示。

表 8-12 工厂组织机构设置

序号	定员人数					合计
	部门	管理人员	技术人员	普通工人	服务人员	
1	厂长办公室	1	1	1	2	5
2	副厂长办公室	2	1	1	2	6
3	技术质检部	3	15	—	2	20
4	设备部	3	12	15	—	30
5	办公室	2	—	—	3	5
6	生产部	1	10	420	5	436
7	外贸部	1	1	—	1	3
合计		13	40	437	15	505

8.6.2 棒材车间技术经济效益

1. 技术经济指标

(1) 日作业率：

$$\text{轧机日作业率} = \frac{\text{实际工作时间}}{\text{日历时间} - \text{计划大修时间}} \tag{8-22}$$

（2）有效作业率：

$$\text{有效作业率} = \frac{\text{实际工作时间}}{\text{计划工作时间}} \times 100\% \tag{8-23}$$

（3）合格率：

$$\text{合格率} = \frac{\text{合格产品数量}}{\text{产品总检验量} + \text{中间废品量}} \tag{8-24}$$

2. 产品成本估算

产品成本项目明细见表 8-13。其中，钢坯成本按 3000 元/吨计算，人均工资以 12 万元/年计算。

表 8-13　产品成本项目明细

项目	设计用量	单价	总计
原材料费	131.15 万吨	3000 元/吨	39.345 亿元
水电动力燃料费			8 亿元
人工费	505 人	12 万元/人	6060 万元
合计			47.951 亿元

3. 盈利能力分析

根据产品质量指标，该产品质量稳定。螺纹钢以均价 4500 元/吨计算，年产 120 万吨螺纹钢可以达到 54 亿元的年产值。除去建设期(2 年)的基本投资，扣除年生产成本 47.951 亿元，年利润可以达到 6.049 亿元，详见表 8-14。

表 8-14　项目盈利明细表

项目	金额/亿元	备注
年产值	54	不含建设期费用
年生产成本	47.951	
年利润	6.049	

8.6.3　棒材车间环境保护及综合应用

工厂必须严格规范“三废”的处理与排放，开展环境保护的管理工作，必须保证生产符合国家与企业的环境认证标准。工厂内危险品必须按照有关危险品的管理规定贮存、保管以及销毁等，不可以对生产区及其周围的环境造成污染。

棒材车间在生产过程中会产生一些有毒的化学物质以及各种环境噪声等，对此相关处理措施如下：

（1）在工厂和车间周围空地进行植树造林，其具有防风、防尘和降低工业噪声以及吸收某些有害的化学气体和美化环境的作用。

（2）在硫化物污染方面，采用脱硫工艺，同时增加烟囱高度。

（3）在消烟除尘方面，采取在厂区装设除尘设备的措施，同时增大植被覆盖率，以削弱烟尘的传播。

（4）在消除噪声方面，可以考虑采取的措施有合理隔离噪声源、减少冷剪产生的噪声、利用自然条件减轻噪声。

（5）对于废水的治理，企业需要加强对水质的检查和质量监测，强调废水须经处理后才能排放，并增设浓水槽、脱水机、冷却塔等废水处理装置。

思考题

8-1 螺纹钢有何典型特征？请列出典型的规格产品。

8-2 螺纹钢棒材的主要标准要求有哪些？

8-3 螺纹钢棒材和高速线材的生产方案、工艺流程有何主要区别？

8-4 生产螺纹钢的主体设备有哪些？试说明主体设备的结构形式。

8-5 对于螺纹钢的工厂选址，最主要考虑的因素是什么？

8-6 查询文献资料，试述我国螺纹钢生产状况及典型螺纹钢工厂布局。

第 9 章　板带钢热轧车间工艺设计

作为一种非常重要的金属材料，热轧板带钢（见图 9-1）在钢铁行业乃至国民经济中占有一席之地。近年来，国内外已开发出多种高科技增值钢种，如深冲热轧钢板和耐腐蚀高强度热轧钢板，满足了市场需求。在西方国家，热轧宽带钢产量占热轧钢产量的 50%以上。2016 年，中国热轧薄带钢增长 364 万吨，同比增长 6.7%。从产量数据来看，近年来中国热轧带钢产量稳定增长，但增速有所放缓。

图 9-1　热轧板带钢卷

目前，我国国民经济建设和相关产业的发展带动了宽带连续热轧技术和生产线的蓬勃发展，提高了行业的整体竞争力。中国鞍山钢铁公司于 1957 年建造了第一套 2800 mm/1700 mm 半连续热轧宽带钢轧机生产线，可以生产中等厚度的钢板和卷材，其操作模式为手动。这时国外正处于热连轧机连续铸造技术快速发展的重要时期，热轧带钢轧机生产效率得到了显著的提高，并能为冷轧机提供基料。到了 20 世纪 60 年代后期，热轧带钢轧机的轧制过程可以由计算机控制，这一时期这种工厂被称为第二代新型热轧钢厂。在 70 年代早期，日本和欧洲出现了新的轧机，也被称为第三代热轧机。

在 20 世纪末，热轧带钢在技术上取得了重大突破，板坯热装热送、连铸连轧、TMCP 控轧控冷技术普遍采用。进入 21 世纪后，热轧技术得到了进一步的提升，各大钢厂实现了现代技术的升级，生产效率大幅提高，产品质量得到了深度改善，其技术升级改造的主要方向有：

（1）采用多级计算机控制系统；

（2）更新层流冷却系统；

(3) 减少原始机架粗轧机组的数量,增加粗轧机电机功率;

(4) 更换精轧机主电机和电源设备。

钢铁材料是国家工业的基础,其中热轧板带钢更是制造业的"粮食",目前中国热轧板带钢的年产量超过1亿吨,使用范围涉及汽车、机械、造船、建筑、集装箱等行业。一般热轧板带钢普遍采用高效率的连轧机组进行生产,本设计结合目前世界最新热轧工艺技术,采用生产效率高、板带尺寸控制精度高、能控轧控冷的1780 mm热连轧机组来生产规格为(1.5～21) mm×(900～1780) mm的热轧钢卷,年产量达400万吨。

9.1 板带钢产品方案和厂址选择

9.1.1 产品大纲

本工程案例的产品大纲如表9-1所示。

表9-1 产品大纲

种类	代表钢号	产量/(t/a)	占比/(%)
普通碳钢	Q105～Q235	700000	17.5
优质碳素结构钢	08F、08A1、10～45、SPCC、SPCD、SPCE	700000	17.5
低合金结构钢	Q345、Q390、Q420、460	800000	20
管线钢	X70、X80	600000	15
耐候钢	Q295GNHL、Q345GNHL、Q390GNH、SPA-H	600000	15
汽车结构钢	HB、DP、TRIP	600000	15

年产热轧钢卷400万吨,各规格的生产计划如表9-2所示。

表9-2 各规格的生产计划 (单位:万吨)

厚度/mm	宽度/mm							合计	
	900～1000 (950)	1000～1100 (1050)	1100～1200 (1150)	1200～1300 (1250)	1300～1450 (1400)	1450～1650 (1600)	1650～1780 (1715)	产量/万吨	占比/(%)
1.5～2.0	22	13	14	19	11	11	12	102	25.5
2.0～4.5	18	9	10	10	18	11	14	90	22.5
4.5～6.5	9	7	8	6	10	11	15	66	16.5
6.0～12	9	10	10	10	9	11	9	68	17
13～21	9	11	10	10	16	8	10	74	18.5
合计 产量/万吨	67	50	52	55	64	52	60	400	—
合计 占比/(%)	16.75	12.5	13.00	13.75	16.00	13.00	15.00	—	100

9.1.2 板带钢产品质量标准

本设计执行《热轧钢板和钢带的尺寸、外形、重量及允许偏差》(GB/T 709—2019)标准,包含规格标准、技术条件、试验标准和交付标准等内容。产品标准有国家标准、国际标准、部颁标准和企业标准。企业通过生产标准轧制产品，并不断改进生产技术从而获得更高的产品质量，以满足用户需求。钢板因不同用途而有不同的技术要求，但根据其相似的形状特点和使用条件，其技术要求可以概括为如下方面：板材的尺寸精度、板型和表面性能。本设计的产品质量要求见表 9-3。

表 9-3　钢板长度允许偏差

公差厚度/mm	钢板长度/mm	长度允许偏差/mm
≤4	≤1500	+10
	1500～2000	+15
	＞2000	+10
4～16	2000～6000	+25
	＞6000	+30
	≤2000	+15
16～60	2000～6000	+30
	＞6000	+40

9.1.3　板带钢厂址选择

南宁市具有丰富的水电资源，穿城而过的邕江每日供水超过 114 万吨，占南宁总供水能力的 90%。南宁周边除了金鸡滩水电站和西津水电站之外，来宾电厂也常年对南宁进行供电，这让南宁的电力资源相当丰富，电价也较为便宜。这对生产相当有利。

南宁市内高校众多，还有很多流动人口，这将为工厂提供充足的优质人才资源。从地理上看，南宁坐落于盆地之中，地形平坦，非常适合建工厂。同时，南宁作为西南地区连接出海通道的综合交通枢纽，交通十分便捷和发达，非常有利于运输产品和原料。南宁是中国—东盟博览会的举办地，加之“一带一路”倡议，都会为本厂带来广阔的市场和政策扶持。

考虑以上条件，本厂计划在南宁市邕宁区修建。

9.2　板带钢工艺流程设计

9.2.1　工艺制度设计

1. 工艺流程

本设计将传统轧制和直接轧制（连续铸造直接轧制，CC-DR）结合起来。

直接轧制（CC-DR）：当连铸机和连轧机的生产计划匹配时，标出具有合格表面质量和内部质量的高温连铸坯料，将其从连铸机加热器输入辊送入加热器加热，温度可达到 1100 ℃，然后直接输送到轧机进行轧制。

直接热轧(连铸坯直接热装轧制,DHCR):当连铸机和连轧机的生产计划匹配时,标记出具有合格表面质量和内部质量的连铸坯料,并将其从连铸机的输送辊道送出,直接送到轧机轧制,炉内温度大于或等于 850 ℃。

热轧(连铸坯直接轧制,HCR):打标后合格的连铸板直接输送至辊道中,由钳子起重机吊入保温坑堆积。根据生产计划,将热板从保温坑用装载起重机送入加热炉输入辊,然后送到加热炉进行加热,平均炉温为 600 ℃。加热至轧制温度后出炉送去轧制。

高温连铸坯料被送到配备有边缘加热器的轧制线辊道。辊道的两侧均设有边缘加热器,以在推进过程中加热连铸坯料,使温度达到设定值。如果轧制速度慢于连续铸造速度,则将已发送的坯料存储在要轧制的保温坑中。

首先用高压水进行除鳞,再用飞剪将带钢坯的头和尾切除,然后将带钢坯穿过精轧机前面的辅助除鳞箱,以除去带钢坯表面的氧化皮,最后进入精轧机。

该带材通过精轧单元 F1 至 F7 被轧制成 1.5～21 mm 厚的精轧带。液压厚度自动控制(AGC)系统控制精轧机保持良好的带钢厚度精度,该系统具有较高的灵敏度和控制精度,CVC 轧机也用于精轧单元 F1 至 F7 中。为了降低轧制功率并改善钢带的表面质量,F1～F7 精轧机在轧制过程中采用润滑剂。在轧制过程中,它配备了动态弯辊系统,可以动态调整板的形状,实现板形的闭环控制。为了检测板的形状,在 F7 精轧机的出口处安装了形状计、平面度计、厚度计、宽度计和高温计。

成品带钢称重并打印钢卷后,根据下一步工序确定钢卷的流向。

用于冷轧的钢卷在热轧钢卷仓库中由起重机卸下并冷却。为了避免轧辊塌陷,将热轧钢卷在仓库中分两层堆叠,堆叠一到两天,冷却后运走。作为热轧机交付的钢卷应通过成品卷取设备进行抽样检查。

综上所述,可确定生产工艺流程图,如图 9-2 所示。

2. 工艺制度

(1) 板坯的验收应按照连铸板坯技术标准进行。连铸板坯的技术标准以及形状和尺寸公差要求如表 9-4 所示。

表 9-4　板坯外形和尺寸公差

项目	厚度	宽度	长度	镰刀弯	上下弯
公差/mm	±15	±15	±30	长坯,≤40;短坯,≤20	长坯,≤40;短坯,≤20

(2) 板坯堆垛标准。

板坯堆垛标准见表 9-5。

表 9-5　板坯堆垛标准

项目	垛高	垛间距离	每垛堆放块数
参数	不大于 2800 mm	1350 mm	最多 10 块

(3) 其他规定。

① 将线下的板坯编号与计算机显示的板坯编号和轧制时间表上的板坯编号进行比较,这三个必须一致。

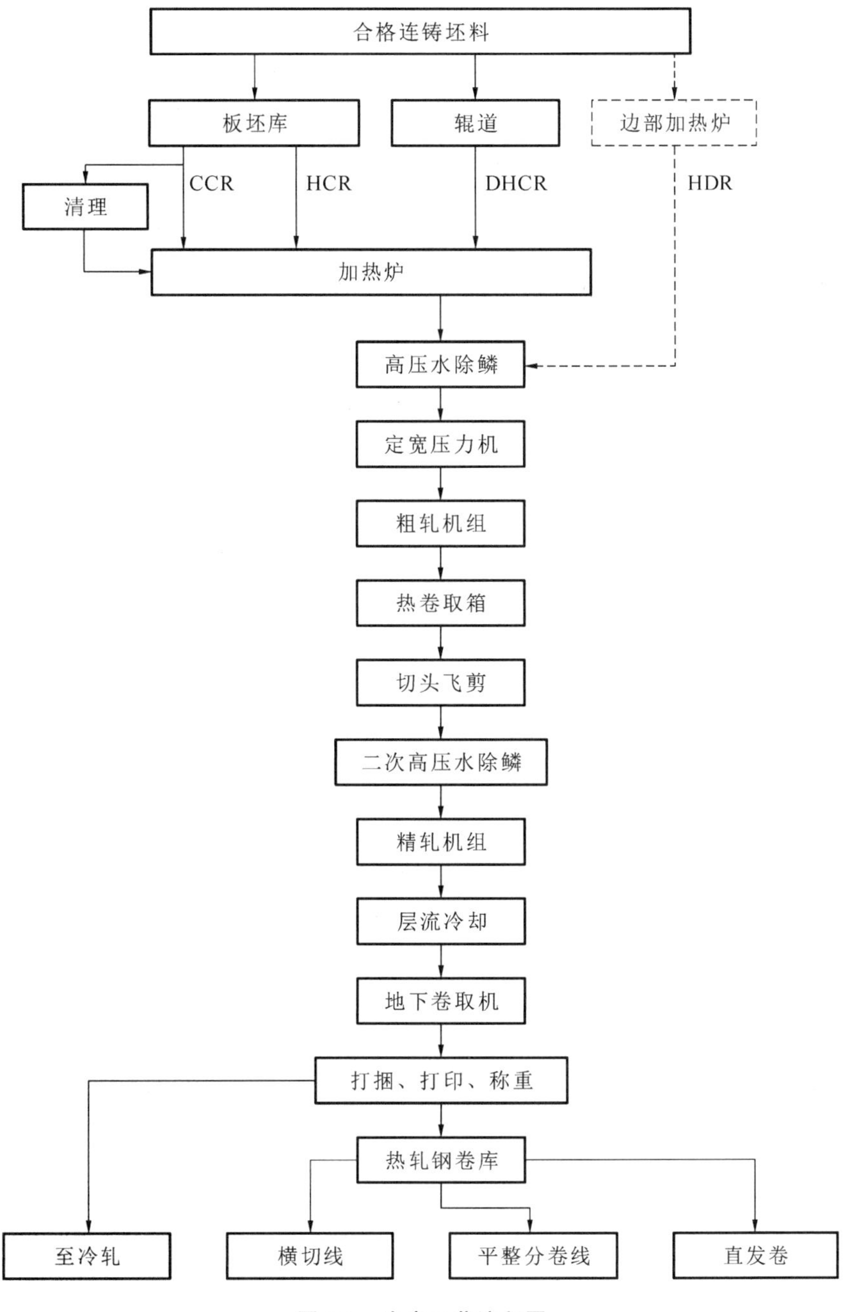

图 9-2 生产工艺流程图

② 应测量视觉上尺寸、形状和表面质量异常的板，以检查其是否符合板坯技术条件中的相关规定。

③ 板坯称量机的测量质量与连铸机计算机输入的理论质量之间的误差不应超过±200 kg。

④ 对于温度高于 1050 ℃的平板，请将其直接安装在边缘加热器中。对于温度低于 1050 ℃的合格平板，将其送入保温坑进行堆叠。

⑤ 异常板坯的处理：将检验项目不符合要求的板坯进行标记。

3. 加热制度

加热系统技术参数包括加热温度、加热时间和加热速度。

(1) 加热要求：制定合理的加热程序；将钢的加热温度严格控制在规定范围内；加热结束时坯料的温度必须均匀；防止各种加热缺陷。

(2) 加热温度：在加热高合金钢时，应严格控制加热温度范围。

(3) 加热速度：指单位时间内钢的温度变化。

(4) 加热时间：可根据经验公式或现场实际情况确定。

本设计使用 F. 黑斯公式计算加热时间：

$$\tau = \frac{KS}{1.24 - S} \tag{9-1}$$

式中：τ 为加热时间，h；S 为钢坯厚度，m；K 为加热系数，一面加热取 $K=22.7$，双面加热取 $K=13$。

加热炉中坯料的加热温度随钢种不同而变化，并取决于实际工艺。

4. 轧制制度

本设计精轧机选择 CVC 轧机。轧制系统设计的关键是确定合理的工艺参数，主要包括以下内容。

(1) 压下系统。

有关内容，请参阅后文的参数确定部分。

(2) 速度系统。

梯形速度图用于 R1 和 R2 的可逆基座。如果咬合不是问题，请使用全速咬合和全速滚动，否则使用低速咬合、高速滚动和低速投掷。精轧机组采用一级加速轧制方法。

(3) 温度系统。

粗轧的开轧温度通常为 1150～1200 ℃，精轧的开轧温度通常为 950～1000 ℃。

(4) 张力系统。

张力主要与带材的硬度、厚度和宽度有关。坚硬、厚实和宽条的带材使用较大的张力；相反，使用微张力轧制。机架之间的张力由弯针自动调节。

(5) 卷取系统。

① 精轧机组采用 CVC 辊型。

② 在每个轧辊表面上的重车削量为 0.5～5 mm，重磨量为 0.01～0.5 mm。

③ 换辊系统采用快速换辊技术，每个齿条辊的换辊周期如表 9-6 所示。

表 9-6 换辊周期

轧辊	粗轧机 R1	粗轧机 R2		精轧机组	
		工作辊	支撑辊	工作辊	支撑辊
周期	1 次/3 周	2 次/周	1 次/周	2～3 次/班	F1～F3：1 次/周 F4～F7：1 次/周

(6) 滚环张力系统。

弯针将速度校正信号发送到所有先前的主驱动器用于控制。当两个架子的流速不同时，它们之间的条带长度也相应地改变，这将导致弯针的高度和角度改变。

① 轧机无带钢时的参考值：在换辊操作过程中必须抬起弯针，并且位置参考值可以达到最大值。一旦位置参考值达到最大值并且伺服阀处于可调整状态的时间达到设定值后，必须通过关闭止回阀并使控制器失效来关闭伺服阀，同时，在该位置，活套可以被锁定，并且可以手动操作与调节活套。

② 带材进入轧机时的参考值：弯管器的角度参考值会不断减小，并且弯管器会立即降低到轧制线以下，因为较大的弯管器可能会导致条带进入下一个机器时发生折叠。此时，前一帧速度缓慢降低，但带材张力保持恒定。

③ 未装入框架时，弯针器控件关闭。同时，位置控制器的实际弯针值必须设置为新的参考值，以防止弯针进一步操作。

(7) 滚动润滑系统。

乳化喷头安装在所有轧机的入口处，用于辊间隙润滑，以减小辊磨损和减轻辊弯曲并改善带钢的表面质量。

① 辊间隙润滑系统的优点：可以延长工作辊的使用寿命并减少重型卡车的数量；生产薄带钢时降低轧制力和轧制力矩；降低剪切应力，提高带材的表面质量和拉深性能；降低生产成本；减少能源消耗。

② 辊间隙润滑系统的工作原理：根据轧机后部板型仪，沿辊面测量不同区域板面的压应力分布情况，计算出轧辊面各部分所对应的温升差异，并与设定值比较，通过定点和分段控制乳化液的喷射量，对轧辊温度不均匀部分进行喷淋冷却润滑，使轧辊应力均匀分布，实现板型控制。

宽度不同的带钢的乳化液体流量不同，在宽度方向上乳化液体流量的理论值为 40～50 L/s。如果偏差超过 20%，则在轧制完成后关闭油阀。

5. 冷却制度

冷却系统采用层流冷却，冷却方法包括前段冷却和后段冷却。

(1) 前段冷却：在钢带的上、下部对称喷水，适用于厚度大于 1.6 mm 的普通碳钢；

(2) 后段冷却：适用于厚度小于 1.6 mm 的钢带。

6. 卷取制度

(1) 卷取工艺系统。

① 精轧的进料要求：应清楚看到进料的头部，并及时与精轧机接触。

② 精轧机输出辊速度的设定：根据带材的厚度，使用不同的速度校正因子和超前率来确保带材的正常运行。为了避免钢带表面刮擦，不允许输出辊道带有不旋转的辊，并且最多只能旋转 2 个辊。

③ 层流冷却的设定：必须冷却至所需的卷取温度。

④ 设定压紧辊间隙：原则上辊缝尺寸应小于带钢的厚度。

⑤ 设定卷绕张力：为了在卷取过程中保持一定的张力，应控制冷却辊的速度。

(2) 卷取步骤。

第一阶段:准备好对下一个带材实行速度控制。

第二阶段:开始卷取,钢带头开始进入 1 号辅助辊。

第三阶段:确定卷轴张力,卷取 1～1.5 圈后,卷轴会膨胀,并且卷轴和带钢表面会产生静摩擦。此时,卷轴上建立了张力,速度达到了领先水平。随着线圈直径的增加,电机的扭矩将稳定增加,从而使带材的张力达到恒定值。

第四阶段:卷取,为确保带材在卷取过程中保持恒定的张力,需要在线计算电机的扭矩。当钢带的尾部离开时,压紧辊必须承受所有的拉力。

第五阶段:带钢尾部位于层流冷却区并到达减速位置。为了停止带尾,卷取机和压紧辊需减速,下降过程必须缓慢。

第六阶段:当钢带的尾部位于压紧辊上时,产生一定的制动扭矩。

第七阶段:停放渔线轮时,将尾巴定位于预定位置。

第八阶段:卸载,当卸载卡车将钢卷运输到输送线时,滚筒以低速倒转,轿厢到达终点时停止。

(3) 卷轴工作系统。

卷轴工作系统的作用是使卷轴膨胀或收缩。

为了确保成品钢卷能顺利地从卷轴上卸下,在卷轴卷取之前对卷轴进行预膨胀,并在盘绕 1～1.5 圈时将卷轴完全膨胀。此时,张力将达到全张力的 90%,并且该张力将在下一个卷绕过程中保持不变。缠绕完成并停止后,卸载小车的提升辊会以适当的压力接触钢卷的下表面,并且滚筒会收缩。

(4) 辅助辊的工作系统。

卷轴周围安装三个辅助辊,辅助辊具有以下功能:

① 在卷筒完全展开以建立所需的张力之前,引导带材的头部缠绕卷筒并将带材紧紧地缠绕在卷筒上;

② 当带材的尾部离开压紧辊时,确保带材的最后几圈不会被辅助辊弄松;

③ 在带材进入卷轴之前,将辅助辊切换至速度控制,并以卷轴的速度加上预先设定的值旋转,卷轴建立张力后,防滚辅助辊将打开,速度降低到卷轴的速度;

④ 可以防止带钢在卷绕过程中被损坏和刮伤。

9.2.2 板带钢粗轧工艺参数确定

1. 粗轧温度

为了确定每道次的轧制温度,必须获得每道次的温降。

粗轧温降为

$$\Delta t = 12.9\,\frac{z}{h} \times \left(\frac{T_1}{1000}\right)^4 \tag{9-2}$$

式中 z——辐射时间,即该道次的纯轧时间加上间隙时间,s;

h——该道次轧后厚度,mm;

T_1——前一道次的绝对温度,℃。

开轧温度一般为 1150～1200 ℃，取为 1180 ℃。

2. 粗轧速度

梯形速度图表用于粗轧机速度系统。在确定咬合速度 n_y 时，应考虑咬合条件，即为了改善咬合条件，可以降低咬合速度。当咬合条件不限制压下量时，咬合速度根据间隙时间确定。

投掷速度 n_p 是根据辊道之后的间隙时间确定的。例如，在第二辊道，通过调节拧紧螺钉所确定的间隙时间 t_0 很小，若投掷速度过高，则间隙时间延长，进而生产率降低。因此，应使用低速投掷。第三次通过辊道后，垂直辊需要侧向压力，可以使用较高的投掷速度。第四次通过辊道之后，如果轧制件进入下一轧制机架，则可以使用最高轧制速度。本设计按照梯形速度图表（见图 9-3）进行粗轧。合理选择各道次的速度图，计算各道次的纯轧时间和间隙时间。

$$t_f = \frac{n_h - n_y}{a} + \frac{n_h - n_p}{b} + \frac{1}{n_h}\left(\frac{60L}{\pi D_1} - \frac{n_h^2 - n_y^2}{2a} - \frac{n_h^2 - n_p^2}{2b}\right) \tag{9-3}$$

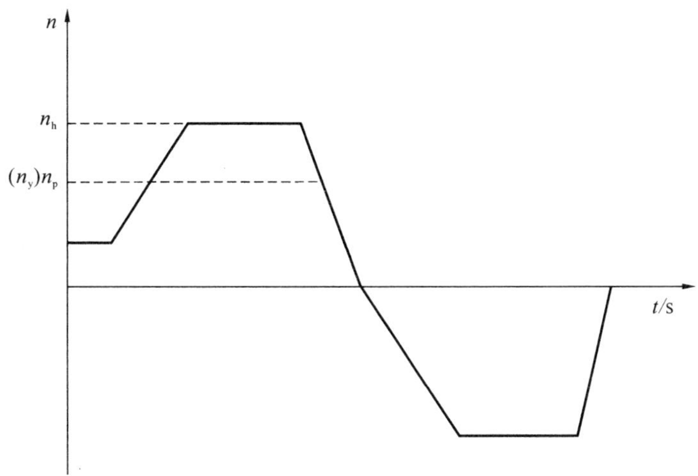

图 9-3　粗轧轧制时采用的梯形速度图表

式中　t_f——纯轧时间，s；

n_h——速度图的恒定转速，r/min；

n_p——投掷速度，r/min；

n_y——咬合速度，r/min；

a——加速度，r/min²；

b——减速度，r/min²；

L——该道次的轧后长度，mm；

D_1——工作辊直径，mm。

采用梯形速度图表时，粗轧机组的纯轧时间按式（9-3）计算。

3. 粗轧压下量

粗轧机采用 R1 轧制 1～3 道次，R2 轧制 1～3 道次，压下率根据直接分配方法进行分配，然后根据一些约束进行修改。热连轧机的总变形量和每道次的压下量应根据板坯尺寸、轧机机架数、轧制速度和产品厚度合理确定。通常，在粗轧机中，可以将厚度为 280 mm 的板坯轧制成厚度为36～60 mm的中间带。

(1) 压下量分配原则。

① 利用高温、良好的塑性和厚轧制品的优势，尝试使用大压下量，同时考虑轧辊的强度。粗轧的变形量占总变形量的70%～80%。

② 尽可能提高由粗轧机轧制的带钢的温度，以提高最终轧制温度。

③ 中间带的厚度应尽可能大。

(2) 分配法。

① 在第一次咬合过程中考虑了坯料的厚度偏差，无法给出最大减小量；

② 中间轧制应尽可能地以设备能力所允许的最大减小量进行；

③ 最后道次应控制出口的厚度和带坯的形状，以减小压下量。

根据咬合条件，以及压下量和相对压下量的要求，可以计算出带钢粗轧出口的厚度。粗轧机组压下量的分布如表9-7所示，粗轧机出口的目标厚度如表9-8所示。

表9-7　粗轧机组压下量分布

粗轧道次	1	2	3	4	5	6
压下量/mm	15～23	20～30	20～35	25～40	30～50	30～35

表9-8　粗轧机出口目标厚度

终轧厚度/mm	1.5～2.0	2.1～4.5	4.6～6.0	6.1～12.7	12.8～25.4
粗轧机出口厚度/mm	36	36	38	40	42

9.2.3　板带钢精轧工艺参数确定

1. 精轧压下量

(1) 压下量的分配原则。

为了确保最后几道次带钢的形状、厚度精度和表面质量，压下量应逐渐减小。为了保证钢带的机械性能，最后一台轧机的压下率应大于10%。

(2) 分配法。

考虑了带材厚度可能波动和咬合困难等，第一台精轧机的压下量略小于最大压下量。第二至第四台精轧机应充分利用设备能力以较大减小量进行轧制，随后道次逐渐减小，并确保最终道次的压下率为10%～16%。

本设计使用经验方法，压下量的分布如表9-9所示。

表9-9　精轧机的压下量分布

精轧机机架	1	2	3	4	5	6	7
压下量/mm	28～50	30～50	30～48	25～45	20～31	20～30	10～16

2. 精轧速度

在确定每个机架的速度之前，先确定最后一台轧机的速度，然后得出其他轧机的速度。为了尽可能获得较高的最终轧制温度，应尽可能选择较大速度。确定精轧机每个机架的速度时，金属的秒流量应相等，即

$$h_1 v_1 = h_2 v_2 = \cdots = h_6 v_6 = h_7 v_7 = \text{常数}$$

式中：v_1、v_2、…、v_7 为各道次轧制速度；h_1、…、h_7 为各道次带材厚度。

本设计采用一级加速系统，速度图如图 9-4 所示。

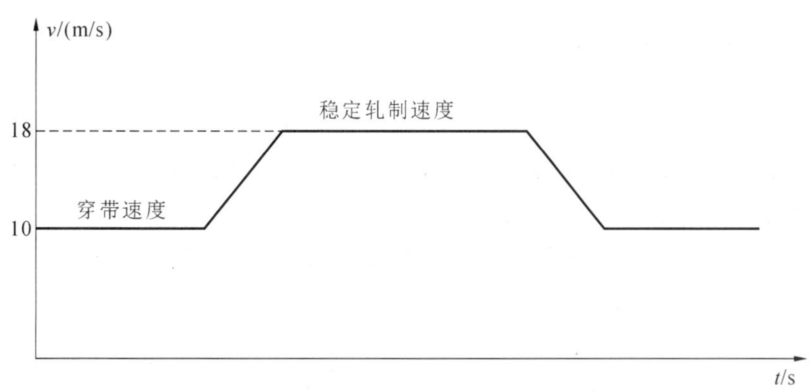

图 9-4 精轧机末位机架的速度

此外，还需验证工作速度是否在速度锥范围内，即

$$v_{min} \leqslant v \leqslant v_{max}$$

设计出的精轧速度范围如图 9-5 所示。

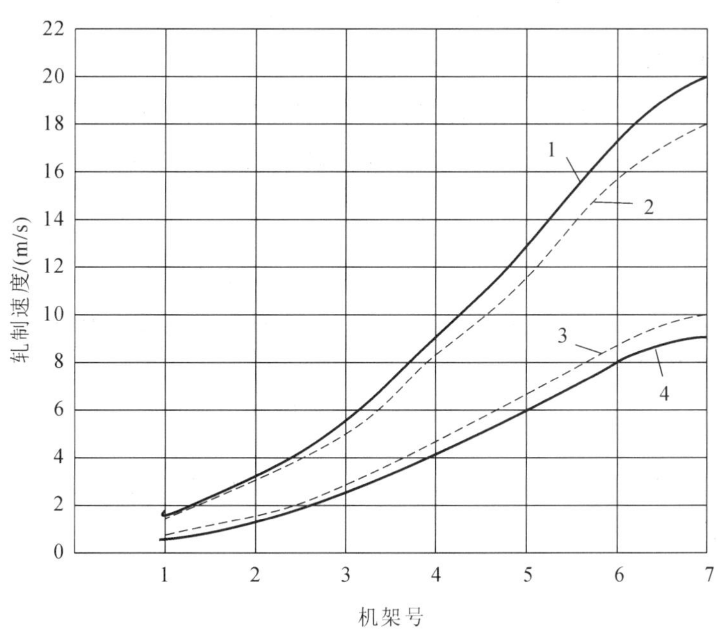

图 9-5 精轧机各机架的速度范围

1—入口最大速度；2—入口最小速度；3—出口最大速度；4—出口最小速度

3. 精轧温度

带材毛坯在中间辊道上冷却，根据辐射散热计算精轧温度。带材进入精轧第一机架的尾部温度 T_1 为

$$T_1 = \frac{T_0}{\sqrt[3]{1+\frac{0.0386z}{h}\times\left(\frac{T_0}{1000}\right)^4}} \tag{9-4}$$

式中：T_0 为粗轧末道尾部温度，℃；z 为带坯在中间辊道的停留时间，s；h 为轧件粗轧末道的出口厚度，mm。

轧件通过精轧机组的总温降为

$$\sum \Delta t = 17.2\,\frac{S_0(n-1)}{v_n\times h_n}\left(\frac{T_1}{1000}\right)^4 \tag{9-5}$$

式中：S_0 为轧机间距，m；n 为所用的精轧机数目；v_n 为末架最大速度，m/s；h_n 为末架出口厚度，mm；T_1 为轧件进入精轧第一架的温度，℃。

使用热卷取时，进入精轧机的带坯头部温度，即为粗轧第 6 道次时轧件尾部的温度。带坯尾部进入精轧第一架的温度为

$$T_1 = \frac{1131.93+273}{\sqrt[3]{1+\frac{0.0386\times 109.9}{36}\times\left(\frac{1131.93+273}{1000}\right)^4}}\ \text{K} = 1238.68\ \text{K} = 965.68\ ℃$$

$$\sum \Delta t = 17.2\times\frac{6\times(7-1)}{18\times 1.8}\times\left(\frac{1404.93}{1000}\right)^4\ ℃ = 74.46\ ℃$$

$$\Delta t = \frac{74.46}{6} = 12.41\ ℃$$

尾部终轧温度为 965.68 ℃－74.46 ℃＝891.22 ℃。

4. 精轧时间和周期

对于精轧机组，每个机架的纯轧时间是相等的。精轧单元的间隙时间是指前一个轧件的尾部离开第七轧机到下一个轧件的头部进入第一轧机的时间。间隙时间 t_0 是每一帧间隙时间的总和，即

$$t_0 = S_0\left(\frac{1}{v_1}+\frac{1}{v_2}+\cdots+\frac{1}{v_6}\right) \tag{9-6}$$

式中：v_1，v_2，…，v_6 为 F1 至 F6 的穿带速度，m/s；S_0 为精轧机组机架间距，m。

加速前的纯轧时间：

$$t_{j1} = \frac{S_j+\pi DN}{v_7} \tag{9-7}$$

式中：S_j 为精轧机末机架至卷取机间距，S_j＝150 m；D 为卷取机直径，D＝0.762 m；N 为系数，N＝3～5，取 N＝4；v_7 为第七机架的穿带速度，m/s。

加速段轧制时间：

$$t_{j2} = \frac{v_m-v_7}{a} \tag{9-8}$$

式中：v_m 为末架的最大速度，m/s；v_7 为末架的穿带速度，m/s；a 为加速度，m/s^2。

加速段的带钢长度：

$$l_2 = \frac{v_m^2 - v_7^2}{2a} \tag{9-9}$$

加速后的恒速轧制时间：

$$t_{j3} = \frac{L - S_j - \pi DN - l_2}{v_m} \tag{9-10}$$

式中，L 为轧件长度，mm。

第七机架的纯滚动时间：

$$t_j = t_{j1} + t_{j2} + t_{j3}$$

精轧机的轧制周期：

$$T = t_0 + t$$

式中，t 为对应道次的轧制时间。

但是，在实际轧制过程中，间隙时间总大于计算值，因此应适当校正轧制周期。带材在中间辊道上的冷却时间等于第一轧机机架的纯轧时间和穿带时间之和。

轧制产品的尾部通过精轧的时间：

$$t'_0 = S_0\left(\frac{1}{v_1} + \frac{1}{v_2} + \cdots + \frac{1}{v_6}\right) \tag{9-11}$$

式中：S_0 为精轧机组的机架间距，m；$v_1, v_2, \cdots, v_6$ 为 F1 至 F6 的穿带速度，m/s。

故精轧第一架的纯轧时间：

$$t_{0j} = t_0 + t_j - t'_0$$

带坯尾部在中间辊道的冷却时间：

$$z = t_{6j} + t_{0j} \tag{9-12}$$

式中：t_{6j} 为粗轧末道的间隙时间，s。

9.3　板带钢热轧车间主体设备的设计

9.3.1　粗轧和精轧机组设计

1. 粗轧机组选择及 R1、R2 参数确定

(1) 粗轧机组选择。

该设计轧机由 2 台粗轧机组成。第一台是四辊可逆轧机(R1)。将板坯在此支架上滚动 1～3 遍。由于板坯温度高、可塑性好、抗变形能力低，因此四辊轧机可以满足工艺要求。为了控制宽幅，R1 有一个垂直辊 E1。第二台也是四辊可逆轧机(R2)。将板坯在此机架上轧制 1～3 遍，因为随着板坯厚度的减小和温度的降低，变形阻力增加，所以采用四辊轧机以确保足够的压下量和更好的形状。每个轧机使用单独的驱动器。

粗轧机设备主要包括粗轧机辊道、侧导板、高压水除鳞装置、定宽压力机、立式辊轧机、中间辊道、热卷箱和废料排出机。

(2) 粗轧机组 R1 参数。

① 类型：四辊可逆式。

② 工作辊:冷硬铸铁;支撑辊:普通锻钢,许用应力$[\sigma]=130$ MPa。

③ 轧辊辊身长度 L。

$$L = b_{max} + a \tag{9-13}$$

式中:b_{max}为所轧轧件的最大宽度,mm;a 为辊身余量,mm。

当 $b_{max}=1000\sim2500$ mm 时,$a=150\sim200$ mm,取 $a=150$ mm,则工作辊辊身长度 $L_W=b_{max}+a=(1780+150)$ mm$=1930$ mm;支撑辊辊身长度 $L_B=b_{max}+a=(1780+150)$ mm$=1930$ mm。

④ 轧辊辊身直径 D。

工作辊辊身直径 D_W:

$$\frac{L_W}{D_W} = 1.7 \sim 2.8 \tag{9-14}$$

式中:L_W 为工作辊辊身长度,mm。

而 $L_W=1930$ mm,则 $D_W=689.3\sim1135.3$ mm,取 $D_W=900$ mm;最大重车率取 10%,则 $D_{Wmin}=810$ mm。

支撑辊辊身直径 D_B:

$$\frac{L_B}{D_B} = 1.3 \sim 1.5 \tag{9-15}$$

则 $D_B=1286.7\sim1484.6$ mm,取 $D_B=1380$ mm;最大重车率取 10%,则 $D_{Bmin}=1242$ mm。

⑤ 辊颈尺寸 d、l、r 的确定。

a. 工作辊辊颈尺寸 d_W、l_W、r_W。

辊颈直径 d_W:$d_W=(0.5\sim0.6)D_W=450\sim540$ mm,取 $d_W=500$ mm。

辊颈长度 l_W:$l_W=(0.83\sim1.0)d_W=415\sim500$ mm,取 $l_W=450$ mm。

辊颈过渡圆角半径 r_W:$r_W=(0.1\sim0.12)D_W=90\sim108$ mm,取 $r_W=100$ mm。

b. 支撑辊辊颈尺寸 d_B、l_B、r_B。

辊颈直径 d_B:$d_B=(0.67\sim0.75)D_B=925\sim1035$ mm,取 $d_B=1000$ mm。

辊颈长度 l_B:$l_B=(0.83\sim1.0)d_B=830\sim1000$ mm,取 $l_B=900$ mm。

辊颈过渡圆角半径 r_B:$r_B=(0.1\sim0.12)D_B=138\sim166$ mm,取 $r_B=150$ mm。

⑥ 机架立柱断面面积 F。

机架选用铸钢,选用闭式机架,机架立柱断面面积满足下式:

$$\frac{F}{d_B^2} = 0.8 \sim 1.0 \tag{9-16}$$

则 $F=(0.8\sim1.0)d_B^2=0.8\sim1.0\ \text{m}^2$,取 $F=0.9\ \text{m}^2$。

⑦ 最大允许轧制压力 P_{yx} 的确定。

根据支撑辊辊颈的强度计算最大允许轧制压力:

$$P_{yx} = \frac{0.4 d_B^3 R_b}{l_B} \tag{9-17}$$

式中:d_B 为支撑辊辊颈直径,mm;R_b 为轧辊的许可弯曲应力,Pa,粗轧机 R1 轧辊为锻钢,R_b 取 130 MPa;l_B 为支撑辊辊颈长度,mm。

所以最大允许轧制压力为

$$P_{yx} = \frac{0.4 \times 130 \times 1000^3}{900} \text{ N} = 5.78 \times 10^7 \text{ N} = 5780 \text{ t}$$

⑧ 轧辊转速计算。

根据生产经验，由于粗轧机 R1 上轧制速度比较大，为确保咬入，取咬入角 α 为 18°，轧制速度 v=1.98～2.96 m/s。由于

$$n = \frac{60v}{\pi D} \tag{9-18}$$

故 n_1=60×1.98/(1.0×π)=37.8 r/min，n_2=60×2.96/(1.0×π)=56.6 r/min。

所以，将轧辊转速设置为 0～(40～60)r/min，额定转速取为 40 r/min。

⑨ 最大许可轧制力矩 M_{yx} 的确定。

$$h_{\max} \leqslant D(1-\cos\alpha_{\max}) = 1000 \times (1-\cos 18°) \text{ mm} = 48.9 \text{ mm} = 0.0489 \text{ m}$$

$$M_{yx} = 2P_{yx}\psi\sqrt{R\Delta h} = 2 \times 5780 \times 0.45 \times \sqrt{\frac{1}{2} \times 0.0489} \text{ t} \cdot \text{m} = 813.4 \text{ t} \cdot \text{m}$$

式中：ψ 为力臂系数，ψ=0.42～0.5，取 ψ=0.45；R 为轧辊半径，mm；$h_{\max}$为最大压下量，mm；Δh 为轧件压下量，mm。

⑩ 电机功率确定。

$$M_{\mathrm{H}} = \frac{M_{yx}}{ik} \tag{9-19}$$

式中：k 为电机的允许过载系数，对于交流电机，k=2.8；i 为速比，取 i=1。

将 i=1，k=2.8 代入上式，则 M_{H}=(813.4/2.8) N·m=290.5 N·m。

$$P_{\mathrm{H}} = \frac{M_{\mathrm{H}} \times n_{\mathrm{H}}}{0.975 \times \eta} \tag{9-20}$$

$$P_{\mathrm{H}} = [290.5 \times 40/(0.975 \times 0.95)] \text{ kW} = 12545.2 \text{ kW}$$

预选两台 7000 kW 的交流电机。

⑪ 轴承和轴的连接。

联轴器形式：滑动万向轴。

轴承形式：工作辊采用四列圆锥滚子轴承；支撑辊采用圆锥滚子直径油膜轴承。

(3) 粗轧机组 R2 参数。

① 轧机类型：四辊可逆式。

② 工作辊：冷硬铸铁。

支撑辊：一般锻钢，许用应力[σ]=130 MPa。

③ 轧辊辊身长度 L。

$$L = b_{\max} + a$$

式中：$b_{\max}$为所轧轧件的最大宽度，mm；a 为辊身余量，mm。

当 $b_{\max}$=1000～2500 mm 时，a=150～200 mm，取 a=150 mm，则工作辊辊身长度 L_{W}=$b_{\max}$+a=(1780+150)mm=1930 mm；支撑辊辊身长度：L_{B}=$b_{\max}$+a=(1780+150)mm=1930 mm。

④ 轧辊辊身直径 D。

工作辊辊身直径 D_{W}：

$$L_W/D_W = 1.7 \sim 2.8$$

式中：L_W 为工作辊辊身长度，mm。

而 L_W=1930 mm，则 D_W=689.3～1135.3 mm，取 D_W=900 mm；最大重车率取 10%，则 D_{Wmin}=810 mm。

支撑辊辊身直径 D_B：

$$L_B/D_B = 1.3 \sim 1.5$$

则 D_B=1286.7～1484.6 mm，取 D_B=1400 mm；最大重车率取 10%，则 D_{Bmin}=1260 mm。

⑤ 辊颈尺寸 d、l、r 的确定。

a. 工作辊辊颈尺寸 d_W、l_W、r_W。

辊颈直径 d_W：d_W=(0.5～0.6)D_W=450～540 mm，取 d_W=500 mm。

辊颈长度 l_W：l_W=(0.83～1.0)d_W=415～500 mm，取 l_W=450 mm。

辊颈过渡圆角半径 r_W：r_W=(0.1～0.12)D_W=90～108 mm，取 r_W=100 mm。

b. 支撑辊辊颈尺寸 d_B、l_B、r_B。

辊颈直径 d_B：d_B=(0.67～0.75)D_B=938～1050 mm，取 d_B=1000 mm。

辊颈长度 l_B：l_B=(0.83～1.0)d_B=830～1000 mm，取 l_B=900 mm。

辊颈过渡圆角半径 r_B：r_B=(0.1～0.12)D_B=140～168 mm，取 r_B=150 mm。

⑥ 机架立柱断面面积 F。

机架选用铸钢，选用闭式机架，机架立柱断面面积满足下式：

$$\frac{F}{d_B^2} = 0.8 \sim 1.0$$

则 F=(0.8～1.0)${d_B}^2$=0.8～1.0 m^2，取 F=0.9 m^2

⑦ 最大允许轧制压力 P_{yx} 的确定。

按支撑辊辊颈强度计算最大允许轧制压力：

$$P_{yx} = \frac{0.4d_B^3R_b}{l_B} \tag{9-21}$$

式中：d_B 为支撑辊辊颈直径，mm；R_b 为轧辊的许可弯曲应力，Pa，粗轧机 R2 轧辊为锻钢，R_b 取 130 MPa；l_B 为支撑辊辊颈长度，mm。

所以最大允许轧制压力为

$$P_{yx} = \frac{0.4\times130\times1000^3}{900}\ \mathrm{N} = 5.78\times10^7\ \mathrm{N} = 5780\ \mathrm{t}$$

⑧ 轧辊转速计算。

根据生产经验，由于粗轧机 R2 上轧制速度比较大，为确保咬入，取咬入角 α 为 17°，轧制速度 v=2.73～5.46 m/s。由于

$$n = \frac{60v}{\pi D} \tag{9-22}$$

故 n_1=60×2.73/(1.0×π)=52 r/min，n_2=60×5.46/(1.0×π)=104 r/min。

所以，将轧辊转速设置为 0～(55～105)r/min，额定转速取为 60 r/min。

⑨ 最大许可轧制力矩 M_{yx} 的确定。

$$h_{max} \leqslant D(1-\cos\alpha_{max}) = 1000\times(1-\cos17°)\ \mathrm{mm} = 43.7\ \mathrm{mm} = 0.0437\ \mathrm{m}$$

$$M_{yx} = 2P_{yx}\psi\ \sqrt{R\Delta h} = 2 \times 5780 \times 0.5 \times \sqrt{\frac{1}{2} \times 0.0437}\ \text{t}\cdot\text{m} = 854.4\ \text{t}\cdot\text{m}$$

式中：ψ 为力臂系数，ψ=0.42～0.5，取 ψ=0.5；R 为轧辊半径，mm；h_{max} 为最大压下量，mm；Δh 为轧件压下量，mm。

⑩ 电机功率确定。

$$M_H = \frac{M_{yx}}{ik} \tag{9-23}$$

式中，k 为电机的允许过载系数，对于交流电机，k=2.8；i 为速比，取 i=1。

将 i=1，k=2.8，代入上式，则 M_H=(854.4/2.8) N·m=305.1 N·m

$$P_H = \frac{M_H \times n_H}{0.975 \times \eta} \tag{9-24}$$

则 P_H=[305.1×60/(0.975×0.95)]kW=19763.6 kW。

预选两台 10000 kW 的交流电机。

⑪ 轴承及接轴方法。

联轴器形式：滑动万向轴。

轴承形式：工作辊采用四列圆锥滚子轴承；支撑辊采用圆锥滚子直径油膜轴承。

2. 精轧机组选择及 F1～F7 参数

(1) 精轧机组选择。

在 7 台精轧机中，前三个机架的主要功能是完成压下，后四个机架主要用于控制形状。前三个机架的主要参数相同，后四个机架的主要参数也相同。但是，由于在连续轧制中存在以秒为单位的相等流量的关系，因此各轧机的轧制速度和轧制转矩不相等。

(2) F1～F3 参数。

轧机类型：四辊连续 CVC 轧机。

机架类型：封闭机架。

工作辊：合金锻钢。

支撑辊：锻钢。

轴承类型：工作辊为四列圆锥滚子轴承；支撑辊为圆锥滚子直径油膜轴承。

联轴器：十字轴万向轴。

① 辊身长度 l。

a. 工作辊辊身长度 L_W。

$$L_W = b_{max} + a + 2\delta \tag{9-25}$$

式中，δ 为轧辊横移量，取 δ=100 mm。

所以 L_W=(1780+150+2×100)mm=2130 mm。

b. 支撑辊辊身长度 L_B。

为控制板形，支撑辊辊身长度稍短，取 L_B=(1780+150)mm=1930 mm。

② 辊身直径 D 的确定。

a. 工作辊辊身直径 D_W。

$$L_W/D_W = 2.1 \sim 4.0$$

解得 $D_W=[2130/(2.1\sim4.0)]\text{mm}=532.5\sim1014.3\text{ mm}$。

本设计取 $D_W=800\text{ mm}$，最大重车率为 10%，$D_{Wmin}=720\text{ mm}$。

b. 支撑辊辊身直径 D_B。

$$L_B/D_B=1.0\sim1.8$$

解得 $D_B=1072.2\sim1930\text{ mm}$。

本设计取 $D_B=1500\text{ mm}$，最大重车率取 12%，$D_{Bmin}=1320\text{ mm}$。

③ 辊颈尺寸 d、l、r 的确定。

a. 工作辊辊颈尺寸 d_W、l_W、r_W。

辊颈直径 d_W：$d_W=(0.75\sim0.8)D_W=600\sim640\text{ mm}$，取 $d_W=620\text{ mm}$。

辊颈长度 l_W：$l_W=(0.8\sim1.0)d_W=496\sim620\text{ mm}$，取 $l_W=550\text{ mm}$。

辊颈过渡圆角半径 r_W：$r_W=50\sim90\text{ mm}$，取 $r_W=65\text{ mm}$。

b. 支撑辊辊颈尺寸 d_B、l_B、r_B。

辊颈直径 d_B：$d_B=(0.75\sim0.8)D_B=1125\sim1200\text{ mm}$，取 $d_B=1150\text{ mm}$。

辊颈长度 l_B：$l_B=(0.8\sim1.0)d_B=920\sim1150\text{ mm}$，取 $l_B=1050\text{ mm}$。

辊颈过渡圆角半径 r_B：$r_B=50\sim90\text{ mm}$，取 $r_B=80\text{ mm}$。

④ 机架立柱断面面积 F(机架选用铸钢)。

$$F=(0.6\sim0.8)d_B^2=0.794\sim1.058\text{ m}^2$$

取 $F=0.9\text{ m}^2$。

⑤ 最大允许轧制压力 P_{yx} 的确定。

$$P_{yx}=\frac{0.4d_W^3[\tau]}{\sqrt{R\Delta h}} \tag{9-26}$$

式中，d_W、R 分别为工作辊辊颈直径和轧辊半径，mm；$[\tau]$为许用扭转应力，取$[\tau]=(0.5\sim0.6)R_b$。

取最大咬入角为 16°，则

$$\Delta h=800\times(1-\cos16°)\text{mm}=31.0\text{ mm}$$

工作辊的 R_b 取 150 MPa，取$[\tau]=75$ MPa，有

$$P_{yx}=\frac{0.4\times75\times620^3}{\sqrt{400\times31.0}}\text{ N}=6.42\times10^7\text{ N}=6420\text{ t}$$

取 $P_{yx}=6000$ t。

⑥ 最大允许轧制力矩 M_{yx} 的确定。

$$M_{yx}=P_{yx}\sqrt{R\Delta h}=6000\times\sqrt{0.4\times0.031}\text{ t}\cdot\text{m}=668.1\text{ t}\cdot\text{m}$$

⑦ 电机转速和功率：参考马鞍山钢铁股份有限公司，并根据现场实况和本设计任务确定。

(3) 精轧机组 F4～F7 参数。

轧机类型：四辊连续 CVC 轧机。

机架类型：封闭机架。

工作辊：高铬铸铁。

支撑辊：锻钢。

轴承类型：工作辊为四列圆锥滚子轴承；支撑辊为圆锥滚子直径油膜轴承。

联轴器:十字轴万向轴。

① 辊身长度 l。

a. 工作辊辊身长度 L_W。

$$L_W = b_{max} + a + 2\delta \tag{9-27}$$

所以 $L_W=(1900+150+2\times100)\text{mm}=2250\text{ mm}$。

b. 支撑辊辊身长度 L_B。

为控制板形,支撑辊辊身长度稍短 ,取 $L_B=(1900+150)\text{mm}=2050\text{ mm}$。

② 辊身直径 D 的确定。

a. 工作辊辊身直径 D_W。

$$L_W/D_W = 2.1 \sim 4.0$$

$$D_W = 562.5 \sim 1071.4\text{ mm}$$

本设计取 $D_W=700$ mm,最大重车率为 10%,$D_{Wmin}=630$ mm。

b. 支撑辊辊身直径 D_B。

$$L_B/D_B = 1.0 \sim 1.8$$

解得 $D_B=1138.9\sim2050$ mm。

本设计取 $D_B=1500$ mm,最大重车率取 12%,$D_{Bmin}=1320$ mm。

③ 辊颈尺寸 d、l、r 的确定。

a. 工作辊辊颈尺寸 d_W、l_W、r_W。

辊颈直径 d_W: $d_W = (0.5 \sim 0.6)D_W = 350 \sim 420$ mm,取 $d_W = 420$ mm。

辊颈长度 l_W: $l_W = (0.8 \sim 1.0)d_W = 336 \sim 420$ mm,取 $l_W = 400$ mm。

辊颈过渡圆角半径 r_W:$r_W=50\sim90$ mm,取 $r_W=65$ mm。

b. 支撑辊辊颈尺寸 d_B、l_B、r_B。

辊颈直径 d_B: $d_B = (0.75 \sim 0.8)D_B = 1125 \sim 1200$ mm,取 $d_B = 1150$ mm。

辊颈长度 l_B: $l_B = (0.8 \sim 1.0)d_B = 920 \sim 1150$ mm,取 $l_B = 1000$ mm。

辊颈过渡圆角半径 r_B: $r_B = 50 \sim 90$ mm,取 $r_B = 80$ mm。

④ 机架立柱断面面积 F(机架选用铸钢)。

$$F = (0.6 \sim 0.8)d_B^2 = 0.794 \sim 1.058\text{ m}^2$$

取 $F=0.9\text{ m}^2$。

⑤ 工作辊的最大允许轧制压力 P_{yx} 的确定。

$$P_{yx} = \frac{0.4d_W^3[\tau]}{\sqrt{R\Delta h}}$$

式中:d_W、R 分别为工作辊辊颈直径和轧辊半径,mm;$[\tau]$为许用扭转应力,取$[\tau]=(0.5\sim0.6)R_b$。

取最大咬入角为 16°,则

$$\Delta h = 700 \times (1 - \cos16°)\text{ mm} = 27.1\text{ mm}$$

工作辊的 R_b 取 150 MPa,取$[\tau]=75$ MPa,有

$$P_{yx} = \frac{0.4 \times 75 \times 420^3}{\sqrt{350 \times 27.1}}\text{ N} = 2.28 \times 10^7\text{ N} = 2280\text{ t}$$

取 $P_{yx}=2200$ t。

⑥ 工作辊的最大允许轧制力矩 M_{yx} 的确定。

$$M_{yx}=P_{yx}\sqrt{R\Delta h}=2200\times\sqrt{0.35\times0.0271}\ \text{t}\cdot\text{m}=214.3\ \text{t}\cdot\text{m}$$

⑦ 支撑辊的最大允许轧制力根据式(9-21)来计算。

$$P_{yx}=\frac{0.4d_{\text{B}}^{3}R_{\text{b}}}{l_{\text{B}}}=7909\ \text{t}$$

取 $P_{yx}=7000$ t。

⑧ 支撑辊的最大允许轧制力矩 M_{yx} 的确定。

$$\Delta h=1500\times(1-\cos16^{\circ})\text{mm}=58.1\ \text{mm}$$

$$M_{yx}=P_{yx}\sqrt{R\Delta h}=1461.2\ \text{t}\cdot\text{m}$$

⑨ 电机功率和转速参考马鞍山钢铁股份有限公司，并根据现场实际情况和本设计的任务确定。

精轧机主要技术参数见表 9-10。

表 9-10　精轧机主要技术参数

机架号	F1	F2	F3	F4	F5	F6	F7
工作辊直径/mm	ϕ800/ϕ720	ϕ800/ϕ720	ϕ800/ϕ720	ϕ800/ϕ630	ϕ800/ϕ630	ϕ800/ϕ630	ϕ800/ϕ630
支撑辊直径/mm	ϕ1500/ϕ1320	ϕ1500/ϕ1320	ϕ1500/ϕ1320	ϕ1500/ϕ1320	ϕ1500/ϕ1320	ϕ1500/ϕ1320	ϕ1500/ϕ1320
电机功率/kW	10000	10000	10000	10000	10000	8500	8500
电机转速/(r/min)	158/450	158/450	158/450	158/450	158/450	200/600	200/600
速比	4.16	3.30	2.54	1.75	1.00	1.00	1.00
最大允许轧制压力/t	6000	6000	6000	7000	7000	7000	7000
最大允许轧制力矩/(t·m)	668.1	668.1	668.1	1461.2	1461.2	1461.2	1461.2

9.3.2　板带钢热轧能力参数计算

1. 轧制压力

轧制压力计算式如下：

$$P=B_{c}l_{c}Q_{y}K=1.15\sigma B_{c}l_{c}Q_{y} \tag{9-28}$$

$$Q_{y}=1.25\left(\frac{l_{c}}{h_{m}}+\ln\frac{l_{c}}{h_{m}}\right)-0.25 \tag{9-29}$$

$$\sigma=\sigma_{0}\exp(a_{1}T+a_{2})\left(\frac{u_{m}}{10}\right)^{a_{3}T+a_{4}}K_{\varepsilon} \tag{9-30}$$

$$K_{\varepsilon}=a_{6}\left(\frac{e}{0.4}\right)^{a_{5}}-(a_{6}-1)\left(\frac{e}{0.4}\right) \tag{9-31}$$

式中：B_c 为轧制前后轧件的平均宽度；l_c 为变形带长度；Q_y 为外区影响系数；σ 为材料在高温高速下的抗变形能力；h_m 为轧制前后轧件平均高度；u_m 为平均变形速度；e 为真实的变形度；$a_1, a_2, \cdots, a_6$ 均为材料常数；K_ε 为平面变形抗力；$T=(t+273)/1000$，t 为变形温度，T 为绝对温度。

2. 轧制力矩

$$M_z = 2P\psi l = 2P\psi\sqrt{R\Delta h} \tag{9-32}$$

式中：M_z 为轧制力矩，kN·m；Δh 为各道次压下量，mm；P 为轧制压力，kN；R 为工作辊半径，mm；ψ 为轧制力臂系数，一般取 0.4～0.5，粗轧取大值，精轧取小值。

3. 粗轧轧辊强度校核

轧辊直接承受滚动压力和驱动扭矩，属于消耗部件。就轧机本身而言，轧辊安全系数是最小的。因此，轧辊强度通常决定了整个轧机的负载能力。

本设计使用两个四辊轧机进行粗轧。精轧机的前三个机架具有相同的规格，而后四个机架具有相同的规格。

（1）支撑辊强度校核。

粗轧机 R1 和 R2 是四辊可逆式轧机，其支撑辊承受的最大力矩为

$$M_{max} = \frac{P}{2}\left(\frac{a}{2} - \frac{b}{4}\right) \tag{9-33}$$

式中：P 为最大轧制压力；a 为压下螺丝中心距；b 为所轧板带宽度。

$$a = L_B + l_B \tag{9-34}$$

辊身最大弯曲应力：

$$\sigma_1 = \frac{M_{max}}{W_1} \tag{9-35}$$

$$W_1 = 0.1D^3$$

式中：W_1 为辊身抗弯断面系数；D 为轧辊重车后的直径。

辊颈最大弯曲力矩：

$$M_d = \frac{P}{4\left(a - L\right)} \tag{9-36}$$

辊颈最大弯曲应力：

$$\sigma_2 = \frac{M_d}{W_2} \tag{9-37}$$

式中，W_2 为辊颈抗弯断面系数，$W_2=0.1d^3$。

支撑辊强度校核：$\max\{\sigma_1, \sigma_2\} \leqslant [\sigma]$。所以，四辊轧机支撑辊满足弯曲应力的要求。

（2）工作辊强度校核。

辊颈扭转剪应力为

$$\tau = \frac{M_k}{W_k} \tag{9-38}$$

式中：M_k 为作用在一个工作辊上的最大传动力矩或轧辊驱动扭矩；W_k 为辊颈抗扭断面系数。

工作辊传动端辊头只有扭矩作用，故剪应力 $\tau'=\frac{M_k}{\eta b^3}$。

工作辊强度校核：$\max\{\tau,\tau'\}\leqslant[\tau]$。

所以，四辊轧机工作辊满足扭转剪应力的要求。

轧辊辊颈处的受力为弯曲和扭矩的组合，在求得危险截面的扭转应力后，即可按照强度理论计算合成应力。

合成应力按第四强度理论计算：

$$\sigma_p = \sqrt{\sigma_d^2 + 3\tau_d^2} \tag{9-39}$$

对于铸铁轧辊，合成应力应按第三强度理论计算：

$$\sigma_p = 0.0375\sigma_d + 0.625\sqrt{\sigma_d^2 + 4\tau_d^2} \tag{9-40}$$

9.3.3 板带钢热轧设备负荷计算

轧机每小时产量：

$$A_p = 3600GbK/T \tag{9-41}$$

式中：A_p 为轧机小时产量，t/h；G 为原料质量，t；T 为节奏时间，s；b 为合格率，本设计合格率 $b=97.80\%$；K 为轧机的利用率，$K=0.80\sim0.85$，本设计取 $K=0.85$。

轧机产能如表 9-11 所示。

表 9-11 轧机产能分析

代表产品规格 $(h\times b)$/(mm×mm)	年计划产量/万吨	坯料规格 $(H\times B\times L)$/(mm×mm×m)	成品平均产量/(t/h)	轧机工作小时/h	轧机负荷/(%)
1.8×1050	100	230×1200×10.0	543.86	2574.19	—
3.0×1600	90	230×1750×10.0	1094.51	1096.38	—
6.0×1400	66	230×1550×10.0	1070.03	654.19	—
10.0×1200	73	230×1350×10.0	938.65	639.22	—
20.0×1800	71	230×1950×10.0	1417.44	162.26	—
合计	400	—	—	5126.24	80.6

轧机平均小时产量：$A_p=\frac{400\times10^4\times0.978\times0.85}{5126.24}$ t/h=648.7 t/h。

9.4 板带钢车间辅助设备选型

9.4.1 加热设备

轧制前，应将板坯加热以利于轧制。

加热炉的主要类型有推钢式连续加热炉、步进式连续加热炉和滑轨加热炉。推钢式连续加热炉是一种连续加热炉，通过推钢机完成在炉中运输物料的任务。坯料在炉子底部滑动，或在由水冷管支撑的滑轨上滑动。在后一种情况下，坯料可以被加热。炉底水管通常用隔热材料覆盖，以减少热量损失。为了减少由水冷滑轨引起的坯件下部的“黑点”，近年来出现了在坯件与水管之间具有绝缘作用的“热滑轨”。一些小型连续加热炉使用由特殊陶瓷材料制成的无水冷却轨，并支撑在由耐火材料制成的底壁上，这种炉称为无水冷却炉。

步进式连续加热炉中，坯料逐渐移动以通过底部。

步进式连续加热炉的优点：钢坯上几乎没有黑点，并且加热质量良好；可以精确计算和控制加热时间，以利于实现自动化。

步进式连续加热炉的缺点：①结构复杂，设备笨重，投资大，施工安装难度高；②炉内的氧化铁会熔化并掉落在步进梁的缝隙中，造成堵塞，影响步进梁的工作。

基于以上原因，本次设计选择步进式连续加热炉。

9.4.2　切头飞剪

该设备位于精轧除鳞箱的前面，用于切断粗轧过程中形成的“舌头”和“鱼尾”，以防止由此产生的卡机事故，或者在精轧发生事故时用作排障剪。

1. 最大剪切力

$$P_{\max} = K_1 K_2 \sigma_{bt} F \varepsilon_H \tag{9-42}$$

式中：$P_{\max}$为最大剪切力，t；K_1为考虑剪切钝化和剪刃间隙影响的系数，$K_1=1.2\sim1.3$，取$K_1=1.25$；K_2为转换系数，$K_2=0.7\sim0.8$，取$K_2=0.8$；ε_H为被剪切金属剪断时的相对剪切深度，mm，$\varepsilon_H=0.85$ mm；σ_{bt}为对应温度下被剪切金属的抗变形能力，取$\sigma_{bt}=12$ kg/mm；F为被剪金属的断面积，mm²。

$$P_{\max} = \frac{1.25\times0.8\times12\times42\times1700\times0.85}{1000}\ \text{t} = 728.28\ \text{t} < 1100\ \text{t}$$

所以，剪切力通过校核。

2. 切头飞剪生产能力

$$A = \frac{3600nG}{T_1 + T_2} \tag{9-43}$$

式中：A为剪切机生产能力，t/h；G为坯料最大质量，t；T_1为剪切时间，s；T_2为剪切间隙时间，s，$T_2=60$ s；n为同时剪切根数，本设计中$n=1$。

剪切时间T_1：

$$T_1 = \frac{60}{K}\left(\frac{L}{l} + K'\right) \tag{9-44}$$

式中：L、l分别为每根轧件长度及剪切定尺或产品长度，此处$L/l=1$；K为剪切机每分钟理论剪切次数，取$K=6$；K'为外加剪切次数，取$K'=1$。则$T_1=20$ s。

那么

$$A = \frac{3600\times1\times41.01}{20+60}\ \text{t/h} = 1845\ \text{t/h}$$

剪切机的负荷率为

$$\eta = \frac{A_p}{A} = \frac{648.7}{1845} = 0.35 < 0.85$$

故剪切机的生产能力满足要求。

本设计中切头飞剪的主要技术参数见表 9-12。

表 9-12 切头飞剪的主要技术参数

项目名称	参数值
形式	曲柄连杆式
剪切材料最大尺寸(厚×宽)/(mm×mm)	45×1780
切头尾长度/mm	500
最大剪切力/t	1350
剪切速度/(m/min)	50～150
最低剪切温度/℃	850

9.4.3 定宽压力机

定宽压力机的作用是控制板坯的宽度。表 9-13 列出了本设计中定宽压力机的性能参数。

表 9-13 定宽压力机性能参数

序号	项目	参数	序号	项目	参数
1	侧压量/mm	≤350	8	板坯运行速度/(m/min)	20
2	最大压力/t	2200	9	主电机功率/kW	3400
3	侧压头压力/t	3500	10	主电机转速/(r/min)	0～500
4	压下周期/(次/min)	50	11	侧压电机功率/kW	2×185/370
5	板坯行走量/mm	400	12	侧压电机转速/(r/min)	0～435/870
6	升降行程/mm	50	13	同步电机功率/kW	2×185
7	模块开口度/mm	670～1700	14	同步电机转速/(r/min)	0～435

9.4.4 热卷机

在粗轧机和精轧机之间设置有热卷机，它可以灵活地加工中间坯料。其技术参数如表 9-14所示。

表 9-14　热卷机的技术参数

项目	技术参数
中间坯厚度/mm	20～50
中间坯宽度/mm	900～1700
中间坯带卷内径/mm	650
中间坯带卷外径/mm	1150～1500
带卷单位质量/(kg/mm)	7.8～8.0
最大穿带速度/(m/s)	2.8
最大卷取速度/(m/s)	5

9.4.5　卷取机

卷取机的作用是将成品卷成钢卷，再通过输送辊台输送。本设计选择了两台卷取机。

卷取机产量：

$$A = \frac{3600G}{T_1 + T_2} \tag{9-45}$$

式中：A 为卷取机生产能力，t/h；G 为带钢卷质量，t；T_1 为卷取时间，s；T_2 为卷取间隙时间，取 $T_2 = 10$ s。

卷取机最小和最大生产能力分别以厚度为 1.8 mm 和 20.0 mm 的典型产品计算。

最小生产能力：

$$A = \frac{3600 \times 23.92 \times 0.973}{85 + 10}\ \text{t/h} = 881.97\ \text{t/h}$$

$$\eta = \frac{474.8}{881.97} \times 100\% = 53.8\ \%$$

最大生产能力：

$$A = \frac{3600 \times 41.01 \times 0.983}{50 + 10} = 2418.77\ \text{t/h}$$

$$\eta = \frac{785.6}{2418.77} \times 100\% = 32.5\%$$

从以上计算可以看出，为了使卷取机的生产能力满足生产要求，应该选择两台卷取机，并增加一台备用机。

9.4.6　层流冷却系统

将钢带从 800～900 ℃快速冷却至约 600 ℃通常需要 5～15 s。表 9-15 列出了层流冷却系统的主要技术参数。

表 9-15　层流冷却系统的主要技术参数

<table>
<tr><th colspan="2" rowspan="2">项目</th><th colspan="2">内容</th></tr>
<tr><th>上部</th><th>下部</th></tr>
<tr><td colspan="2">冷却方式</td><td>层流</td><td>层流</td></tr>
<tr><td colspan="2">开闭阀形式</td><td colspan="2">空气操作蝶阀</td></tr>
<tr><td colspan="2">开闭阀数量/个</td><td>126</td><td>108</td></tr>
<tr><td colspan="2">组数</td><td>15</td><td>15</td></tr>
<tr><td colspan="2">集管数/(根/组)</td><td>第 1～12 组:6
第 13～15 组:12</td><td>12</td></tr>
<tr><td colspan="2">流量/(m^3/h)</td><td>约 430</td><td>约 430</td></tr>
<tr><td colspan="2">水压/MPa</td><td>约 0.085</td><td>约 0.05</td></tr>
<tr><td colspan="2">冷却水温度/℃</td><td>40</td><td>40</td></tr>
<tr><td colspan="2">总水量/(m^3/h)</td><td>6450</td><td>6450</td></tr>
<tr><td colspan="2">冷却宽度/mm</td><td>1900</td><td></td></tr>
<tr><td rowspan="2">侧喷</td><td>组数</td><td>15</td><td></td></tr>
<tr><td>压力/MPa</td><td>1</td><td></td></tr>
<tr><td colspan="2">冷却区长度/m</td><td colspan="2">90</td></tr>
</table>

9.5　板带钢热轧车间布置

9.5.1　板带钢热轧车间布置设计

板带钢热轧车间布置设计要求如下。

(1) 符合生产工艺要求,生产工艺合理。

(2) 不仅有利于生产,而且占地面积小,运输线尽可能短,以缩短周期,提高生产率和单位面积的产量。

(3) 确保操作简便、生产安全和工人健康。

(4) 使人行道平行于工作线。

(5) 考虑未来的发展,必须留有升级的空间。

9.5.2　板带钢热轧车间面积计算

原料仓库面积计算：

$$F=\frac{24AnK_t}{K_1QH} \tag{9-46}$$

式中，n 为存放日期，d，取 $n=7$ d；K_t 为金属进料量系数，取 $K_t=1$；K_1 为仓库利用率，取 $K_1=65\%$；Q 为每立方米可储存的原料质量，t/m³，取 $Q=4.5\ \text{t/m}^3$；H 为每堆成品的堆垛高度，m，取 $H=3$ m。可得 $F=\frac{24\times648.7\times7\times1}{0.65\times4.5\times3}\ \text{m}^2=12419.6\ \text{m}^2$，结合实际取 $F=12500\ \text{m}^2$。

9.5.3　板带钢热轧车间起重运输设备布置

板坯仓库由三个跨度组成，每个跨度宽 30 m、长 216 m。每个跨度都配备了两台 60 t 的电动桥式起重机，其轨道表面标高为 12 m。第一个板坯仓库跨度还配备了 40 t 的电动夹钳桥式起重机，其轨道表面标高为 7 m。连接到连铸车间的两个辊道通过三个跨度布置。一个辊道通向加热炉，另一辊道连接直卷角加热炉和加热炉的前辊道。同时，安装了跨过三个跨度的行车。在第一个板坯跨度上安装了一个步进梁转移机和两个板坯升降机，用于坯料的输送。在第二和第三跨度上设有隔热坑。跨度中间设置了连接辊台、输送辊台、板坯秤和保温坑。

加热炉的装载跨度为 33 m，长度为 72 m，配备 60 t 的夹式桥式起重机，轨道表面标高为 11 m，跨度中间安装了炉辊、板坯装料机等。

加热炉的工作跨度为 33 m，长度为 72 m。该跨度配备了 60 t 的夹式桥式起重机，其轨道表面标高为 13.5 m，内置三个步进式加热炉。

加热炉的出料端在轧机范围内，布置了三个加热炉出钢机，并布置了输出辊台。

轧机跨度为 30 m，长度 438 m，配备了两台 100 t/25 t 桥式起重机和一台 60 t/20 t 桥式起重机。该跨度中间安装了一台定宽压力机、两台粗轧机、一台带钢边缘加热器、一台热卷板箱、一台切割头飞剪机、七台精轧机、一台带钢冷却装置、三台卷取机器和轧制线的辅助设备。

主电机跨距与轧机跨距相邻，它们平行排列，跨度为 24 m，长度为 214 m，配备有 90 t/20 t的桥式起重机，轨道表面标高为 11 m。跨距中间安装了定宽压力机、用于粗轧和精轧的主电机及其控制设备。

磨辊与轧机的跨距为 10 m，轧机平行于工作侧布置，跨度为 33 m，长度为 294 m，配备的起重机轨道表面标高：桥式起重机为 11.5 m，半龙门起重机为 5 m。跨度中间安装了辊磨机、车床、轴承清洁装置和其他设备。

成品跨度设置在轧机跨度的尾部，跨间安装了钢卷运输链和成品钢卷采样设备。

9.5.4　板带钢热轧车间平面图和立面图

本设计的车间平面图和立面图如图 9-6 和图 9-7 所示。

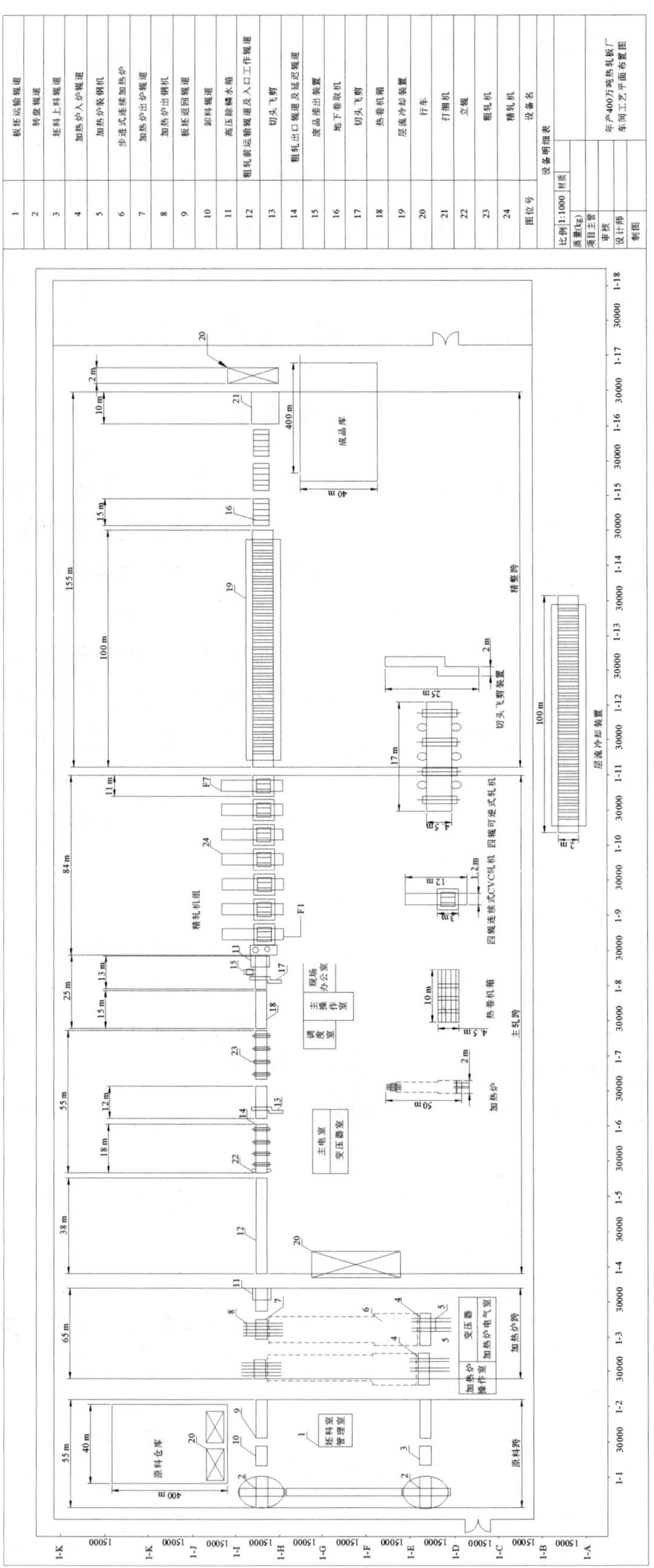
1 板坯运输辊道
2 转盘辊道
3 坯料上料辊道
4 加热炉入炉辊道
5 加热炉装钢机
6 步进式连续加热炉
7 加热炉出炉辊道
8 加热炉出钢机
9 板坯返回辊道
10 卸料辊道
11 高压除鳞水箱
12 粗轧前运输辊道及入口工作辊道
13 切头飞剪
14 粗轧出口辊道及延迟辊道
15 废品推出装置
16 地下卷取机
17 切头飞剪
18 热卷机箱
19 层流冷却装置
20 行车
21 打捆机
22 立辊
23 粗轧机
24 精轧机
图位号 设备名
设备明细表
比例 1:1000
年产400万吨热轧板厂
车间工艺平面布置图
原料仓库
坯料室管理室
加热炉操作室
变压器
加热炉电气室
加热炉跨
原料跨
主电室
变压器室
调度室
主操作室
现场办公室
精轧机组
成品库
精整跨
主轧跨
加热炉
热卷机箱
四辊连续式CVC轧机
四辊可逆式轧机
切头飞剪装置
层流冷却装置

图 9-6 车间平面图

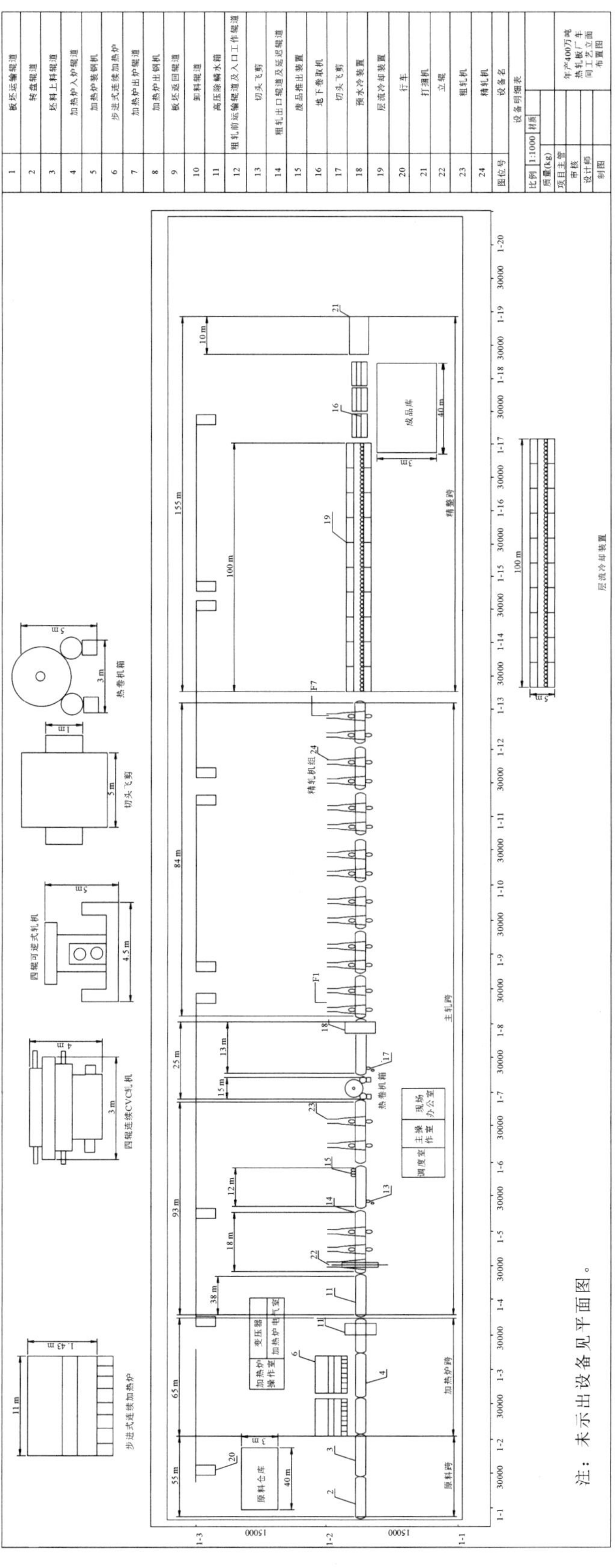

注：未示出设备见平面图。

图9-7 车间立面图

9.6 板带钢金属平衡计算

9.6.1 金属消耗及组成

1. 金属消耗公式

$$K = \frac{W - Q}{Q} \tag{9-47}$$

式中：K 为金属消耗系数；W 为投入坯料质量，t；Q 为合格品质量，t。

成材率计算公式如下：

$$b = \frac{Q - W}{Q} \times 100\% \tag{9-48}$$

式中：Q 为原料量，t；W 为金属消耗量，t。

2. 消耗组成

(1) 切损：约占 2.5%；

(2) 烧损：板坯在高温下会产生氧化皮，产生烧损，占 0.5%～1.5%。

9.6.2 金属平衡表编制

表 9-16 为各工序的金属衡算结果。

表 9-16 金属平衡表

序号	厚度范围/mm	成品		切头及废品		烧损、再氧化		坯料量/万吨
		产量/万吨	成材率/(%)	万吨	损耗率/(%)	万吨	损耗率/(%)	
1	1.5～2.0	100	97.1	2.155	2.093	0.822	0.798	102.98
2	2.0～4.5	90	97.5	1.589	1.721	0.718	0.778	92.31
3	4.5～6.0	66	97.7	0.878	1.299	0.676	1.001	67.55
4	6.0～13	73	98.5	0.350	0.472	0.775	1.018	74.13
5	13～21	71	98.8	0.081	0.113	0.753	1.048	71.84
6	合计/均值	400	97.9	5.053	1.14	3.744	0.929	408.81

9.7 板带钢热轧车间劳动定员和经济效益分析

9.7.1 板带钢热轧车间劳动定员

为了推进现代化自动化生产，本工厂决定执行“三班倒”制，每天分三个班，每个班八个小时，行政班从每天早上八点钟开始到下午五点结束。本工厂劳动定员见表9-17。

表 9-17　工厂劳动定员

序号	定员人数					合计
	部门	管理人员	技术人员	普通工人	服务人员	
1	厂长办公室	1	1	1	5	8
2	副厂长办公室	2	1	1	4	8
3	技术质检部	4	20	—	2	26
4	设备部	4	15	24	—	43
5	办公室	3	—	—	6	9
6	生产部	1	12	484	6	503
7	外贸部	1	1	0	1	3
合计		16	50	510	24	600

9.7.2　板带钢热轧车间技术经济效益分析

如表9-18所示，本工厂生产成本由生产原料费用、水电费用及燃料费用和工人薪资三部分组成。根据市场价，钢坯成本约为3400元/吨。工人工资按人均12万元/年计算。

表 9-18　年成本统计

项目	设计用量	单价	总计
生产原料费	408.81 万吨	3400 元/吨	1389954 万元
水电费用及燃料费	—	—	280000 万元
人工费	600 人	12 万元/人	7200 万元
合计	—	—	1677154 万元

目前市场上的1780 mm热轧板材约为5000元/吨，如表9-19所示，假设本工厂一年生产出来的400万吨产品全部获得订单，可得收入200亿元。在经过两年建设期后，将年收入减去年成本，算得约盈利32.3亿元。

表 9-19　本厂年利润

项目	金额/亿元	备注
年产值	200	不含建设期费用
年生产成本	167.7	
年利润	32.3	

综上所述，本工厂能够产生良好的经济效益。

思考题

9-1 请列出典型的板带钢产品,并说明其尺寸规格的典型特征。

9-2 板带钢生产需遵循的主要标准要求有哪些?

9-3 板材和带材的生产方案、工艺流程有何主要区别?

9-4 板带钢生产的主体设备有哪些?试说明主体设备的组成及结构形式。

9-5 对于板带钢的工厂选址,最主要考虑的因素是什么?

9-6 查询文献资料,试述我国板带钢生产状况、技术先进程度及工厂布局情况。

第10章 热轧中薄板车间工艺设计

10.1 热轧中薄板产品方案和厂址选择

10.1.1 中薄板生产初始条件

随着汽车行业和建筑工业的发展，热轧板带材的使用量呈现出逐年递增的趋势，使得热轧板带材行业获得了快速的发展。从2015年到2020年，我国板带材的产量发生了巨大的变化，如图10-1所示。2016年各类板带材产量约为5亿吨，比上一年增长了2.7%，2017年产量有所下降，随后三年又迅速增长，同比增长率都超过了3%。但目前我国生产的板带材产品质量与国际先进水平相差甚远。推动高技术、高价值板带材的发展，将成为我国未来轧钢工业的重中之重。因此，针对传统热轧板材低速、低效、高能耗、高排量等问题，本案例采用控轧控冷、边部感应加热、超快冷等技术，开展热轧车间工艺设计。

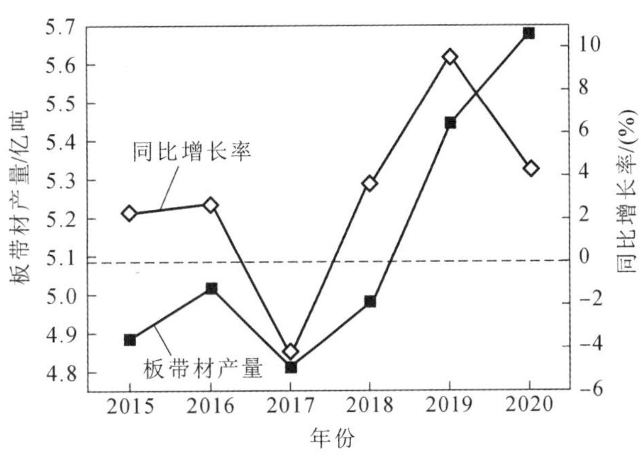

图10-1 2015—2020年中国板带材产量变化情况

根据产品大纲设计热轧板的牌号、年产量、工艺性能参数，并结合具体生产条件，得到合理的生产方案。本设计热轧生产线年产量可达350万吨，其中汽车大梁用钢750L年产量为100万吨，厚度规格为2～12 mm，占总产量的28.6%。在不进行750L钢生产时，该热轧生产线可以进行其他钢种的生产，如SPHC、Q345C、16MnR等。

在挑选坯料时，要综合地考虑坯料的材质、种类、断面形状、尺寸和大小等诸多因素。连铸坯要具有产品成本低、轧制坯形好、短尺少和成分均匀等特点。本设计采用230 mm×1500 mm×10000 mm的连铸坯作为主要原料，其化学成分如表10-1所示。

表 10-1 750L 钢坯料化学成分组成

坯料元素	坯料成分含量/(%)
C	≤0.12
Si	≤0.6
Mn	≤2.10
P	≤0.025
S	≤0.015
Al	≥0.015
Ti	0.070～0.170
Nb	0.030～0.060
Fe	余量

10.1.2 中薄板产品技术要求

通常把对产品的牌号、规格、表面质量以及组织性能等方面的要求称为产品的技术要求。因为产品的使用条件不同,用户对产品的技术要求也是不同的。产品标准包括国家标准(GB)、冶金行业标准(YB)、企业标准(QB)等。产品标准一般包括以下内容:

(1) 规格标准 规定产品的牌号、形状、尺寸及表面质量,并且附有供参考的有关参数等。

(2) 性能标准 规定产品的化学成分、物理机械性能、热处理性能、晶粒度、抗腐蚀性、工业性能及其他特殊性能要求。

(3) 试验标准 规定试验时的取样部分、试样形状和尺寸、试验条件以及试验方法等。

(4) 交货标准 规定产品交货、验收时的包装、标志方法及部位等。

产品标准反映了企业生产技术水平以及科学管理的状况。本设计产品生产执行最新的国家标准《合金结构钢》(GB/T 3077—2015),主要用于一般结构和机械结构,也可根据用户要求供货。

750L 钢的力学性能如表 10-2 所示。

表 10-2 750L 钢的力学性能参数

牌号	下屈服强度 R_{eL}/MPa	抗拉强度 R_m/MPa	断后伸长率 A/(%)
750L	≥650	750～950	≥13

10.1.3 热轧中薄板厂址选择

1. 地理和交通条件

本案例工厂选址在广西梧州地区,梧州市是广西的"东大门",地处"三圈一带"(珠三角经济圈、北部湾经济圈、大西南经济圈和西江经济带）交汇节点，自古以来便被称作"三江总汇"，是中国 28 个主要内河港口城市之一，是中国西部地区十二省（区、市）中最靠近珠三角地区和粤港澳的城市，也是连接珠三角与北部湾的主要通道城市。梧州市属亚热带湿润季风气候，珠江干流西江从市区蜿蜒而过，北回归线从市区穿过，森林覆盖率达 75.85%，江河水质达标率为 100%，空气质量优良率达 99%以上。

梧州市有众多港口，通航方便。以广西翅冀钢铁有限公司为研究对象，该钢铁公司左边有梧州西江机场，右边有高铁梧州南站，附近有众多的国道、省道，极大地方便了原料、产品的运输。

2. 原料和能源条件

梧州市已探明矿产资源有 30 多种，金属矿主要有钛、稀土、金、铁、铜、锌、铅、钨、钼等，非金属矿有石灰岩、白云岩、花岗岩、重晶石、大理石、石英石、硫矿，此外还有稀有金属和镁矿。但是这些矿产资源不能满足广西翅冀钢铁有限公司的需求，其所需球团矿原材料从京唐港水运至广州，并顺利到达梧州，原材料充足。

梧州市地处"三江总汇"，拥有丰富的淡水资源，其年降雨量保持在 1200 mm 左右，水利条件良好，供水充足，并且水的价格低廉。除此之外，梧州市拥有长洲水利枢纽，完全满足全市工业、生活供电需求，所以电价也相对比较低。

广西翅冀钢铁有限公司紧扣"三圈一带"的发展机遇，作为节能减碳的重点行业，持续进行绿色新技术改进与研发，坚持走高质量的绿色发展之路。

综合以上条件，选择梧州地区作为建厂厂址合理。

10.2　热轧中薄板工艺流程设计

10.2.1　工艺流程确定

本设计的生产工艺流程图如图 10-2 所示。连铸坯在上料台进行称重和温度测量之后，合格的连铸坯将采用热装（热装可最大限度地节能）的形式送入上料辊道，并由推钢机将连铸坯推送至加热炉进行加热（出炉温度控制在 1150～1250 ℃），再由出钢机将连铸坯推出至辊道。随后进行除鳞操作，以去除表面氧化皮。除鳞之后的铸坯进入粗轧机组进行粗轧，从粗轧机中轧制出的合格的中间坯，经过切头飞剪的切割后，再进入除鳞装置，除去再生的氧化皮，然后送到精轧机上进行精轧。精轧完成后轧件进入超快冷设备进行超快速冷却至 650 ℃左右，再通过层流冷却装置冷却至 400 ℃左右。最后，轧件经精整、称重、喷印后运输至成品库。

在添加微合金 Nb、Ti 等化学成分的基础上，利用智能化设备控制连铸坯的加热温度、轧制温度、轧制压下量等工艺参数，对轧制过程进行控制。为防止坯料在辊道的运输过程中温降过大，利用边部感应技术，在轧机工作辊出口侧的支架处安装电磁感应加热线圈，以减小温降。同时，将轧后冷却分为三个阶段：第一阶段为超快冷，防止奥氏体晶粒在高温下长大；第二阶段为层流冷却，降低冷却速度，控制奥氏体向铁素体的相变转变；第三阶段为空冷，促使相变组织均匀化，从而提高钢的性能。

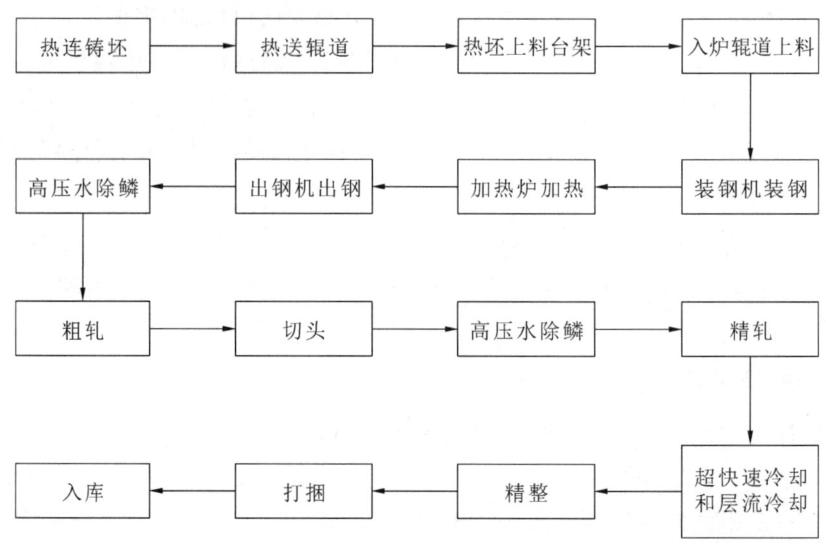

图 10-2　热轧中薄板生产工艺流程图

10.2.2　轧制变形量分配

1. 粗轧机组压下量

由于铸坯在粗轧机组上轧制时，坯料的温度较高且塑性较好，故粗轧机组应该采用大压下量轧制，粗轧机组变形量占总变形量的 70%～80%。铸坯的初始厚度为 230 mm，粗轧开轧温度为 1170 ℃，在两架四辊可逆式轧机上轧制 6 道次，可将厚度为 230 mm 的板坯轧成40 mm厚的中间坯。粗轧阶段具体各道次的压下量分配如表 10-3 所示，表中 Rm-n 表示第 m 架粗轧机的第 n 道轧次（下同）。

表 10-3　粗轧压下量分配

粗轧道次	R1-1	R1-2	R1-3	R2-1	R2-2	R2-3
压下率/(%)	15	25	31.3	30.6	25.9	22.6
压下量/mm	34.5	48.9	46.0	30.8	18.1	11.7
轧后厚度/mm	195.5	146.6	100.6	69.8	51.7	40.0

2. 精轧机组压下量

精轧机组压下量分配原则：前几架精轧机主要采用大压下量轧制，后几架精轧机用来控制板形、微调厚度。精轧机组的总压下量一般占全部压下量的 20%～30%。本设计的精轧机组有 7 架，以尺寸为 8 mm×1500 mm 的成品为例，设计为前四架分配大压下量，后三架进行微调。各道次的具体压下量分配如表 10-4 所示。

表 10-4　精轧压下量分配

精轧道次	压下率/(%)	压下量 Δh/mm	轧后厚度/mm
F1	25	10.0	30.0
F2	30	9.0	21.0
F3	25	5.3	15.7
F4	20	3.1	12.6
F5	15	1.9	10.7
F6	15	1.6	9.1
F7	12	1.1	8.0

10.2.3　轧制速度及周期

1. 粗轧速度及周期

粗轧阶段，为操作方便，取前 4 个道次的速度为 3 m/s，后 2 个道次的速度为 4 m/s。粗轧机组的轧制速度及时间如表 10-5 所示。第一架轧机反复轧制 3 道次，第一道次的间隙时间为 2 s，第二道次及之后需要立辊侧压，间隙时间为 5 s；第一架轧机 R1 到第二架轧机 R2 之间的距离为 20 m，轧制时间间隙为 4 s。为确保铸坯的温度，设铸坯在 R1、R2 之间的辊道速度为 10 m/s，则粗轧时间为

$$T_c = t_{c0} + t_{c1} + t_{c2} + t_{c3} + t_{c4} + t_{c5} + t_{c6} + 2 + 5 + 4 \times 2 \tag{10-1}$$

而 $t_{c0} = \frac{20}{10}$ s=2 s，计算得 T_c=72.7 s。

表 10-5　粗轧机组的轧制速度及时间

粗轧道次	轧制速度/(m/s)	轧制时间/s
1	3	4.5
2	3	5.8
3	3	7.5
4	3	10.2
5	4	11.4
6	4	16.3

2. 精轧速度及周期

确定末架精轧机的轧制速度后，由公式可以依次计算出前面轧机的速度。根据表 10-6，穿带速度为 5.5 m/s，末架轧机的最高轧制速度为 10 m/s。

表 10-6　末架轧机的穿带速度

成品厚度/mm	穿带速度/(m/s)
4.00 以下	10.0
4.01～4.59	9.5
4.60～4.99	9.0
5.00～5.49	7.5
5.50～5.99	7.0
6.00～6.49	6.5
6.50～6.99	6.0
7.00～7.99	5.75
8.00～9.99	5.5
10.00～12.50	5.0

在图 10-3 所示的精轧机组速度时间关系中，A 表示穿带开始时间；B 表示第一次开始加速时间，取加速度 $a_1=0.1\ \mathrm{m/s^2}$；C 表示第二次开始加速时间，取加速度 $a_2=0.25\ \mathrm{m/s^2}$；D 表示以最高速度轧制开始时间，$V_D=10\ \mathrm{m/s}$；E 表示坯料离开第三架轧机后机组开始减速时间，取 $v_E=10\ \mathrm{m/s}$；F 表示坯料离开第六架轧机后准备抛出时间，取 $v_F=8\ \mathrm{m/s}$；G 表示第二次开始减速时间；H 表示第二条坯料开始穿带时间。

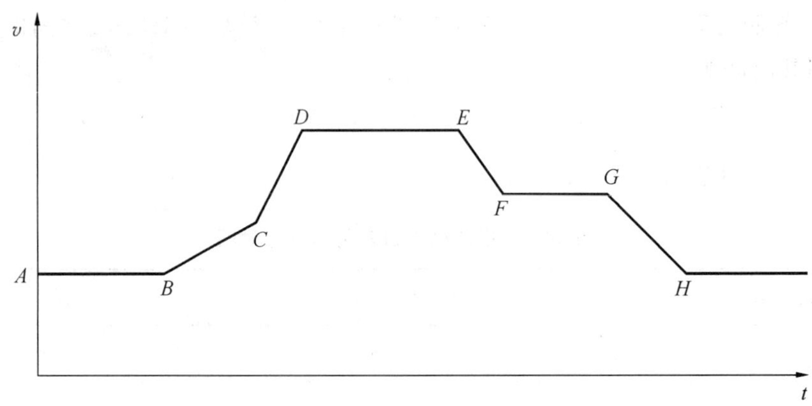

图 10-3　精轧机组的速度时间关系图

(1) AB 段：取 $S_{AB}=50$ m，则 $t_{AB}=9.1$ s。

(2) BC 段：取末架精轧机至卷取机的距离 $S_{BC}=75$ m，则

$$v_C=\sqrt{2a_1S_{BC}+v_B^2}=\sqrt{2\times 0.1\times 75+5.5^2}\ \mathrm{m/s}=6.73\ \mathrm{m/s}$$

$$t_{BC}=\frac{v_C-v_B}{a_1}=\frac{6.73-5.5}{0.1}\ \mathrm{s}=12.3\ \mathrm{s}$$

(3) CD 段：

$$t_{CD}=\frac{v_D-v_C}{a_2}=\frac{10-6.73}{0.25}\ \mathrm{s}=13.1\ \mathrm{s}$$

$$S_{CD}=\frac{v_D^2-v_C^2}{2a_2}=\frac{10^2-6.73^2}{2\times 0.25}\text{ m}=109.4\text{ m}$$

(4) EF 段：

$$L_1=\frac{(h_3+h_4+h_5+h_6)\times S_0}{h_7}$$
$$L_2=\frac{(h_5+h_6)\times S_0}{h_7} \tag{10-2}$$

式中 L_1, L_2——坯料尾部出第三架、第六架轧机时坯料所剩的长度，mm；

h_i——第 i 架轧机的轧后厚度，mm；

S_0——精轧机组间距，m，取 $S_0=6$ m。

得到 $L_1=36.1$ m，$L_2=14.9$ m，$S_{EF}=L_1-L_2=36.1$ m-14.9 m$=21.2$ m。

EF 段的加速度及时间为

$$a_3=\frac{v_E^2-v_F^2}{2S_{EF}}=\frac{10^2-8^2}{2\times 21.2}\text{ m/s}^2=0.8\text{ m/s}^2$$

$$t_{EF}=\frac{v_E-v_F}{a_3}=\frac{10-8}{0.8}\text{ s}=2.5\text{ s}$$

(5) FG 段：

$$S_{FG}=L_2=14.9\text{ m}$$

$$t_{FG}=\frac{S_{FG}}{v_F}=\frac{14.9}{8}\text{ s}=1.9\text{ s}$$

(6) DE 段：成品中薄板钢长度为

$$L=\frac{230\times 1500\times 10}{8\times 1500}\text{ m}=287.5\text{ m}$$

$$t_{DE}=\frac{S_{DE}}{v_D}=\frac{L}{v_D}=28.8\text{ s} \tag{10-3}$$

(7) GH 段：取加速度 $a_3=0.25$ m/s^2，则

$$t_{GH}=\frac{v_G-v_H}{a_3}=\frac{8-5.5}{0.25}\text{ s}=10\text{ s}$$

精轧机组的间隙时间 t_0 为

$$t_0=S_0\left(\frac{1}{v_1}+\frac{1}{v_2}+\cdots+\frac{1}{v_7}\right) \tag{10-4}$$

式中 t_0——轧机间隙时间的总和，s；

S_0——精轧机组的机架间距，m，取 $S_0=6$ m；

v_i——坯料的穿带速度，m/s。

穿带速度可根据金属每秒流量体积相等原则求出，即

$$h_1v_1=h_2v_2=\cdots=h_7v_7 \tag{10-5}$$

根据式(10-5)代入数据得精轧机各架次的穿带速度，见表 10-7。

根据式(10-4)和表 10-7，可得

$$t_0=6\times\left(\frac{1}{1.5}+\frac{1}{2.1}+\frac{1}{2.8}+\frac{1}{3.5}+\frac{1}{4.1}+\frac{1}{4.8}+\frac{1}{5.5}\right)\text{ s}=14.5\text{ s}$$

综上所述，精轧机组的轧制周期为

$$T = t_0 + t_{AB} + t_{BC} + t_{CD} + t_{DE} + t_{EF} + t_{FG}$$
$$= 14.5 + 9.1 + 12.3 + 13.1 + 28.8 + 2.5 + 1.9 = 82.2 \text{ s}$$

表 10-7　精轧机各架次的穿带速度

架次	F1	F2	F3	F4	F5	F6	F7
穿带速度 v/(m/s)	1.5	2.1	2.8	3.5	4.1	4.8	5.5

10.2.4　轧制温度控制

750L 钢是一种高强度钢种，其对材料的晶粒度要求很高。加热温度过高，则会使初生的奥氏体晶粒变粗，从而影响最终的晶粒尺寸。加热温度太低，又会导致添加的 Ti 元素无法在奥氏体晶粒中完全溶解，会对沉淀强化的效果产生影响。所以，轧制温度的确定是热轧生产过程中重要的环节。温度的变化过程则是由钢坯的加热和连铸坯在热轧过程中不断产生的温降所形成的。

在本设计中，将连铸坯的出炉温度控制在 1250～1290 ℃，粗轧的开轧温度约为 1170 ℃，精轧的终轧温度约为 880 ℃，随后通过超快冷和层流冷却设备将温度冷却至 400 ℃左右，卷取温度为 360～380 ℃（可以显著提高钢的韧性），再放置在仓库中自然冷却。

1. 粗轧温度

为确定各道次的轧制温度，需计算各道次的温降情况。在轧制时，温降的主要原因为辐射散热，可根据辐射散热的经验公式计算，即

$$T_i = T_{i-1} - 12.9\frac{Z}{h}\left(\frac{T_{i-1}}{1000}\right)^4 \tag{10-6}$$

式中　Z——各道次的轧制延续时间，s；

T_{i-1}——第 $i-1$ 道次的绝对温度，℃；

h——前一道次的轧后厚度，mm。

坯料的开轧温度为 1170 ℃，第一台粗轧机轧制 3 道次后经过辊道进入第二台粗轧机时的温降为 20 ℃，代入公式计算得：

$$T_1 = 1170\ ℃ - 12.9 \times \frac{4.5}{230} \times \left(\frac{1170}{1000}\right)^4 ℃ = 1169.5\ ℃$$

$$T_2 = 1169.5\ ℃ - 12.9 \times \frac{5.8}{195.5} \times \left(\frac{1169.5}{1000}\right)^4 ℃ = 1168.8\ ℃$$

$$T_3 = 1168.8\ ℃ - 12.9 \times \frac{7.5}{146.6} \times \left(\frac{1168.8}{1000}\right)^4 ℃ = 1167.6\ ℃$$

$$T_4 = 1147.6\ ℃ - 12.9 \times \frac{10.2}{100.6} \times \left(\frac{1147.6}{1000}\right)^4 ℃ = 1145.3\ ℃$$

$$T_5 = 1145.3\ ℃ - 12.9 \times \frac{11.4}{69.8} \times \left(\frac{1145.3}{1000}\right)^4 ℃ = 1141.6\ ℃$$

$$T_6 = 1141.6\ ℃ - 12.9 \times \frac{16.3}{51.7} \times \left(\frac{1141.6}{1000}\right)^4 ℃ = 1134.7\ ℃$$

2. 精轧温度

精轧机组轧制温度可根据经验公式计算：

$$T_j = T_0 - C\left(\frac{h_0}{h_n} - 1\right) \tag{10-7}$$

$$C = \frac{(T_0 - T_n)}{h_0 - h_n} h_n \tag{10-8}$$

式中　T_0——精轧前轧件的温度，℃；

T_n——精轧后轧件的温度，℃；

C——温降系数；

h_0——精轧前轧件的厚度，℃；

h_n——精轧后轧件的厚度，℃。

粗轧完成后坯料经过中间辊道、飞剪、除鳞机之后才进入精轧机组。设经过中间辊道温降为 10 ℃，经过高压水除鳞温降为 30 ℃，即精轧开始温度 T_0=(1134.7－40)℃＝1094.7 ℃，终轧温度为 880 ℃，则

$$C = \frac{1094.7 - 880}{40 - 8} \times 8\ ℃ = 53.7\ ℃$$

将 C 值代入式(10-7)，可求出精轧机组各道次的轧制温度：

$$T_1 = 1094.7\ ℃ - 53.7 \times \left(\frac{40}{30} - 1\right)\ ℃ = 1076.8\ ℃$$

$$T_2 = 1094.7\ ℃ - 53.7 \times \left(\frac{40}{21} - 1\right)\ ℃ = 1046.1\ ℃$$

$$T_3 = 1094.7\ ℃ - 53.7 \times \left(\frac{40}{15.7} - 1\right)\ ℃ = 1011.6\ ℃$$

$$T_4 = 1094.7\ ℃ - 53.7 \times \left(\frac{40}{12.6} - 1\right)\ ℃ = 977.9\ ℃$$

$$T_5 = 1094.7\ ℃ - 53.7 \times \left(\frac{40}{10.7} - 1\right)\ ℃ = 947.7\ ℃$$

$$T_6 = 1094.7\ ℃ - 53.7 \times \left(\frac{40}{9.1} - 1\right)\ ℃ = 912.4\ ℃$$

$$T_7 = 1094.7\ ℃ - 53.7 \times \left(\frac{40}{8.0} - 1\right)\ ℃ = 879.9\ ℃$$

根据上述计算结果，将粗轧和精轧阶段的主要参数列于表 10-8 和表 10-9 中。

表 10-8　粗轧轧制温度

轧制道次	轧后厚度 h/mm	压下量 Δh/mm	轧制时间/s	轧后温度/℃
R1-1	195.5	34.5	4.5	1169.5
R1-2	146.6	48.9	5.8	1168.8
R1-3	100.6	46.0	7.5	1167.6
R2-1	69.8	30.8	10.2	1145.3
R2-2	51.7	18.1	11.4	1141.6
R2-3	40	11.7	16.3	1134.7

表 10-9 精轧轧制温度

轧制道次	轧后厚度/mm	轧后温度/℃
F1	30.0	1076.8
F2	21.0	1046.1
F3	15.7	1011.6
F4	12.6	977.9
F5	10.7	947.7
F6	9.1	912.4
F7	8.0	879.9

10.2.5 轧制力计算

1. 粗轧段轧制力

粗轧段轧制力可由下式计算：

$$P = k\sqrt{R\Delta h}BQ \tag{10-9}$$

式中：k 为屈服强度极限，$k=1.15\sigma_s$，σ_s 为变形抗力（MPa）；B 为轧件在轧制前后的平均宽度，mm；Q 为应力状态影响系数；R 为工作辊半径，mm；Δh 为压下量，mm。

计算得到的粗轧各道次的轧制力如表 10-10 所示。

表 10-10 粗轧各道次轧制力

名称	R1-1	R1-2	R1-3	R2-1	R2-2	R2-3
σ_s/MPa	70	79	81	96	102	112
Q	0.9	0.92	1	1.08	1.1	1.1
P/kN	15636	21475	22703	24079	20170	18906

2. 精轧段轧制力

在轧制温度不变的情况下，中薄板钢的凸度随精轧轧制力的增大而增大。控制轧制力是板坯保持良好尺寸的关键。精轧段轧制力可根据下式计算：

$$P = \frac{H+h}{2} \times \sqrt{R\Delta h P_0} \tag{10-10}$$

$$P_0 = (1+m)(K+\eta\varepsilon) \tag{10-11}$$

式中：P 为轧制力，kN；m 为外摩擦影响系数；H 为精轧前厚度，mm；h 为精轧后厚度，mm；P_0 为平均单位压力，kN；η 为黏性系数；ε 为平均变形系数；K 为变形抗力，可查表获得。

代入数据计算得到精轧各道次的轧制力，见表 10-11。

表 10-11　精轧各道次的轧制力

名称	F1	F2	F3	F4	F5	F6	F7
H/mm	40.0	30.0	21.0	15.7	12.6	10.7	9.1
h/mm	30.0	21.0	15.7	12.6	10.7	9.1	8.0
Δh/mm	10.0	9.0	5.3	3.1	1.9	1.6	1.1
R/mm	400	400	400	400	350	350	350
m	0.747	1.034	1.318	1.494	1.906	1.903	1.496
K/MPa	76.91	80.83	86.06	92.77	102.37	110.57	115.17
η	0.349	0.368	0.392	0.419	0.465	0.499	0.522
ε	0.68	1.24	1.76	2.18	2.59	3.28	3.61
P_0/kN	134.78	165.34	200.83	233.65	300.99	325.74	292.17
P/kN	25699	19673	11973	7616	5212	4228	2868

10.3　热轧中薄板车间设备选型和设计

10.3.1　热轧中薄板粗轧机组

本设计选用 2 架四辊可逆式粗轧机，分别为 R1、R2，用于将连铸坯轧制成一定厚度的中间坯。其主要参数如表 10-12 所示。

表 10-12　四辊可逆式轧机参数

项目	参数
型号	四辊可逆式轧机
最大轧制力/kN	45000
轧机最大开口度/mm	270
工作辊直径/mm	800
工作辊辊颈尺寸/mm	600
工作辊辊身长度/mm	1780
电机转速/(r/min)	108/190
支撑辊直径/mm	1550/1400
支撑辊辊颈尺寸/mm	775
支撑辊辊身长度/mm	1780
最大轧制力矩/(kN·m)	2×3715.7
主电机(AC,2 台)功率/kW	6600
轧制速度/(m/s)	2.83/5.34

10.3.2 热轧中薄板精轧机组

精轧机类型主要包括PC轧机、HC轧机、CVC轧机等。综合考虑这三种轧机特点，本设计选用4台CVC轧机作为精轧机组的F1～F4和3台PC轧机作为精轧机组的F5～F7，前四架的主要作用是完成压下，后三架主要用于控制板形。前四架轧机的主要参数一致，后三架轧机的主要参数一致。

1. 精轧机F1～F4

精轧机F1～F4的主要参数如表10-13所示。

表10-13 四辊CVC精轧机F1～F4参数

项目	参数
工作辊辊身长度/mm	1800
工作辊辊身直径/mm	800
支撑辊辊身长度/mm	1600
支撑辊辊身直径/mm	1800
工作辊辊颈长度/mm	550
工作辊辊颈直径/mm	620
支撑辊辊颈长度/mm	900
支撑辊辊颈直径/mm	1000
工作辊辊颈过渡圆角半径/mm	65
支撑辊辊颈过渡圆角半径/mm	80
机架立柱断面面积/m^2	0.7
最大轧制力/kN	60000
最大轧制力矩/(kN·m)	660
电机功率/kW	8000

2. 精轧机F5～F7

精轧机F5～F7的主要参数如表10-14所示。

表10-14 四辊PC精轧机F5～F7参数

项目	参数
工作辊辊身长度/mm	1800
工作辊辊身直径/mm	800
支撑辊辊身长度/mm	1800
支撑辊辊身直径/mm	1300
工作辊辊颈长度/mm	550

续表

项目	参数
工作辊辊颈直径/mm	620
支撑辊辊颈长度/mm	900
支撑辊辊颈直径/mm	1000
工作辊辊颈过渡圆角半径/mm	65
支撑辊辊颈过渡圆角半径/mm	80
机架立柱断面面积/m^2	0.7
最大轧制力/kN	50000
最大轧制力矩/(kN·m)	480
电机功率/kW	5000

10.3.3　热轧中薄板加热炉及边部加热器

目前国内钢厂使用的加热炉主要有推钢式加热炉和步进梁式加热炉。

推钢式加热炉是一种利用推钢器将坯料从炉尾推进炉膛，并通过推钢器推动坯料在炉膛中运动的加热炉。步进梁式加热炉是一种依靠炉底或水冷金属梁的周期性上下、前后运动，把坯料持续不断地运送至炉内的加热炉。

边部加热器的类型主要有 U 形和 C 形两种，如图 10-4 所示，其工作原理是利用交流电场

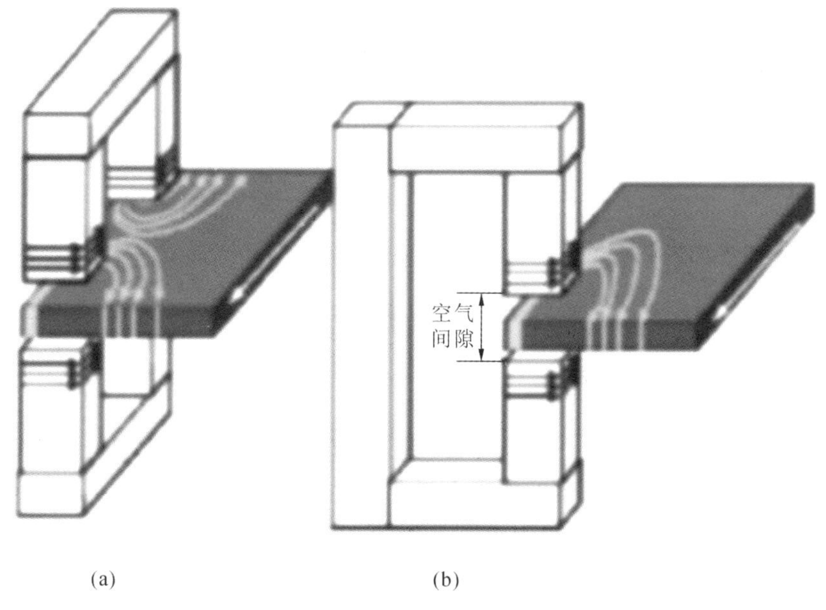

图 10-4　U 形边部加热器和 C 形边部加热器结构图

(a) U 形；(b) C 形

在加热器边部产生交流磁场，从而使坯料的边部在电磁感应线圈周围形成涡流，边部的面积小于中部，使得边部涡流通过的面积小、电流密度大，根据焦耳定律，涡流产生的热量与电流密度的平方成正比，所以边部产生的热量较高，从而补偿中间坯的边部温降。该加热器具有发热效率高、加热快速、自动化程度高的优点。

根据高效、自动化、低成本和绿色环保的设计理念，本设计选用步进梁式加热炉进行加热并选择边部加热器进行温降补偿。边部加热器的参数如表10-15所示。

表 10-15　边部加热器的主要参数

项目	参数
加热器	C形边部加热器
连铸热轧所需时间/min	10～15
板坯温度差/℃	5
输送速率/(m/min)	2～45
感应头功率/kW	2×2200
加热温度/℃	1100～1250

(1) 加热炉长度计算。

$$Q = \frac{PF}{1000} \tag{10-12}$$

$$L_{炉} = \frac{F}{L} \tag{10-13}$$

式中：Q为加热炉每小时平均产量，t/h；P为炉底有效强度，kg/m²，本设计取$P=800\ \text{kg/m}^2$；F为炉底布料面积，m²；L为铸坯长度，m。

经过计算可得$F=303.6\ \text{m}^2$，加热炉长度$L_{炉}=30.4\ \text{m}$。

(2) 加热炉宽度计算。

$$B = L + 2c \tag{10-14}$$

式中，c为坯料与加热炉墙的间距，取$c=0.2\ \text{m}$。

经过计算可得$B=10.4\ \text{m}$。

10.3.4　高压水除鳞设备

除鳞机的原理是当板坯离开加热炉之后，它的表面与空气接触而冷却，致使氧化铁皮出现裂纹，在高压水的冲击下，氧化铁皮由于快冷而产生收缩，出现翘曲的现象，在水流的作用下，这些氧化铁皮就会从铸件表面脱离，其余的水流会将剥落的氧化铁皮冲走，使得钢坯表面干净，从而实现除鳞。

本设计选用的高压水喷射式除鳞机的主要参数如表10-16所示。

表 10-16　高压水喷射式除鳞机的主要参数

项目	参数
进口压力/MPa	0.4～0.7
出口压力/MPa	18.0～22.0
工作流量/(L/min)	35～60
功率/kW	11～30

10.3.5　热轧中薄板冷却设备

层流冷却技术和超快冷(即超快速冷却)技术是目前国内大多数热轧厂使用的冷却方式。

层流冷却技术的原理是通过大量的虹吸管将冷却水带向钢材,在钢材表面形成一层冷却水,并在一定方向上做宏观运动,从而降低钢材的温度。因为虹吸管的数目很多,而且排列得非常紧密,所以钢带表面的水可以随时得到补充。同时,沿着输出辊道,间隔一定的距离还布置有一定数目的侧向喷嘴,以冲洗中薄板表面残留的水分,保持冷却水的持续补充,带走大量热量,实现冷却。这种技术要求系统控制稳定而水耗量低,且能实现冷却温度高精度控制。

超快冷技术的冷却过程与层流冷却技术基本相同,其使用高压水流冲击的方式冷却,冷却效率比层流冷却技术的高,可以在较短时间里完成整体快速冷却,同时也能提高温度控制精度,从而更好地进行组织控制,获得具有高强度、高韧性等优良力学性能的带材。超快冷技术推动了我国钢铁产业的升级。

本设计轧后冷却选用超快速冷却和层流冷却相结合的方式,相关设备参数分别如表10-17和表 10-18 所示。

表 10-17　超快速冷却设备参数

项目	参数
热轧温度/℃	850～950
超快冷出口温度/℃	650～700
有效容积/(×100 m^3)	100
冷却水压力/MPa	0.7
侧喷水压力/MPa	12
压缩空气压力/MPa	0.4～0.6
水消耗量/(m^3/h)	1500
侧喷水消耗量/(m^3/h)	200
液压系统工作压力/MPa	11

表 10-18　层流冷却设备参数

项目	上层参数	下层参数
组数	15	15
集管数	12	12
流量/(m^3/h)	480	480
总水量/(m^3/h)	5760	5760
冷却宽度/mm	1700	1700
冷却区长度/m	20	20

10.3.6　热轧中薄板设备负荷计算

1. 轧机生产率

轧机单位小时内的产量称为轧机的生产率，可根据式(10-15)计算：

$$A_p = \frac{3600}{T_1} Q K_1 b \tag{10-15}$$

$$Q = LA\rho \tag{10-16}$$

式中：A_p 为轧机每小时产量，t/h；Q 为原料质量，t；T_1 为节奏时间，s，取 $T_1=154.9$ s；K_1 为轧机利用系数，取 $K_1=0.8$；b 为成材率，本设计取 $b=0.94$；L 为坯料长度，m；A 为坯料截面积，m^2；ρ 为钢材密度，t/m^3。

由式(10-15)、式(10-16)，得

$$Q = 10 \times 80 \times 1.5 \times 7.85\ \text{kg} = 9420\ \text{kg} = 9.42\ \text{t}$$

$$A_p = \frac{3600}{154.9} \times 9.42 \times 0.8 \times 0.94\ \text{t/h} = 164.6\ \text{t/h}$$

2. 车间年生产量

年生产 100 万吨 750L 钢材，年工作日为 330 d，折合小时为 7920 h，则车间年产量的计算公式如下：

$$A = A_p T K_2 \tag{10-17}$$

式中：T 为轧机年工作时间，h；K_2 为时间利用系数，取 $K_2=0.8$。

由式(10-17)，得

$$A = 164.6 \times 7920 \times 0.8\ \text{吨} = 104.24\ \text{万吨} > 100\ \text{万吨}$$

符合车间年产量 100 万吨的要求。

3. 加热炉生产能力

加热炉的生产能力一般比轧机的生产能力大 20%左右，即

$$Q = 1.2 \times A_p \tag{10-18}$$

所以

$$Q = 1.2 \times 164.6 \text{ t/h} = 197.52 \text{ t/h}$$

10.4　热轧中薄板车间布置

10.4.1　热轧中薄板车间布置设计

1. 工艺流程线

车间配置设计一般要求：布置合理，满足工艺生产需求，工艺设备有连贯性；尽量做到物料自流、节约能源；便于安全生产和设备检修；“三废”需合理处理，达标后方可排放；运输路线畅通、高效，通风、采光好；等等。

常用的工艺流程线如图 8-3 所示。本案例车间设计是图中六种方式的结合，主要以直线式和过渡式为主，其他方式为辅。

2. 设备布置及间距

设备的连接方式由工艺流程确定，具体为加热炉→粗轧前除鳞箱→粗轧机组→切头飞剪→精轧前除鳞箱→精轧机组→超快冷装置→层流冷却装置→卷取机。

车间主要设备的间距如下：

(1) 加热炉到粗轧机组的间距为 15 m；

(2) 粗轧机 R1、R2 之间的距离为 10 m；

(3) 粗轧机 R2 到切头飞剪的距离为 10 m；

(4) 切头飞剪到除鳞箱的距离为 10 m；

(5) 除鳞箱到精轧机 F1 的距离为 15 m；

(6) 精轧机组中轧机的间距为 6 m；

(7) 超快速冷却段为 10 m；

(8) 层流冷却段为 20 m。

10.4.2　热轧中薄板车间平面图和立面图

本设计的车间平面图和立面图如图 10-5～图 10-7 所示，其中车间平面图 1 张，车间立面图 2 张。

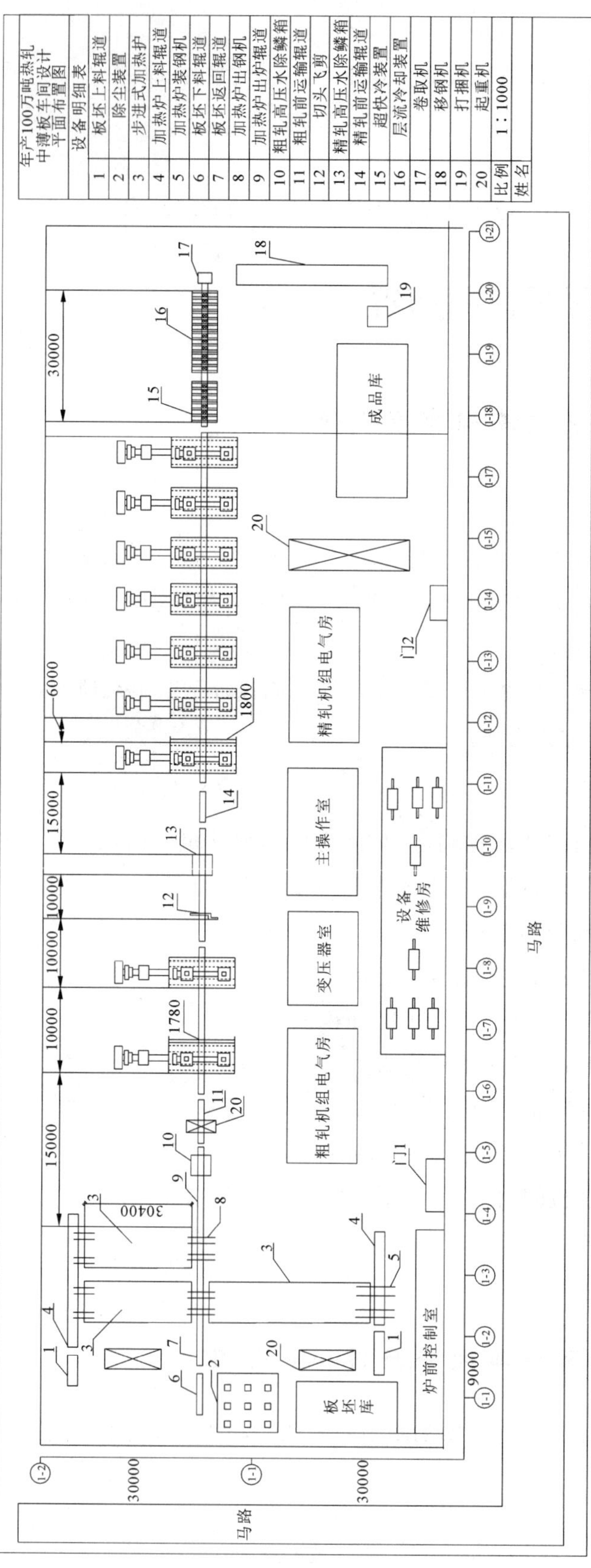
年产100万吨热轧中薄板车间设计平面布置图
设备明细表
1 板坯上料辊道
2 除尘装置
3 步进式加热炉
4 加热炉上料辊道
5 加热炉装钢机
6 板坯下料辊道
7 板坯返回辊道
8 加热炉出钢机
9 加热炉出炉辊道
10 粗轧高压水除鳞箱
11 粗轧前运输辊道
12 切头飞剪
13 精轧高压水除鳞箱
14 精轧前运输辊道
15 超快冷装置
16 层流冷却装置
17 卷取机
18 移钢机
19 打捆机
20 起重机
比例 1：1000
姓名
成品库
精轧机组电气房
主操作室
变压器室
粗轧机组电气房
设备维修房
炉前控制室
板坯库
门1
门2
马路
30000
6000
1800
15000
10000
1780
30400
9000

图 10-5 车间平面图

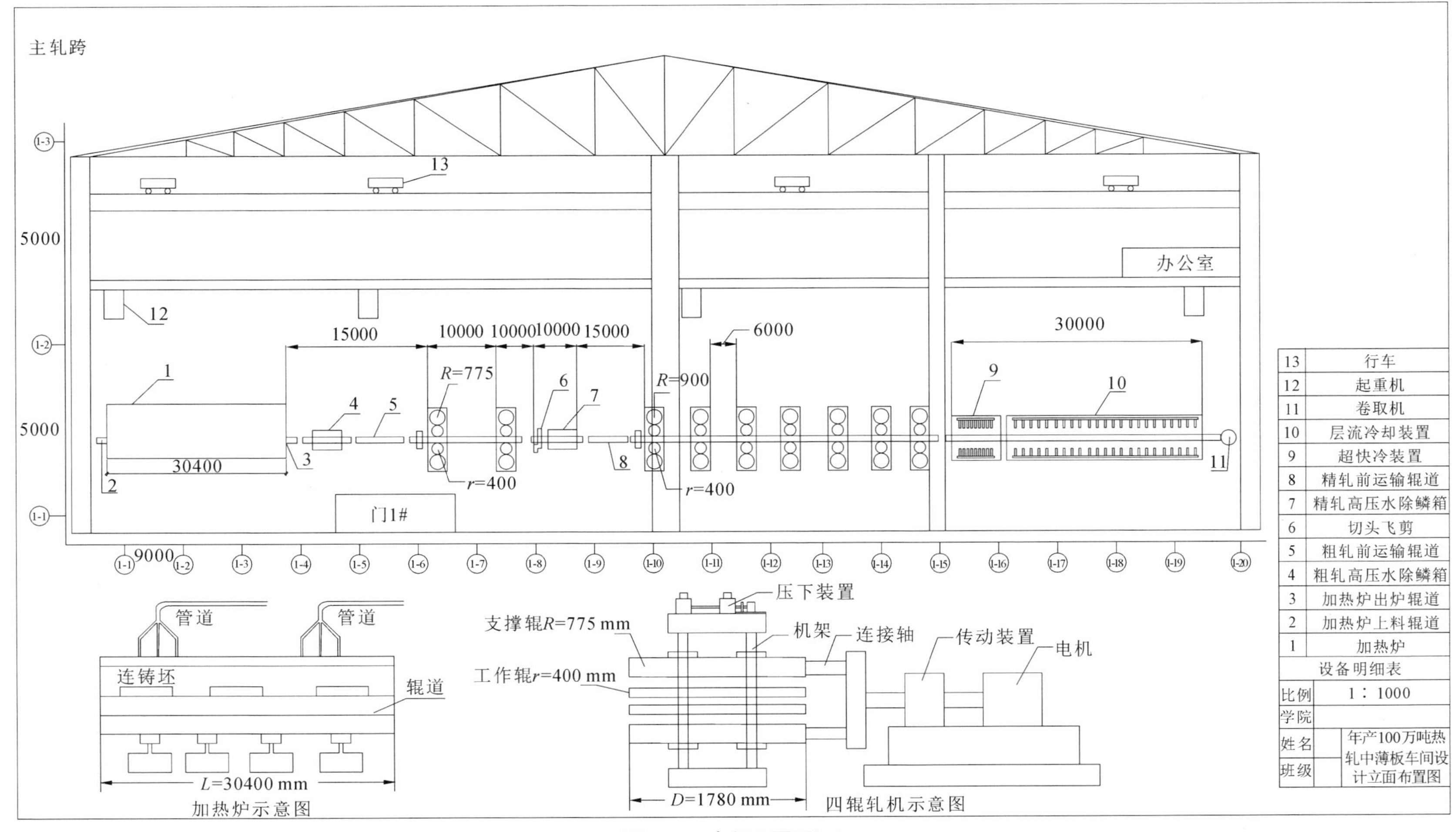

主轧跨
13
12
办公室
15000
10000 10000 10000 15000
6000
30000
5000
5000
1
4
5
R=775
6
7
R=900
9
10
30400
3
2
r=400
8
r=400
11
门1#
9000
压下装置
管道
管道
支撑辊R=775 mm
机架
连接轴
传动装置
电机
连铸坯
辊道
工作辊r=400 mm
L=30400 mm
加热炉示意图
D=1780 mm
四辊轧机示意图
13 行车
12 起重机
11 卷取机
10 层流冷却装置
9 超快冷装置
8 精轧前运输辊道
7 精轧高压水除鳞箱
6 切头飞剪
5 粗轧前运输辊道
4 粗轧高压水除鳞箱
3 加热炉出炉辊道
2 加热炉上料辊道
1 加热炉
设备明细表
比例 1：1000
学院
姓名 年产100万吨热轧中薄板车间设计立面布置图
班级

图 10-6　车间立面图(一)

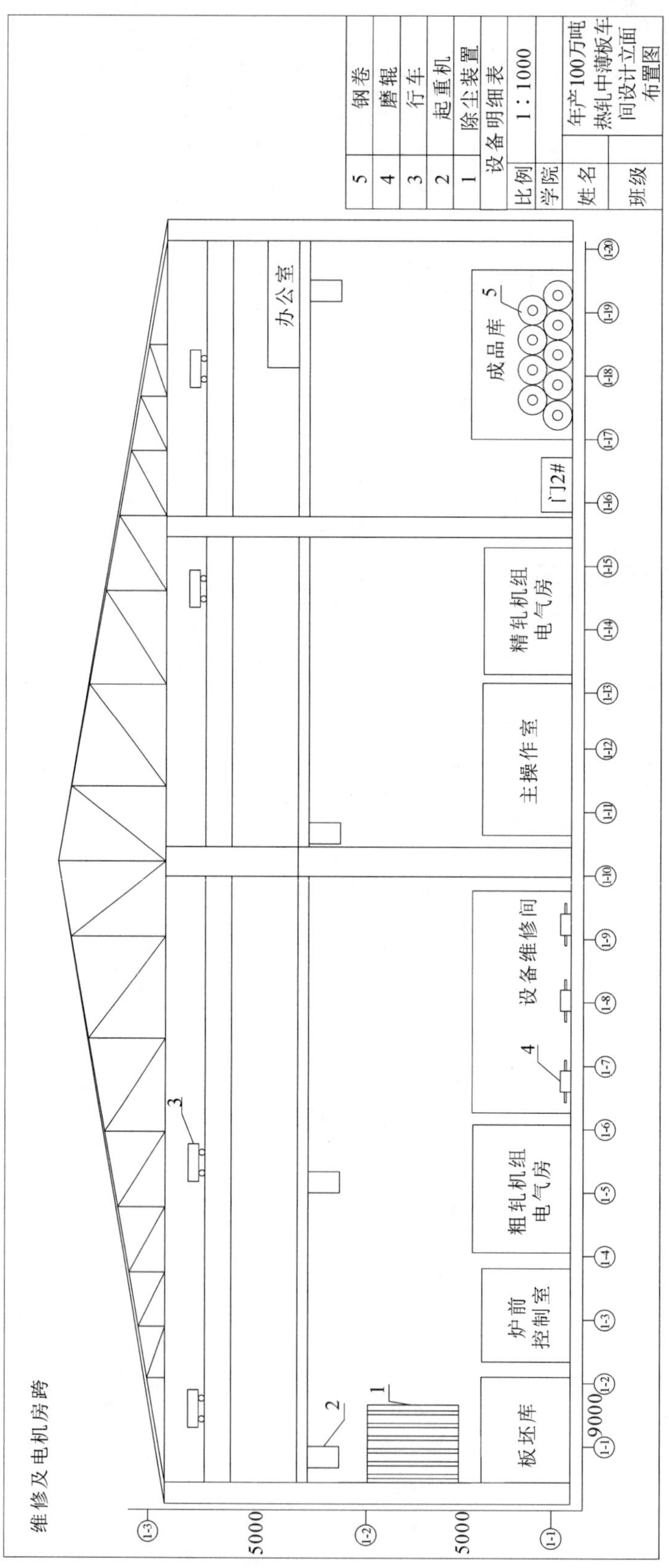
维修及电机房跨
板坯库
炉前控制室
粗轧机组电气房
设备维修间
主操作室
精轧机组电气房
门2#
成品库
办公室
5000
5000
9000
5 钢卷
4 磨辊
3 行车
2 起重机
1 除尘装置
设备明细表
比例 1∶1000
学院
姓名
班级
年产100万吨热轧中薄板车间设计立面布置图

图 10-7　车间立面图(二)

10.5　热轧中薄板物料和能源介质衡算

10.5.1　物料平衡计算

金属成材率的计算公式如下：

$$b = \frac{Q - W}{Q} \times 100\% \tag{10-19}$$

式中：Q 为原料量，t；W 为金属消耗量，t。

设热轧过程中切头飞剪的切损率约为铸坯的 2.5%，烧损率约为 1.0%，其他损失约为 2.5%，成材率约为 94%。

若坯料总重为 x 万吨，则

$$0.94x = 100$$

得

$$x = 106.38$$

因此，本设计车间工艺设计需要 106.38 万吨坯料，规格为 230 mm×1510 mm×10000 mm。钢带的物料平衡如表 10-19 所示。

表 10-19　钢带的物料平衡表

名称	参数
连铸坯/万吨	106.38
切损率/(%)	2.5
烧损率/(%)	1.0
其他损失/(%)	2.5
成材率/(%)	94.0
年产量/万吨	100

10.5.2　能源介质平衡计算

1. 水资源利用

生产过程中的耗水分别为除鳞水、设备冷却用水、轧后冷却用水以及自然蒸发的水，自然蒸发水耗量较少，可忽略不计。生产 1 t 750L 钢所需的水量为 1 t，则车间的年水耗量为 100 万吨。

2. 能耗计算

能耗主要为燃料消耗及设备耗电。一年的煤炭消耗量为 50 万吨。轧机的总功率为

50700 kW,每年的用电量为1673万度,其他设备每年的用电量为500万度。

10.6 热轧中薄板车间劳动定员和技术经济分析

10.6.1 热轧中薄板车间劳动定员

热轧车间的组织机构设置标准:根据各工序岗位情况,确定各部门的人数。热轧生产线主要包括生产组、后勤组、维修组、运输组、管理人员和行政人员。

生产组:主要负责操控生产设备。

维修组:主要负责生产过程中损坏设备的维修。

运输组:主要负责将成品运输至仓库,把原料送至原料库。

后勤组:主要提供后勤服务。

管理和行政人员:主要负责整个生产线的监督管理。

本设计中,实行三班三倒制度,一个星期轮换一次,分为甲、乙、丙班,一年330 d工作日,24 h不间断生产。根据生产需求,安排的生产人员如表10-20所示。

表10-20 车间劳动定员明细

序号	部门	定员人数			
		甲	乙	丙	合计
1	管理和行政部门	3	3	3	9
2	生产组	30	30	30	90
3	后勤组	5	5	5	15
4	维修组	5	5	5	15
5	运输组	5	5	5	15
6	合计	48	48	48	144

10.6.2 热轧中薄板车间技术经济效益

1. 技术经济指标

(1) 日历作业率:

$$\text{轧机日历作业率} = \frac{\text{实际工作时间}}{\text{日历时间} - \text{计划大修时间}} \times 100\% \tag{10-20}$$

(2) 有效作业率:

$$\text{轧机有效作业率} = \frac{\text{实际工作时间}}{\text{计划工作时间}} \times 100\% \tag{10-21}$$

(3) 成材率：

$$成材率 = \frac{合格产品质量}{原料质量} \times 100\% \tag{10-22}$$

(4) 合格率：

$$合格率 = \frac{合格产品量}{产品总监测量 + 中间废品量} \times 100\% \tag{10-23}$$

2. 经济效益分析

(1) 固定资产：

固定资产 = 项目投资 + 基础建设费用

本项目投资为 30 亿元。

基础建设费用：

基础建设费用 = 土地费用 + 建厂费用 + 设备费用

其中，设备费用的组成为加热炉 300 万元/台，总共 3 台；轧机 50 万元/架，总共 9 架；其他设备约 500 万元。则基础建设费用为

(4800 + 8500 + 900 + 450 + 500) 万元 ≈ 1.52 亿元

故本项目固定资产＝(30＋1.52)亿元＝31.52 亿元。

(2) 产品成本费用：包括原材料费用、人工费、水电动力燃料费。

根据市场价格，750L 汽车大梁钢价格约为 4900 元/吨，年均收益 49 亿元；

连铸坯的价格为 3700 元/吨，年均费用 39.37 亿元；

工人工资按每人 10 万元/年计算，年均人工费 1440 万元；

每吨水价格约为 1.76 元，100 万吨水费用约为 176 万元；

每吨煤价格约为 300 元，50 万吨煤费用为 1.5 亿元；

每度电价格约为 0.5 元，2173 万度电费用为 1087 万元。

具体的费用如表 10-21 所示。

表 10-21　车间成本费用

项目	总量	价格	费用
原料费	106.38	3700 元/吨	39.37 亿元
人工费	144 人	10 万元/人	1440 万元
水电费	—	—	1263 万元
煤炭费用	50 万吨	300 元/吨	1.5 亿元
总计	—	—	41.14 亿元

本设计的车间年支出为 41.14 亿元，年产值为 49 亿元，则

年利润 = 49 亿元 − 41.14 亿元 = 7.86 亿元

所得税 = 7.86 × 25% 亿元 = 1.965 亿元

$$净利润 = 7.86\ 亿元 - 1.965\ 亿元 = 5.895\ 亿元$$

$$投资回收期 = (31.52 \div 5.895)\ 年 = 5.3\ 年$$

本设计的车间经济效益如表 10-22 所示。

表 10-22　车间经济效益

项目	支出(收入)	备注
年费用	41.14 亿元	不含固定资产费用
年产值	49 亿元	
所得税	1.965 亿元	
年净利润	5.895 亿元	
投资回收期	—	5.3 年

本设计的车间年净利润可达 5.895 亿元,投资回收期为 5.3 年。

思考题

10-1 请列出典型的中板和薄板产品及其尺寸规格的特征。

10-2 中薄板生产需遵循的主要标准要求有哪些?

10-3 中板和薄板的生产方案、工艺流程有何主要区别?

10-4 中薄板生产的主体设备有哪些? 试说明主体设备的组成及结构形式。

10-5 对于中薄板的工厂选址,最主要考虑的因素是什么?

10-6 查询文献资料,试述我国中板和薄板的生产状况、技术先进程度及工厂布局情况。

第 11 章　铝型材挤压车间工艺设计

近年来，随着国内金属材料制造技术的快速发展，各种高性能优质铝合金材料及挤压复合铝型材在航空航天、交通运输、建筑工程、汽车、电子电器、石化、模具等行业得到广泛的应用，如图 11-1 所示。特别突出的是，在我国急需轻量化的大型现代智能化交通领域，铝合金大、中型型材产品得到了迅速的发展。据统计，2020 年铝基挤压型材在我国铝加工材中占 50.78%。从国内铝挤压材的产量来看，截至 2020 年末，我国铝挤压材年产量达到 2138 万吨，同比增长 6.47%。2020 年全国铝管材产量为 84 万吨，占全国铝挤压材总产量的 3.93%；铝棒材和其他铝挤压材产量为 52 万吨，占全国铝挤压材总产量的 2.43%。从我国铝加工产品结构来看，铝挤压材的占比是最高的。

图 11-1　铝型材产品

铝材是一种未来发展比较有优势的金属，用它制成的产品不仅健康环保、质量轻、自然耐腐蚀、强度高，其导热与导电性能还相当好。虽然铝挤压材主要在建筑行业使用，但随着越来越多的工程师和设计师在使用铝挤压材时了解到其几乎无限的设计可能性，其行业应用已经扩大。而在铝合金型材中应用最广泛的就是 6063 铝合金，6063 铝合金的成分位于 Al-Mg_2Si-Si 的三相区，主要合金组元是 Mg 和 Si，而且 Mg 和 Si 首先形成 Mg_2Si 相，在淬火状态和自然时效状态下都有很高的塑性，人工时效的 6063 铝合金挤压型材的抗拉强度可达 240 MPa，屈服强度可达 220 MPa，断后伸长率为 11%。6063 铝合金可以在高温下进行高速变形，它的淬火敏感度低，可以在挤压机上直接风冷淬火。用 6063 铝合金生产的制品表面光洁，表面质量比较好，可省去专门的抛光工序。铝挤压产品能进行各种颜色的阳极氧化着色，由于 6063 铝合金主要用于建筑、装饰等，因此其对 Fe、Cu 等杂质元素的控制较为严格，主要是为了保证它的耐腐蚀性。除此之外，在可热处理强化的合金中，6063 铝合金的可焊性在各牌号的铝合金中属于上等，可以采用多种焊接方式，比如铁焊、气焊、电阻焊、电弧焊。因此，本工厂的铝型材挤压车间工艺设计采用 6063 铝合金进行挤压生产。

11.1 铝型材产品方案和厂址选择

11.1.1 挤压生产能力确定

1. 初始条件

本设计车间年产量为10万吨，主要生产6063挤压铝管。车间产品方案和产品规格分别如表11-1和表11-2所示。

表11-1 车间产品方案

产品名称	牌号	年产量/万吨	所占比例/(%)
铝圆管	6063	10	100%

表11-2 车间产品规格

直径/mm	厚度/mm	长度/mm	内径/mm
100	2	8000	96

2. 坯料的选择

坯料的形状主要由成品的形状和挤压设备类型所确定。通常情况下，管材的生产大多采用圆柱形铸锭。坯料的直径通过管材成品的外径和内径加以确定。

挤压管材所用坯料的直径：

$$D_0 = \sqrt{\lambda(D^2 - d^2)} \tag{11-1}$$

式中：D_0 为挤压用锭坯的直径，mm；λ 为挤压比，取15～30；D 为成品铝管的外径，mm；d 为成品铝管的内径，mm。

计算得所用圆锭的直径为153 mm。

11.1.2 铝型材产品技术要求

1. 牌号及化学成分

6063铝合金的化学成分如表11-3所示。

表11-3 6063铝合金的化学成分

牌号	化学成分(质量分数,%)						
	Si	Fe	Cu	Mn	Mg	Cr	Zn
6063	0.45	0.35	0.10	0.10	0.5	0.10	0.10

2. 力学性能

6063 铝合金的力学性能参数如表 11-4 所示。

表 11-4　6063 铝合金的力学性能参数

牌号	抗拉强度/MPa	屈服强度/MPa	断后伸长率/(%)
6063	226～235	202～215	9.4～9.8

3. 工艺性能

6063 铝合金具有良好的机械性能、热处理性、可焊接性。

4. 微观组织

6063 铝合金主要的合金元素是 Mg 和 Si，强化合金的相是 Mg_2Si 和 AlSiFe 相。

5. 表面质量

铝管表面无压痕、刮痕、变形、凹陷等。

11.1.3　铝型材挤压厂址选择

1. 交通状况

佛山位于广东省中南部、珠江三角洲腹地，东倚广州，邻近港澳，地理环境优越，交通便利发达。2016—2020 年，佛山机场通航城市增加至 8 个，珠三角枢纽（广州新）机场前期筹备工作继续推进，港口资源加快优化整合，内河航道条件优越，港口货物吞吐量不断攀升，年均增长率达 12%，2020 年港口货物吞吐量达 9284.68 万吨。

2. 能源介质情况

佛山的地势总体呈现出北面高南面低、西面高东面低的特征，大部分地区都比较低平，地势比较平坦，以北江、西江三角洲平原为主，河流众多，水资源丰富。

11.2　铝型材生产工艺流程设计

11.2.1　工艺流程确定

铝型材产品生产工艺流程图如图 11-2 所示。首先将铝棒加热到 560 ℃，均匀化 5 h，出炉后进行强迫风冷，冷却速度必须大于 100 ℃/h，之后通过加热炉加热到 430 ℃左右送入挤压设备进行挤压，然后对挤压型材进行风冷淬火和矫直，矫直后进行锯切，再进行人工时效处理，处理完成后就可以进行包装入仓或转至各表面处理厂。

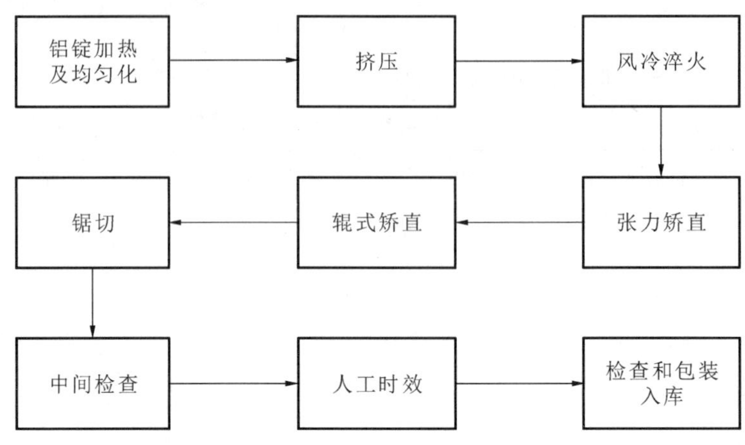

图 11-2　铝型材产品生产工艺流程图

11.2.2　挤压温度和挤压速度

1. 挤压温度

挤压温度范围主要取决于 6063 铝合金的化学成分和物理性质，还取决于挤压坯料的状态、所采用的挤压方式、变形速度，而模具的最大承受压力、产品的表面质量要求、产品力学性能和物理性能的要求、产品断面的复杂程度和尺寸精度、挤压生产率的要求等也会影响挤压温度。确定挤压温度的基本原则如下：

（1）选取合金塑性变形最佳的温度范围和相变情况，避免在多相和相变温度下挤压；

（2）了解影响挤压温度变化的因素和调节温度的方法；

（3）减小合金的变形抗力，降低挤压力和模具的负荷；

（4）保证挤压过程中，坯料的温度分布均匀；

（5）保证能达到最大流出速度；

（6）当挤压的温度超过铝合金的相变温度时，铝合金的塑性会降低并且可能产生缺陷，应避免；

（7）保证挤压时金属不粘连工具，不影响产品表面质量和不降低材料利用率；

（8）保证产品组织的均匀性和力学性能最佳；

（9）保证产品的尺寸精度达到要求。

2. 挤压速度

对铝合金来说，在选定的挤压温度范围内，根据合金元素和挤压方式的不同，铝合金的金属流动速度可以在 0.5～100 m/min 或更大的区间内变化。确定铝合金在挤压过程中合理的金属最大流动速度的准则是：挤压过程中铝管表面不出现裂纹，没有划痕，不粘连工具，没有其他的表面缺陷，铝管的尺寸均匀，不出现褶皱、弯曲以及其他缺陷。影响金属挤压速度的因素是合金的成分和挤压温度、坯料的形状、合金变形过程中的组织均匀性、产品断面的形状复杂程度和尺寸精度、型材整体形状的均匀性、工具结构、挤压方式、各接触部分的摩擦条件等。

11.2.3 挤压力和矫直力

1. 挤压力

挤压力的计算方法很多，在实际生产中，常用经验公式来计算挤压力 P，挤压力计算公式如下：

$$P = abk_{\mathrm{f}}\sigma_{\mathrm{s}}\left(\ln\lambda + \mu\frac{4L_{\mathrm{t}}}{D_{\mathrm{t}} - d_{\mathrm{z}}}\right) \tag{11-2}$$

式中　σ_{s}——坯料在挤压温度下静态拉伸时的屈服应力，MPa；

μ——各部分的摩擦系数，不用润滑剂热挤压时摩擦系数可取 0.5，用润滑剂热挤压时摩擦系数可取 0.2～0.25；

d_{z}——挤压针的直径，mm；

D_{t}——挤压筒的直径，mm；

L_{t}——坯料填充后的长度，可以用坯锭的原始长度 L 近似计算，mm；

λ——挤压系数，这里取 30；

a——铝合金材料的修正系数，取值范围为 1.3～1.5，6063 是软铝合金，这里取$a=1.5$；

b——产品断面修正系数，铝合金管材取 1.0；

k_{f}——修正系数，根据型材断面复杂程度系数 f 确定，取 $k_{\mathrm{f}}=1.0$。

铝型材挤压时的修正系数如表 11-5 所示。

表 11-5　铝型材挤压力计算时的修正系数 k_{f}

型材断面复杂程度系数 f	≤1.1	1.2	1.5	1.6	1.7	1.8	1.9	2.0
修正系数 k_{f}	1.0	1.05	1.1	1.17	1.27	1.35	1.4	1.45

计算的挤压力 $P=9.68$ MN。

2. 矫直力

矫直设备的类型有辊式矫直机、压力矫直机和张力矫直机。本设计采用张力矫直机和辊式矫直机。拉伸矫直是使铝型材在拉伸或扭转作用下产生微小的塑性变形从而实现矫直。最小拉伸力必须符合 $P_2>P_1$ 的要求。

$$P_1 = \sigma_{0.2}F \tag{11-3}$$

式中　P_1——型材实现矫直所需的最小拉伸力，kN；

$\sigma_{0.2}$——型材的屈服强度，MPa，取 215.1 MPa；

F——型材的横截面积，mm^2。

$$P_2 = K\sigma_{0.2}F \tag{11-4}$$

式中　P_2——矫直力，kN；

K——考虑材料力学性能不均匀性的安全系数，通常取 1.1～1.3。

11.2.4 铝型材时效处理

经过质检员确认合格后的型材方可装入时效炉进行时效处理，最先挤压的铝管要先放进均热炉，制品在时效炉内快速升温，达到保温温度后，开始记录保温时间，达到预定的保温时间后，打开炉门将铝型材拖到炉外，放到冷床上自然冷却，并放置已经时效处理的标识牌以便区分。

本设计先将 6063 铝合金加热到 210～220 ℃的温度区间，时效时间为 45～90 min，时效后的 6063 铝合金挤压型材具有较高的力学性能，并且力学性能比较稳定。

11.2.5 挤压润滑剂

在铝合金管材的挤压过程中，需要用润滑剂来降低金属与挤压筒壁、挤压针以及模具表面之间的摩擦力，这不仅可以减少铝合金挤压过程中的黏着浪费以及工具和模具的磨损，还能起到减小挤压力的作用。在挤压铝合金棒材时使用润滑剂会污染制品表面，所以铝合金棒材的挤压成形通常采用无润滑剂挤压，但铝合金管材和空心型材的挤压可以对模具表面和挤压针表面进行润滑。润滑剂的组成如表 11-6 所示。

表 11-6 铝合金挤压过程中润滑剂的组成

编号	润滑剂配比/(%)	使用范围
1	30%～40%粉状石墨＋60%～70%国产 1 号汽缸油	润滑挤压筒
2	10%石墨＋10%滑石粉＋10%铅丹＋70%汽缸油	
3	10%～20%片状石墨＋70%～80%汽缸油＋10%～20%铅丹	
4	30%～40%硅油＋60%～70%土状石墨	润滑挤压针

11.3 铝型材挤压设备选型和设计

11.3.1 铝型材挤压机

选择正向卧式双动穿孔挤压机，挤压机的各项参数如表 11-7 所示。

表 11-7 正向卧式双动穿孔挤压机的参数

挤压机能力/MN	12.5
主泵功率/kW	225
整机功率/kW	282
主缸前进速度/(mm/s)	264
主缸后退速度/(mm/s)	335
挤压速度/(mm/s)	14

续表

穿孔力/MN	1.2
穿孔行程/mm	700
穿孔速度/(mm/s)	120
主压杆安全行程/mm	1500
挤压筒内径/mm	160
挤压筒加热功率/kW	36
铝棒最大尺寸($D\times L$)/(mm×mm)	ϕ153×600
油箱容量/L	5000
冷却水用量/(L/min)	300
机身外形尺寸($L\times W\times H$)/(mm×mm×mm)	12052×4666×3573

11.3.2　挤压生产能力

挤压机的小时产量：

$$A=\frac{3600GbK}{T} \tag{11-5}$$

式中　A——挤压机每小时的产量，t/h；

G——原料质量，t；

T——节奏时间，s；

b——成材率，取 0.91；

K——挤压机的利用系数，取 0.85。

计算得到挤压机每小时产量：

$$A=\frac{3600\times0.013\times0.91\times0.85}{10}\ \text{t/h}=3.6\ \text{t/h}$$

总工作时间：309×24 h=7416 h。

生产产品所需工作时间：(100000÷3.6)h=27777 h。

挤压机实际工作时间为 6526 h，故需要挤压机 4 台。

挤压机的负荷率 η=6526÷7416=0.88。

挤压机的生产能力如表 11-8 所示。

表 11-8　挤压机生产能力分析表

年计划产量/万吨	10
坯料规格($L\times W$)/(mm×mm)	153×292
成品平均产量/(t/h)	3.6
挤压机需工作时间/h	6526
挤压机年工作时间/h	7416
挤压机负荷率/(%)	88
挤压机数/台	4

11.3.3　铝型材加热炉及其尺寸设计

1. 加热炉的选择

铝合金均热炉和坯料加热炉的技术参数如表 11-9 和表 11-10 所示。

表 11-9　铝合金均热炉技术参数

炉型	电阻炉
最高炉温/℃	630
最大装炉量/t	15
额定电压/V	380
额定功率/kW	624
循环风机数/个	2
炉膛尺寸($L\times W\times H$)/(mm×mm×mm)	5500×1500×1500
外形尺寸($L\times W\times H$)/(mm×mm×mm)	7000×1600×2160

表 11-10　链式单排铸棒燃油加热炉技术参数

型号	CGL1Y/Q-11
最高温度/℃	580
加热功率/kW	2090
区数/个	3
炉膛尺寸($L\times W\times H$)/(mm×mm×mm)	1200×700×360
铸棒直径/mm	ϕ150
质量/t	20

2. 加热炉的尺寸设计

用于加热和热处理的设备有均热炉、铸锭加热炉以及时效炉。

加热炉通常选用连续式加热炉。炉内铸锭都从装料口一端进入，从另一端取出。中小型挤压机的坯料加热通常使用燃油加热炉。燃油加热炉具有加热效率高、生产成本低等优点。燃油加热炉多数采用链条传动和导轨推进。单排铸锭加热炉多为长条形，长度一般为 6 m 左右，通过风机进行强制热风循环。

加热炉内部尺寸的确定如下。

(1) 加热炉的宽度 B 主要是根据坯料直径确定的。

$$B = nL + (n+1)\varepsilon \tag{11-6}$$

式中：L 为坯料直径，m；n 为坯料排列数；ε 为坯料与炉墙之间的间隙距离，m，一般取 0.2～0.3 m。

(2) 炉子长度主要根据加热炉产量确定。

11.3.4　铝型材切断和矫直设备

1. 切断设备

铝合金管型材主要采用锯切机来进行加工处理。锯切机的主要技术参数有锯片直径、锯片厚度和锯切机的功率。

采用的锯切机设备参数如表 11-11 所示。

表 11-11　Ds-A450-2 锯切机的规格参数

类别	参数	类别	参数
电源	380 V/50 Hz	锯切宽度	320 mm
锯切高度	140 mm	定尺精度	±0.1 mm
电机转速	3900 r/min	切割面平面度	0.1 mm
电机功率	4 kW	切割面垂直度	0.1 mm
工作气压	0.6～0.8 MPa	锯片直径	250～450 mm
主轴轴径	25.4 mm	进刀方式	横向进刀
冷却装置	微量润滑喷油装置	自动送料长度	6～800 mm
进给动力	步进电机推进	外形尺寸	1900 mm×1500 mm×1350 mm
主轴精度	0.01 mm		

2. 矫直设备

张力矫直机和辊式矫直机的主要技术参数如表 11-12 和表 11-13 所示。

表 11-12　张力矫直机主要技术参数

矫直拉力/kN	200
拉伸长度/m	26
最大拉伸行程/mm	1200
钳口张开尺寸/mm	130
外形尺寸(L×W×H)/(mm×mm×mm)	2530×560×2420
拉伸速度/(mm/s)	51
扭拧角度/(°)	180
主电机功率/kW	11

表 11-13　辊式矫直机主要技术参数

辊数	12 辊
屈服强度/MPa	≤400
宽度/mm	800
高度/mm	150
矫直速度/(m/min)	7/14
辊径/mm	300～360
辊中心距/mm	350
辊调整量/mm	上 350;下 50
主电机功率/kW	28
设备外形尺寸(长×宽×高)/(m×m×m)	6.81×3.73×2.37

11.3.5　铝型材冷却和起重运输设备

1. 冷却设备

通过参数计算选用长度为 36 m、宽度为 10 m 的冷床，能够在冷却时间内容纳全部挤压出来的铝合金管材。

2. 起重运输设备

根据均热炉单次的处理量和时效炉的处理量来确定起重运输设备的吨位，这里选用 4 架 20 吨级的起重机来进行日常的坯料运输和成品搬运。

11.3.6　铝型材包装机

根据产品的类型和客户的需求，铝型材的包装有多种形式，应用最多的就是纸包装，对于未进行表面处理的光滑成品，需要用较厚、较软的纸衬垫好以后，再在外面用纸包装。

11.4　铝型材挤压车间布置

11.4.1　铝型材挤压车间布置设计

铝合金挤压车间所用到的生产设备，包括挤压机、加热炉、均热炉以及辅助设备等，这些设备的相对位置需要根据产量、铝管的规格和性能要求加以确定。在布置主要设备时，挤压机和均热炉等设备在保证安全生产的前提下尽量与坯料堆放仓库保持合理距离，以方便运送坯料。

一般大、中型车间还要进行车间通道的布置，具体如下。

(1) 车间的主要通道：提供成品运输的通道。

(2) 车间次要通道：用于运输材料和备品备件，方便设备检修以及与仓库场地间的通行，如车间的成品库设火车通路、车间端面和侧面开设大门。

(3) 人行道以及防火通道：当车间的人较多时，考虑到非常情况需要迅速撤离，人行道可设为 3 m；车间大门根据通道安排情况加以确定，在车间端面和侧面开一定数量的大门，大门的尺寸可根据通行的车辆确定。

11.4.2　铝型材挤压车间面积计算

1. 原料仓库面积

$$F=\frac{24Ank}{k_1 qh} \tag{11-7}$$

式中　F——仓库面积，m^2；

q——每平方米原料质量，t/m^2；

h——每堆原料堆放高度，m；

A——挤压机每小时的产量，t/h；

n——存放天数，d，一般存放一个星期；

k, k_1——金属消耗指数和仓库利用系数，分别取 1.09 和 0.8。

$$F=\frac{24\times3.6\times7\times1.09}{0.8\times2\times2}\ \mathrm{m}^2\approx206\ \mathrm{m}^2$$

2. 成品仓库面积

$$F=\frac{24\times3.6\times7\times1.09}{0.8\times0.5\times2}\ \mathrm{m}^2\approx824\ \mathrm{m}^2$$

通过计算得到堆放坯料的仓库面积为 206 m^2，堆放成品的仓库面积为 824 m^2。

11.4.3　铝型材挤压车间平面图和立面图

本设计的车间平面图和立面图如图 11-3 和图 11-4 所示。

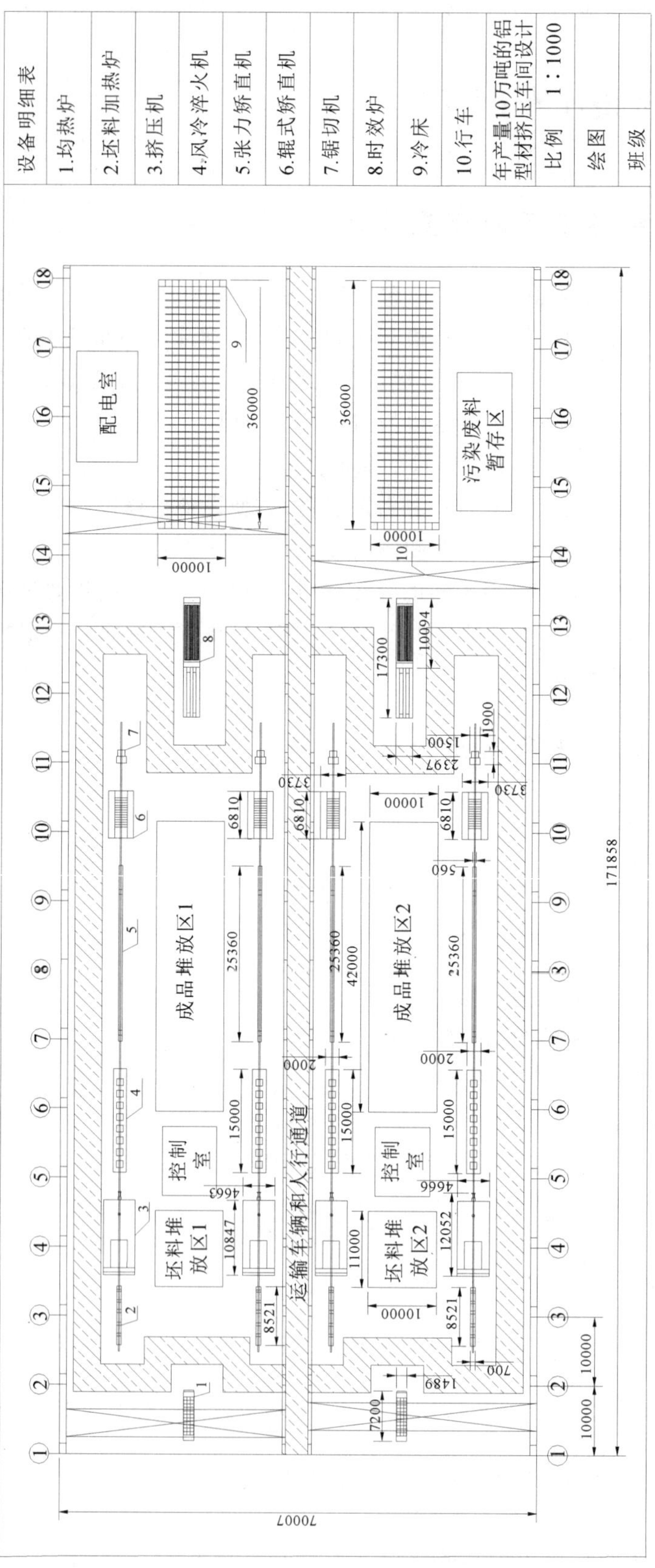
设备明细表
1.均热炉
2.坯料加热炉
3.挤压机
4.风冷淬火机
5.张力矫直机
6.辊式矫直机
7.锯切机
8.时效炉
9.冷床
10.行车
年产量10万吨的铝型材挤压车间设计
比例 1：1000
绘图
班级
配电室
污染废料暂存区
成品堆放区1
成品堆放区2
坯料堆放区1
坯料堆放区2
控制室
运输车辆和人行通道
171858
70007

图 11-3 车间平面图

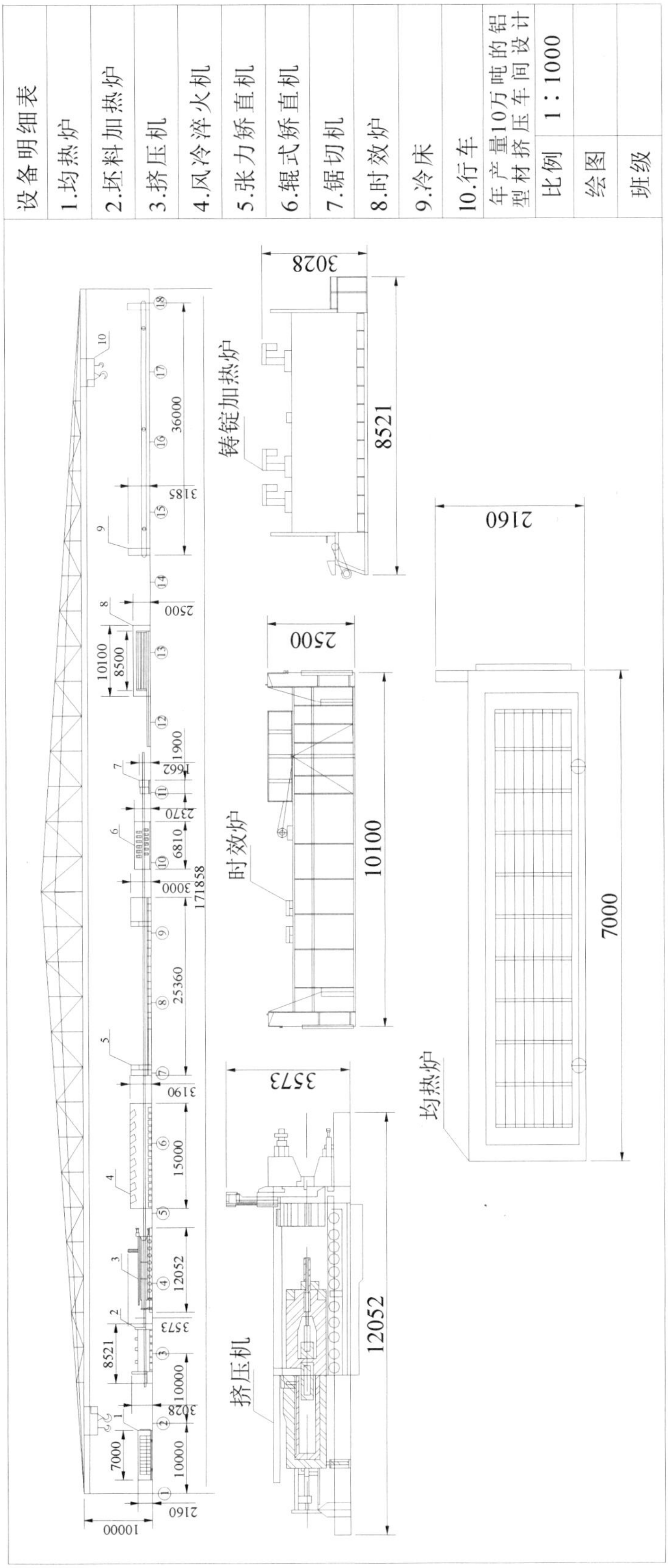

设备明细表
1.均热炉
2.坯料加热炉
3.挤压机
4.风冷淬火机
5.张力矫直机
6.辊式矫直机
7.锯切机
8.时效炉
9.冷床
10.行车

年产量10万吨的铝型材挤压车间设计	
比例	1：1000
绘图	
班级	

10000　2160　7000　10000　3028　10000　8521　3573　12052　15000　3190　25360　3000　6810　2370　1662　1900　10100　8500　2500　3185　36000　171858

挤压机　3573　12052

时效炉　2500　10100

铸锭加热炉　3028　8521

均热炉　2160　7000

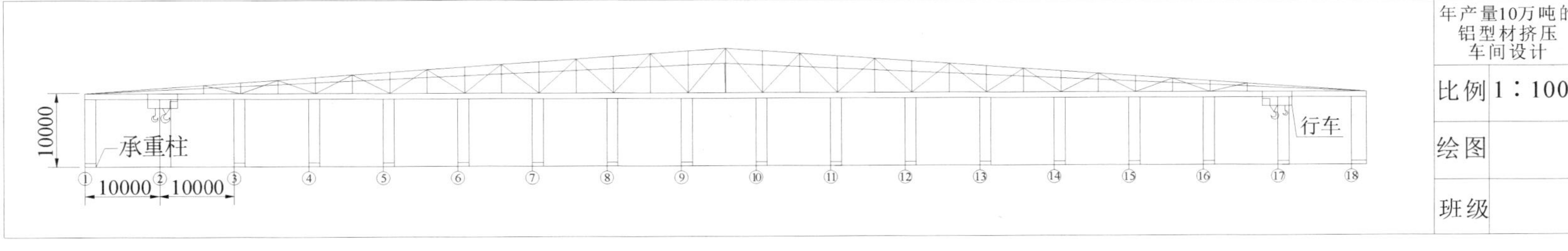

图 11-4　车间立面图

11.5 铝型材物料平衡计算

11.5.1 铝型材定尺余量

为了保证产品交货时的长度满足客户要求，挤压出来的铝管长度要比成品长度大。铝合金挤压型材的定尺余量如表 11-14 所示。

表 11-14 铝合金挤压型材定尺余量

孔数	1	2	4	≤6
型材定尺余量/mm	1000～1200	1200～1500	1500～1700	1800～2500

对于特殊产品，要适当增加工艺余量。

(1) 高精度铝管材，角度要求比较严格，靠近夹头附近辊式矫直后角度一般不容易合格，应多留 600 mm 长度。

(2) 空心型材前端不容易合格，预留 500～800 mm 长度。

铝合金挤压型材的切头、切尾长度见表 11-15。

表 11-15 铝合金挤压型材切头、切尾长度

型材壁厚/mm	前端切去的最小长度/mm	挤压时的最小切尾长度/mm
≤4.0	100	500

11.5.2 铝锭和产品长度

压制出来的铝管长度为

$$L_{定出} = L_{定} + L_1 + L_2 \tag{11-8}$$

式中：L_1 为切头、切尾总长度，mm；L_2 为工艺余量，mm；$L_{定}$ 为定尺产品长度，mm。

计算得到产品长度为 9500 mm。

$$L_{锭} = \frac{L_{定出}}{\lambda} + H \tag{11-9}$$

式中：H 为挤压残料，取 25 mm；λ 为挤压系数，取 30。

计算得到所用铝锭的长度为 342 mm，成材率为 92.7%。

11.6 铝型材挤压车间劳动组织、经济效益分析和环境保护

11.6.1 挤压车间组织机构和工作制度

1. 组织机构

设置各工序岗位，并根据各岗位人数来确定劳动定员。挤压生产线人员主要包括生产人

员、后勤人员、维修人员、运输人员、管理和行政人员。

生产人员：控制挤压生产线上的设备，完成挤压生产线上的生产任务。

后勤人员：为加热炉提供燃料、处理废料等。

维修人员：对生产设备进行维修和维护，保障生产顺利进行。

运输人员：利用运输车辆、行车来运输物料、产品。

管理和行政人员：对整个生产线进行监督和管理，对产品质量进行检测。

2. 工作制度

车间工作制度主要取决于车间主要生产设备的工作制度，铝管生产车间选用连续工作制，年工作日按 309 d，每天三班倒，24 h 连续生产，轮流值班，每班安排负责人监管。劳动定员人数如表 11-16 所示。

表 11-16　劳动定员表

序号	项目	岗位	甲班定员	乙班定员	丙班定员	合计
1	加热炉	工段长	1	—	—	1
		操作工	3	3	3	9
		主控室	2	2	2	6
2	挤压机	工段长	1	—	—	1
		操作工	3	3	3	9
		主控室	2	2	2	6
3	锯切机	工段长	1	—	—	1
		操作工	3	3	3	9
		主控室	2	2	2	6
4	矫直机	工段长	1	—	—	1
		操作工	2	2	2	6
		主控室	2	2	2	6
5	时效炉	工段长	1	—	—	1
		操作工	3	3	3	9
		主控室	3	3	3	9
6	质检	质检部	10	10	10	30
7	介质	燃气	3	3	3	9
		给排水	5	5	5	15
8	维修	工段长	1	—	—	1
		设备检修员	8	8	8	24
		技术员	5	5	5	15
9	物流运输	工段长	1	—	—	1
		汽车司机	3	3	3	9
		行车司机	3	3	3	9
10	管理和行政	技术管理和行政人员	30	—	—	30
11	总计	—	—	—	—	223

11.6.2 挤压车间经济效益分析

根据市场价格，6063 铝合金挤压管材约为 25000 元/吨，10 万吨 6063 铝合金挤压管的价值为 25 亿元。

生产成本主要包括挤压用的铝锭坯料、水费和电费、工人工资、建厂投资成本。

(1) 坯料的价格为 18000 元/吨，年坯料成本为 19.4 亿元。

(2) 每个工人平均工资为 5000 元/月，每年需要发工资 1338 万元。

(3) 水电费每吨 6 元，每年支出 624 万元。

(4) 挤压机的价格为 80 万元/台，需要 4 台挤压机，总价值为 320 万元；均热炉价格为 25.8 万元/台，需要 2 台均热炉，总价值为 51.6 万元；铸锭加热炉的价格为 6.52 万元/台，需要 4 台加热炉，总价值为 26.08 万元；铝合金时效炉的价格为 10 万元/台，使用 2 台时效炉，总价值为 20 万元；锯切机的价格是 8.8 万元/台，共需 4 台锯切机，总价值为 35.2 万元；张力矫直机的价格为 5.6 万元/台，需要 4 台张力矫直机，总价值为 22.4 万元；辊式矫直机的价格为 13 万元/台，需要 4 台辊式矫直机，总价值为 52 万元；风冷淬火设备的价格为 4 万元/台，需要 4 台风冷淬火设备，总价值为 16 万元；链式冷床的价格为 25 万元/台，需要 2 台链式冷床，总价值为 50 万元。

(5) 厂房建设大约需要 3 亿元，合计建厂投资 22.92 亿元。

去除 20% 的企业所得税，年利润为 1.87 亿元，经济效益分析如表 11-17 所示。

表 11-17 经济效益表

项目	成本/万元	年收入/万元
挤压坯料	194000	—
水电费	624	—
工人工资	1338	—
挤压机	320	—
均热炉	51.6	—
铸锭加热炉	26.08	—
时效炉	20	—
锯切机	35.2	—
张力矫直机	22.4	—
辊式矫直机	52	—
风冷淬火设备	16	—
链式冷床	50	—
厂房建设	30000	—
建厂投资	226555	—
产品价值	—	250000
税前年总利润	—	23445
缴纳税款	4689	—
年净利润	—	18756

11.6.3　挤压车间环境保护

1. 废水

本车间几乎没有产生工业废水，主要是职工生活污水。生活污水经过化粪池处理后，定期掏空，外运用作农作物肥料，对地表水的影响比较小。不取用地下水，对地下水位不会产生影响。

2. 废气

生产过程中的废气主要为加热炉燃烧时产生的废气，主要污染物为 CO_2 和 SO_2。燃烧废气可通过烟囱排放。

3. 噪声

噪声主要来自切割机、挤压机、矫直机等，可以通过合理布局和采取必要的隔音处理措施，如可在厂边种植树木用于阻挡噪声和烟尘，使厂界噪声达标，周边环境不会被噪声影响。

4. 固体废物

生产车间产生的固体废物包括危险废物、一般废物和生活垃圾。一般废物主要是锯切过程中产生的废料。危险废物主要是废润滑油、废切削液。危险废物存放于危废暂存间，交予能源技术公司处理。

思考题

11-1 请列出典型的民用铝型材挤压产品及其尺寸规格的特征。

11-2 铝型材挤压生产需遵循的主要标准要求有哪些？

11-3 铝型材和棒材的生产方案、工艺流程有何主要区别？

11-4 铝型材挤压生产的主体设备有哪些？试说明主体设备的结构组成。

11-5 对于铝型材挤压车间的工厂选址，最主要考虑的因素是什么？

11-6 查询文献资料，试述我国铝型材挤压生产状况、技术先进程度及工厂布局情况。

第 12 章　铝合金熔铸车间工艺设计

我国对铝加工材的需求逐渐提升，2006 年，中国的铝合金产量已经超过美国，居世界第一。近十几年来，国家对铝合金产能的控制非常严格，对节能、环保的要求也不断提高。在国家政府的带领下，铝合金生产企业正在向环保、节能、低成本、自动化方向转型。铝合金产业所涉及的产业链规模大、出口量高、带动面广、影响面大。中国铝产品的出口量占到国内全部铝制品产量的 20%左右。我国铝行业虽然起步晚，但是发展速度非常迅猛。这基于我国具有丰富的铝土矿原料资源、良好的企业发展环境，而在技术上，则需要引进先进技术，不断创新，激发企业竞争力。

铝合金铸锭是铝合金板带箔材的主要坯料，其组织和性能决定了铝合金产品的最终质量。铝合金熔炼常用的工艺主要有燃气炉熔炼铝合金和电阻炉熔炼铝合金。燃气炉的主要燃料是煤气或者天然气，采用全固体料作为生产原料，但缺点是能耗高。电阻炉，顾名思义，以电力作为能源。与燃气炉相比，电阻炉不仅能节约能源，而且在熔铸过程中不会产生那么多的有毒有害气体，相对清洁环保。铝合金铸锭主要的铸造技术有直接水冷半连续铸造技术(DC 铸造法)、LHC 铸造技术、超声铸造技术、电磁铸造技术等。目前我国诸多铝冶炼和铝加工企业在铝合金熔铸坯生产方面取得了有益进步，已开发了航空用硬铝合金扁锭，其宽度从原来的 1650 mm 增加到 2670 mm，该规格是迄今为止国内最大的扁锭，解决了铝行业中高品质、大规格铸锭只能采用横轧制备的技术难题，如图 12-1 所示。

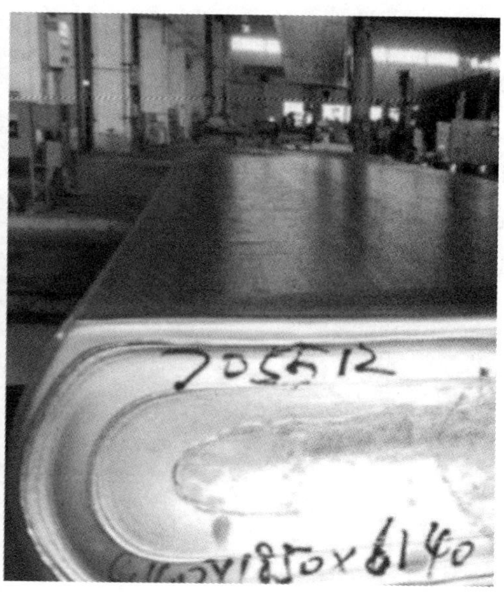

图 12-1　大规格铝合金铸锭

6061 铝合金是一种以镁、硅为主要合金元素的铝合金，具有易焊接、易加工、易电镀、高韧性、不易变形、易抛光和表面处理的特点，同时具有很强的耐腐蚀性。传统熔铸方法生产的

6061 铝合金铸锭容易出现开裂、表面气泡、夹渣、力学性能不合格等缺陷，同时生产耗能高、产量低、成材率不高。本工程案例主要针对某年产 10 万吨铝合金熔铸车间进行设计，以高温液态原铝为生产原料，采用节能电阻保温炉熔炼技术以及气体喷粉法和炉底透气砖法进行炉内精炼，并利用在线除气技术和泡沫陶瓷片过滤除渣技术，以提高熔铸车间生产的自动化、智能化水平，提高生产效率，有效提升产品质量，充分提高车间生产的稳定性、安全性和可靠性，保障车间在环保、节能方面的先进性。本案例对未来企业的工艺改进、经济效益提高、先进技术的使用等方面，具有一定的参考意义。

12.1　铝铸锭产品方案和厂址选择

12.1.1　熔铸车间生产能力确定

1. 初始条件

本熔铸车间设计的年产量为 10 万吨，主要生产 6061 铝合金，交货状态为扁平铝锭。熔铸车间可生产常规的铝合金产品，也可生产特殊定制产品。车间拟生产的产品方案如表 12-1 所示。

表 12-1　车间产品方案

产品名称	合金牌号	产品规格/(mm×mm×mm)	年产量/万吨	所占比例/(%)
6061 铝锭	6061	580×1400×2000	10	100

2. 生产原料的选择

在选择原料时，要综合考虑固体料的种类、大小、需求量，以及电解铝液的成分、温度等多方面的因素，因为这些会影响整个铝合金熔炼过程的进行以及产品的最终品质。受电阻炉加热功率的限制，进行铝合金铸锭生产时只能依托电解铝液为主要原料，而无法用 100%的固体料进行熔铸生产。所以在选择原料时，以电解铝液、固体料为主要原料，同时固体料必须占全部炉料总量的 20%～30%。固体料主要包括铝硅合金、镁锭、铝锭等。选择入炉的主要原料化学成分如表 12-2 所示。

表 12-2　入炉主要原料化学成分(质量分数，%)

类别	Al	Si	Mg	Mn	Cr	Cu	Fe	Zn	其他
镁锭	0.05	0.03	≥99.7	0.06	—	0.02	0.05	—	0.02
电解铝液	≥99.7	0.10	—	—	—	0.005	0.18	0.01	—
Al-Si 合金	≥99.6	0.2	—	—	—	—	0.05	—	—
铝锭	≥99.7	0.12	0.03	—	0.03	0.01	0.02	0.03	0.03

12.1.2 铝铸锭产品技术要求

1. 产品性能

6061 铝合金产品要符合国家标准《变形铝及铝合金化学成分》(GB/T 3190—2020),主要性能见表 12-3。

表 12-3 6061 铝合金主要性能

牌号	泊松比	屈服强度	延伸率	抗拉强度	弹性性能
6061	0.330	≥110 MPa	≥16%	≥205 MPa	68.9 GPa

2. 产品化学成分

6061 铝合金标准化学成分见表 12-4。

表 12-4 6061 铝合金化学成分 (质量分数,%)

元素	Si	Fe	Cu	Mn	Mg	Cr	Zn	Ti	Al
含量	0.4~0.8	≤0.7	0.15~0.4	≤0.15	0.8~1.2	0.04~0.35	≤0.25	≤0.15	余量

12.1.3 铝合金熔铸厂址选择

防城港市内地势较为平整,且为盐碱地,非常适合工业发展。防城港市临港工业园,占地约 1022 亩,有三家货物运输公司,方便原材料和成品的运输。防城港市位于广西北部湾,既沿海又靠近东南亚,地处东盟经济圈、华南经济圈以及西南经济圈的相交地带,符合国家"一带一路"倡议。防城港属于深水港,很少有潮灾、海啸等,非常适合巨轮航行。货船也可以在港内停泊,年均作业天数高达 300 d。

防城港市淡水资源丰富,年平均降雨量为 2362 mm,供水充足,水价低。广西铝资源丰富,原料价格也便宜。当地还兴建有核电站,电价也比较低。综合上述条件,选择防城港市临港工业园作为本厂厂址较合理。

12.2 铝合金熔铸工艺流程设计

12.2.1 工艺流程确定

本设计的产品工艺流程图如图 12-2 所示。在电阻炉中先加入铝锭、镁锭等固体料,再倒入电解铝液(倒进炉内的温度约为 830 ℃),利用高温的电解铝液加速熔化固体料。其好处是不仅能利用电解铝液熔化固体料,还能降低铝液的温度,节省能源。

随后启动永磁搅拌器搅拌 20 min,确保炉内原料温度和成分的均匀性。当电解铝液的温度达到 730 ℃时,扒去浮渣,取样分析,分析结果合格后即可进行精炼。熔炼炉的熔炼温度应控制在 720~760 ℃。将熔炼炉内成分调整至标准范围的下限,以防止保温炉调整成分次数过多。

保温炉采用气体喷粉法和炉底透气砖法对铝合金熔体进行炉内精炼，然后采用三转子在线除气装置对铝合金熔体进行在线除气。

再用 30 ppi 的泡沫陶瓷片过滤熔体，陶瓷过滤片不仅可以有效去除铝液中的大块异相杂质，还可以过滤掉传统工艺无能为力的几微米的细小夹杂物。根据有关资料介绍，30 ppi 的泡沫陶瓷过滤片可除去约 60%的直径大于 20 μm 的夹渣，除去近 90%的直径大于 40 μm 的夹渣。

铸造时采用液压式半连续铸造机进行浇铸，铸造温度为 730 ℃，铸造速度为 50 mm/min，冷却水流量为 240 m^3/h。由主控室的自动控制系统控制，以得到良好的铸锭表面、内部质量为原则。最后将冷却到合适温度的铝锭锯切到指定的规格，运入仓库存放。

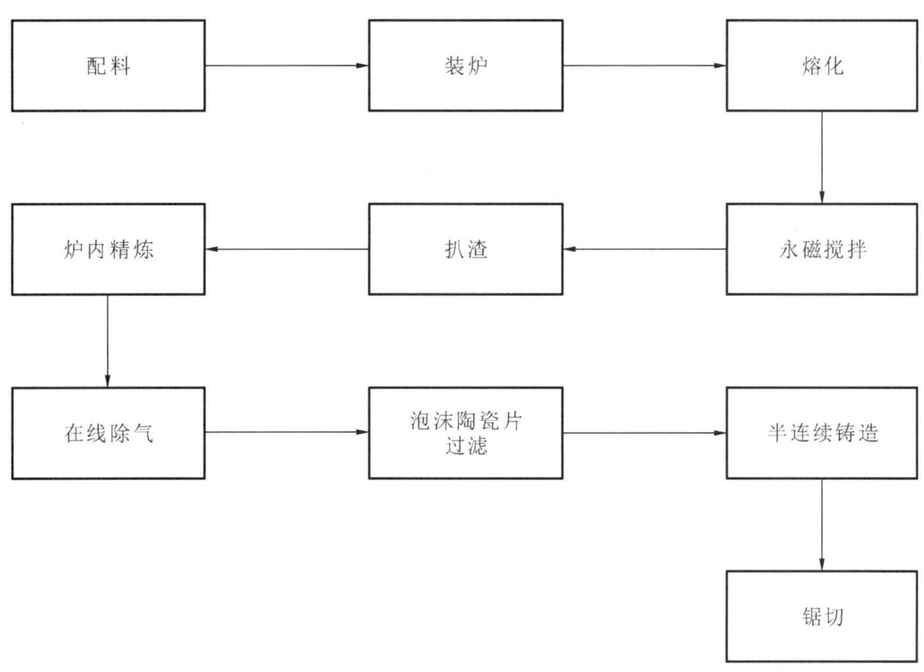

图 12-2　生产工艺流程图

12.2.2　原料加热温度

熔炼炉内的温度越高，提供的加工条件越好。但是，过高的温度容易造成铝合金过热烧、金属烧损增加等，过低的温度则难以让铝合金完全熔化。所以，熔炼的温度不可以太低也不能太高，一般熔炼炉的温度要控制在 720～760 ℃。

12.2.3　铸造参数设计

1. 铸造速度

铸造速度是铝合金铸锭相对于结晶器的运动速度，单位为 mm/min。铸造速度除了铸造开头和收尾时受熔体液面波动影响而有变化外，在铸造过程中应该保持不变。铸造速度能直接影响铝合金铸锭的组织、力学性能、表面质量等，是决定铸锭质量的重要参数。

不同的合金成分、不同规格的铝合金铸锭要求，其铸造速度不同，对于扁铝锭，铸造速度的选择首先要保证铝合金铸锭没有裂纹。铸造冷裂纹倾向较大的硬合金时，随着铝铸锭宽厚比的增加，铸造速度应该提高；而在铸造没有冷裂纹倾向的软合金时，铸造速度应该降低。在保证质量符合技术要求的前提下，尽可能采用高的铸造速度，以发挥铸造机的生产能力。

2. 铸造温度

铸造温度对铸锭的机械性能、表面质量和降低裂纹倾向性等具有重要意义。应视转注距离和气温状况，将铝合金铸造温度控制在比合金液相线温度高 50～100 ℃的范围内。对于扁铝铸锭，为了防止出现裂纹，应该采用较低的铸造温度。通常情况下，铝合金扁铸锭的铸造快，熔体的流量大，转注过程中温降小。所以铝合金扁铸锭的铸造温度一般控制在 680～735 ℃。

3. 铸造参数选择

根据上述要求，本设计所选择的 6061 铝锭铸造工艺参数如表 12-5 所示。

表 12-5　6061 铝合金铸造工艺参数

合金	规格/(mm×mm)	铸造温度/℃	铸造速度/(mm/min)	冷却水流量/(m^3/h)
6061	580×1400	730～740	50	240

12.2.4　均匀化退火参数

1. 均匀化退火温度

铝合金铸锭进行均匀化退火处理的目的是使不平衡共晶组织的分布更加均匀，析出过饱和的固溶元素，以提高塑性，减小变形应力，改善铝合金加工产品的组织与性能，同时为后续铝合金铸锭的锯切消除内应力。

均匀化退火是基于原子的扩散运动的，符合菲克扩散第一定律，即

$$J = -D\frac{\partial c}{\partial x} \tag{12-1}$$

扩散系数 D 与温度的关系可用阿伦尼乌斯方程表示：

$$D = D_0 \exp\left(-\frac{Q}{RT}\right) \tag{12-2}$$

上式表明，温度稍微有所升高将使扩散过程大大加速。因此，为了加速铝合金铸锭均匀化过程，应尽量提高铝合金铸锭的均匀化退火温度。通常采用的均匀化退火温度为(0.9～0.95)T_m，T_m 表示铝合金铸锭实际开始熔化的温度，它低于铝合金平衡相图上的固相线。

2. 均匀化退火保温时间

铝合金铸锭的均匀化退火保温时间，基本上取决于非平衡相溶解及晶内偏析的消除所需的时间，因为这两个过程同时发生，所以铝合金铸锭的保温时间并不等于此两个过程所需时间的简单相加，而且铝合金固溶体成分充分均匀化所需的时间仅仅稍长于非平衡相完全溶解的时间。所以在很多情况下，铝合金铸锭均匀化退火处理完成时间可按非平衡相完全溶解时间来估计。

对于 6061 铝合金，保温时间是影响其均匀化退火的关键因素，随着时间的增加，原子扩散充分，但是过度地增加均匀化退火时间，不仅均热效果差，而且会降低均热炉的生产能力，增加能耗。所以铝合金铸锭的均匀化退火保温时间必须要保证铸锭最终的产品性能符合规范。对于铝合金铸锭的工业生产来说，均匀化退火温度和保温时间是一对互相联系的需要同时确定的参数。

有实验证明，6061 铝合金在 567 ℃时均匀化退火，并保温 6 h 后，其断后伸长率达 25.25％，抗拉强度为 182.26 MPa，性能优良，可满足熔铸生产需求。所以本设计采用的 6061 铝合金均热制度：温度为 567 ℃，保温 6 h。

工业上其他常见的铝合金扁铸锭均匀化退火制度如表 12-6 所示。

表 12-6　铝合金扁铸锭均匀化退火制度

合金牌号	厚度/mm	制品种类	温度/℃	保温时间/h
2A11、2A12、2017、2024	200～400	扁铸锭	485～495	15～25
2A06	200～400	扁铸锭	480～490	15～25
2219、2A16	200～400	扁铸锭	510～520	15～25
3003	200～400	扁铸锭	600～615	5～15
4004	200～400	扁铸锭	500～510	10～20
5A03、5754	200～400	扁铸锭	455～465	15～25
5A05、5083	200～400	扁铸锭	460～470	15～25
5A06	200～400	扁铸锭	470～480	36～40
5A06	300～450	扁铸锭	450～460	35～50

12.3　铝合金熔铸设备选型和设计

12.3.1　熔炼炉

本设计直接以液态原铝作为生产原料，不仅可以大量节省能源，还可以减小金属铝的总烧损量，同时可以降低总的铝渣量，提高企业经济效益和社会效益。为了减小铝的烧损量和铝合金熔体中氢的含量，用电力作为热源。为此，拟采用苏州新长光工业炉有限公司生产的 25 t 矩形电阻保温炉，具体设备参数如表 12-7 所示。

表 12-7 熔炼炉设备参数

项目	参数
制造单位	苏州新长光工业炉有限公司
用途	铝及铝合金熔体保温
炉子形式	固定式矩形电阻保温炉
炉子容量/t	25(1+5%)
吨位/t	25
炉膛工作温度/℃	900～1000
铝液温度/℃	(720～760)±3
熔体升温能力/(℃/h)	1.0
加热器功率/kW	450
加热器材质	$Cr_{20}Ni_{80}$
加热器表面负荷/(W/cm²)	1.2～1.4
加热器形式	“之”字形电阻带
加热区数/区	2
炉温控制方式	晶闸管调功器，自动控制
电源	380 V/50 Hz

同时，配备环保型再生式蓄热烧嘴、新型宽体炉门，配备自动化控制系统、在线除气精炼系统、30 ppi 的泡沫陶瓷片过滤器等较先进的辅助技术设备，使其熔化速度加快、自动化程度提高。

12.3.2 搅拌装置

永磁搅拌器是中国科学院与山东华特磁电科技股份有限公司在 21 世纪初共同合作开发的新产品。一般的电磁搅拌器是由特殊的交频电源来实现交变磁场的，而永磁搅拌器则靠永磁体的运动来产生交变磁场。

永磁搅拌器主要优点如下：

(1) 与电磁搅拌器相比，其搅拌能力强，而且省电效果显著；

(2) 可随时控制机架倾斜，搅拌深度最浅为 100 mm，最深可达 700 mm 左右，并且配备自动风冷系统；

(3) 整机运行能耗极低，不足电磁搅拌器的 5%；

(4) 可远程操控电机，实现同时搅拌几台电阻熔炼炉，工作效率高；

(5) 整个系统均为电气控制，自动化程度高，操作简单、方便。

永磁搅拌器的主要规格和技术参数如表 12-8 所示。

表 12-8　永磁搅拌器设备参数

型号	HTDZ.30Y
外形尺寸/(mm×mm×mm)	1900×1400×950
窗口直径 D/mm	1400
高度行程 E/mm	350
总功率/kW	19
使用范围/t	15～25

12.3.3　铸造机

铝合金半连续铸造机的基本要求如下：

(1) 运行平稳、可靠；

(2) 对铝合金铸锭规格的适应性强；

(3) 能方便地调节和控制铸造速度、冷却水压、水流量、铸造温度和铸造长度等主要铸造参数；

(4) 铸造效率高，铸造出的铝锭质量好；

(5) 铸造机结构简单，维护方便。

综合上述基本要求，液压传动式铸造机是很好的选择。根据导向方式，液压传动式铸造机由液压缸内部导向的称为内导式，而由外部导轨导向的称为外导式。本设计选择液压内导式半连续铸造机。液压内导式半连续铸造机由铸造平台、主油缸、倾翻装置、直接水冷却系统、给排水系统、电源控制系统和液压系统组成，具体设备参数如表 12-9 所示。

表 12-9　液压内导式半连续铸造机设备参数

技术性能	参数
额定铸造质量/kg	25000
最大铸锭长度/mm	6700
工作台尺寸/(mm×mm)	2800×3000
铸造速度/(mm/min)	0～250
快速升降速度/(m/min)	0.02～2
铸锭长度控制精度/(%)	≤±1
铸造速度控制精度/(%)	≤±0.5
铸锭弯曲度/(mm/m)	≤1
冷却水最大供应量/(m^3/h)	300
铸造机规格/t	25

12.3.4 铸锭均匀化退火炉

铸锭进行均匀化退火处理，可消除铸锭内部组织偏析现象和铸造应力，细化晶粒，改善铸锭的加工性能。本熔铸车间设计采用的是电阻加热周期式均匀化退火炉。均匀化退火炉组由均匀化退火炉、冷却室和一台运输料车组成，主要技术参数见表 12-10。

表 12-10 电阻加热周期式均匀化退火炉组设备参数

电阻加热周期式均匀化退火炉组	
用途	铝及铝合金铸锭均热
炉子形式	电阻加热空气循环
炉子装料量/t	50
铸锭规格/mm	长度在 5500～8000
炉膛工作温度/℃	≤650
铸锭加热温度/℃	550～620
热源	卡口式加热器
加热器功率/kW	1800
加热器个数/个	12
分区数/区	2
加热及保温时间/h	6
均热时间	按工艺要求设定
温控方式	PLC 自动控制
循环风机	高温轴流式
铸锭冷却速度/(℃/h)	200
铸锭冷却时间/h	2～2.5
铸锭冷却终了温度/℃	150
冷却室风机	离心式风机
运输料车装料能力/t	55
运输料车工作行程/m	15～30
运输料车行走速度/(m/min)	5～15
运输料车液压泵站工作压力/MPa	14～16

12.3.5 熔铸设备负荷计算

本设计熔铸车间年生产量为 10 万吨铝合金铸锭，每年工作日一共有 330 d，30 d 用来停产停工检修、保养设备。成材率为 92.5%。

日处理量：$\frac{1\times10^5}{330\times0.925}$ t/d＝327.6 t/d；

日产量：$\frac{1\times10^5}{330}$ t/d＝303 t/d；

每小时产量：$\frac{303}{24}$ t/h＝12.625 t/h。

计算可得车间日处理量为 327.6 t/d，日产量为 303 t/d，每小时产量为 12.625 t/h。

12.4　铝合金熔铸车间布置

12.4.1　铝合金熔铸车间布置设计

在进行铝合金熔铸车间平面布置时，应满足以下条件：

(1) 熔铸车间应靠近电解车间布置，以方便铝液的运输；

(2) 生产线流程要畅通、合理，满足产品未来发展需求；

(3) 保证各设备之间不会相互影响，还要兼顾工人的劳动条件；

(4) 各跨的位置要合理，在满足工艺要求的同时，还要节约成本；

(5) 尽量缩短车间内各部分的运输距离。

车间设备间距的确定如下：

(1) 电阻保温炉到直水冷半连续铸造机的距离一般为 5 m；

(2) 直水冷半连续铸造机到均匀化退火炉的距离拟定为 9.7 m；

(3) 均匀化退火炉到锯切机的距离为 12 m。

12.4.2　铝合金熔铸车间面积计算

本设计车间面积计算公式为

$$F=\frac{24Ank}{0.7qh} \tag{12-3}$$

式中　F——成品仓库面积，m^2；

q——单位面积质量，t/m^2；

A——铸造机每小时产量，t/h；

n——存放天数，d；

k——金属综合消耗指数；

h——每堆产品堆放高度，m。

由式(12-3)可得：

$$F=\frac{24\times13.4\times1.08\times7}{0.7\times1.95\times2.2}\ m^2=810\ m^2$$

经计算可知，本设计年产 10 万吨的铝合金熔铸车间大约需要面积为 810 m^2 的仓库来堆放产品。

12.4.3　铝合金熔铸车间平面图和立面图

本设计的车间平面图和立面图如图 12-3 和图 12-4 所示。

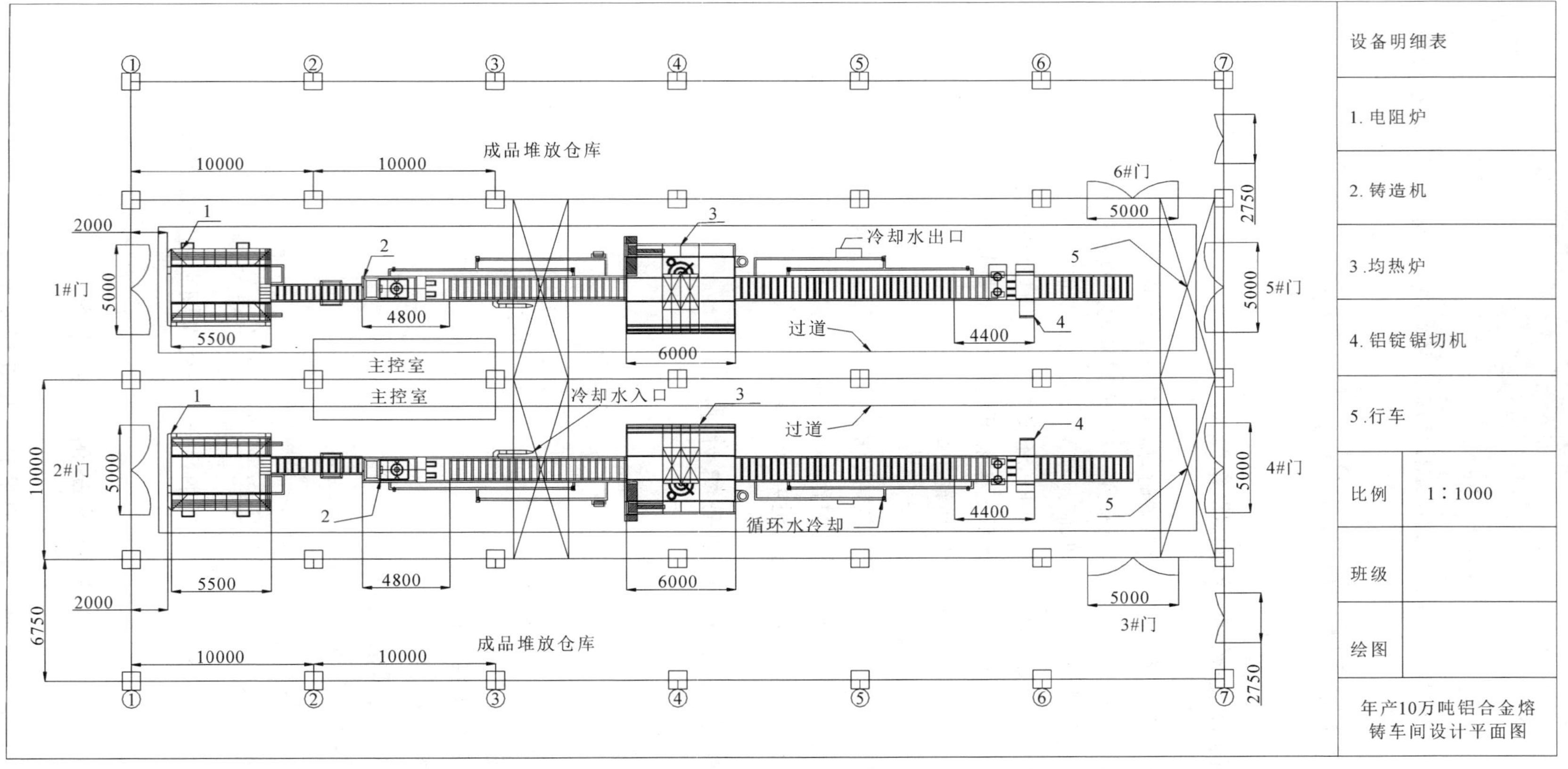
成品堆放仓库
主控室
主控室
冷却水出口
冷却水入口
过道
过道
循环水冷却
1#门
2#门
3#门
4#门
5#门
6#门
设备明细表
1. 电阻炉
2. 铸造机
3. 均热炉
4. 铝锭锯切机
5. 行车
比例 1：1000
班级
绘图
年产10万吨铝合金熔铸车间设计平面图

图 12-3 车间平面图

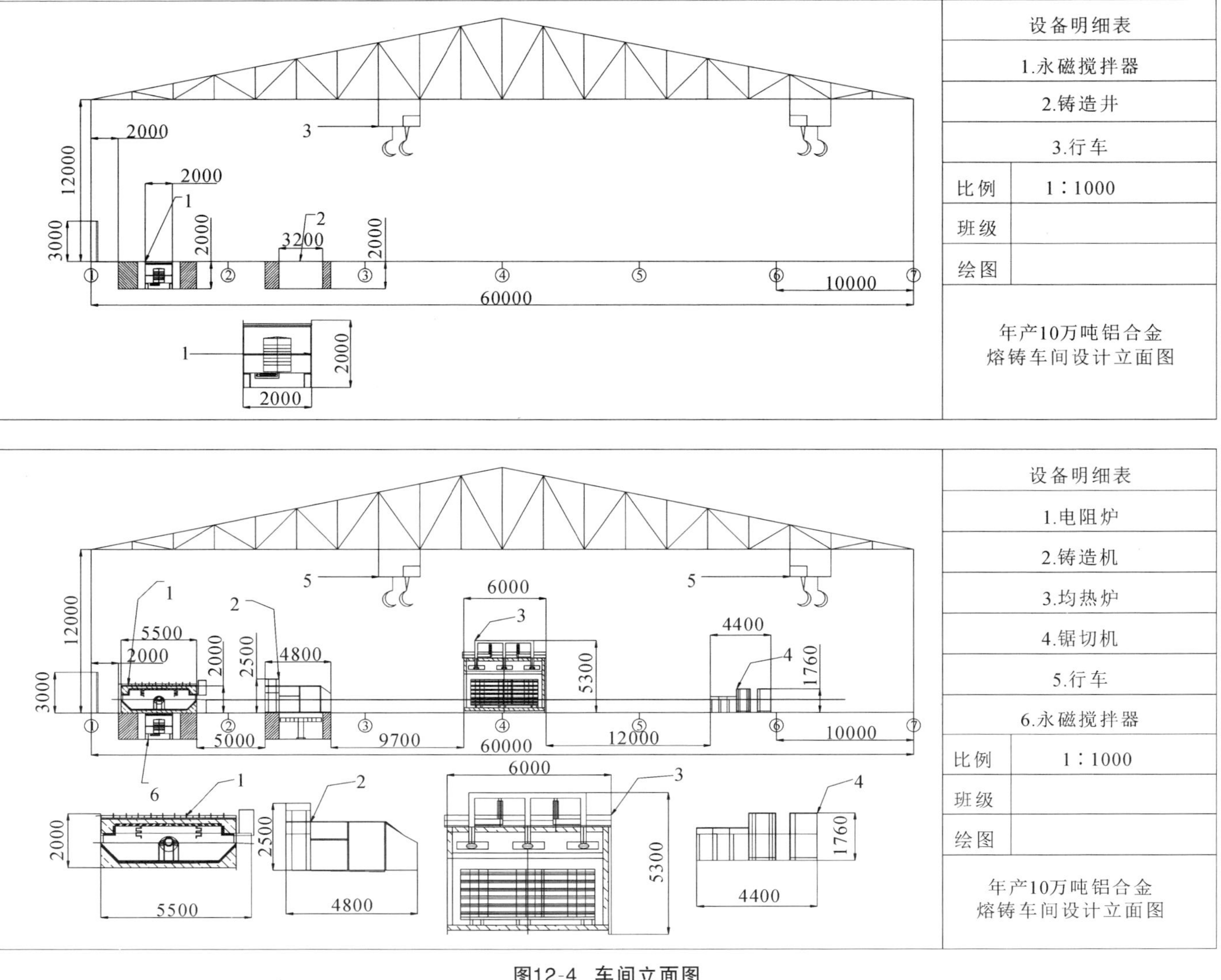
设备明细表
1.永磁搅拌器
2.铸造井
3.行车
比例 1：1000
班级
绘图
年产10万吨铝合金
熔铸车间设计立面图
设备明细表
1.电阻炉
2.铸造机
3.均热炉
4.锯切机
5.行车
6.永磁搅拌器
比例 1：1000
班级
绘图
年产10万吨铝合金
熔铸车间设计立面图

图12-4　车间立面图

12.5 铸锭物料和能源介质衡算

12.5.1 金属消耗及计算

金属消耗系数的计算公式为

$$K = \frac{W - Q}{Q} \tag{12-4}$$

式中 K——金属消耗系数；

W——投入原料质量，t；

Q——合格产品质量，t。

成材率为

$$b = \frac{Q - W}{Q} \times 100\% \tag{12-5}$$

式中 Q——原料量，t；

W——金属消耗量，t。

铝合金熔炼过程中的金属损耗主要表现在氧化、精炼、扒渣时的烧损。熔炼炉内的金属烧损与熔体温度、熔炼时间、精炼工艺、扒渣方式等有关。铝合金熔炼过程中烧损约为 0.5%，切损约 5%，工艺损失为 1%～3%。

所需原料质量的计算：设原料总质量为 X 万吨，则 $X - X\times0.5\% - X\times5\% - X\times2\% = 10$，得 $X = 10.81$。

所以，本车间设计需要 10.81 万吨生产原料。

12.5.2 金属平衡表编制

由金属的消耗量分析可得，本设计的熔铸车间中熔铸铝锭的成材率约为 92.5%。金属平衡表如表 12-11 所示。

表 12-11 金属平衡表

牌号	原料质量	烧损		切损		工艺损失		年产量
	万吨	万吨	%	万吨	%	万吨	%	万吨
6061	10.81	0.054	0.5	0.54	5	0.22	2	10

12.5.3 热平衡计算

控制温度是熔铸生产过程中的重要一环。温度的变化过程主要包括原料的加热。铝合金热平衡计算是根据能量守恒定律，分别计算出熔铸系统的热支出与热收入，以此计算结果作为判断熔炼系统工作状况的依据，即要求热量总收入大于热量总支出。6061 铝合金熔炼时热量的收入与支出见表 12-12 与表 12-13。由这两个表可计算得到整个熔铸系统的热效率为 61.3%。

表 12-12　6061 铝合金熔炼热量收入表

符号	项目	焦耳/炉	比例/(%)
Q^1	铝液带入热量	1.652×10^{10}	46.5
Q^2	保温炉提供热量	1.9×10^{10}	53.5

表 12-13　6061 铝合金熔炼热量支出表

符号	项目	焦耳/炉	比例/(%)
Q^3	产品带走热量	2.176×10^{10}	67.6
Q^4	烟气带走热量	6.755×10^{9}	21
Q^5	炉体散热	3.381×10^{9}	10.5
Q^6	炉渣带走热量	2.94×10^{8}	0.9

12.5.4　能源介质平衡计算

1. 冷却水需求量

根据估算每生产 1 t 的 6061 铝锭，平均消耗 18 t 水，本设计年产量为 10 万吨，故需要 180 万吨水。

2. 电需求量

本设计采用的设备总功率约为 2851 kW，年产 10 万吨铝合金铸锭需要耗电 2258 万度。

12.6　铝合金熔铸车间劳动组织、技术经济分析和环境保护

12.6.1　熔铸车间组织机构和工作制度

1. 组织机构

设置每个工序的劳动岗位，然后根据全部劳动岗位的人数确定劳动定员。

熔铸生产线主要包括生产部门、后勤部门、维修部门、运输部门、管理部门等组织机构。

生产部门：控制熔铸生产线上的设备，完成铝锭熔铸生产线上的生产任务；

后勤部门：为整个铝合金铸锭熔铸生产提供后勤保障；

维修部门：当机器设备或者电路故障时进行维修，并且每隔一段时间对设备和电路进行检修、维护；

运输部门：用行车来运输生产原料、中间产品、最终产品；

管理部门：监督和管理整个铝合金铸锭生产线，解决故障和突发问题。

2. 工作制度

本设计的熔铸车间一共有两条生产线。单条熔铸生产线采取连续工作制度，三班倒，工作日一共为 330 d，每天 24 h 连续生产。每一个工段设置一个工段长，分甲、乙、丙三班，每天 12 h轮流值班，每班安排特定人员进行监管。

根据铝合金熔铸生产需求，安排生产人员，参考国内其他铝合金熔铸生产线，确定劳动定员。

劳动定员具体安排如表 12-14 所示。

表 12-14　劳动定员

序号	项目	岗位	甲班定员	乙班定员	丙班定员	合计
1	保温炉	工段长	1	—	—	1
		操作工	4	4	4	12
		主控室	4	4	4	12
2	铸造机	工段长	1	—	—	1
		操作工	2	2	2	6
		主控室	2	2	2	6
3	质检	质检员	5	5	5	15
4	维修组	工段长	1	—	—	1
		设备维修	2	2	2	6
		计算机室	2	2	2	6
5	物流运输	行车司机	4	4	4	12
6	管理组	—	5	—	—	5
7	总计	—	—	—	—	83

12.6.2　熔铸车间经济效益分析

根据市场价格，6061 铝合金的铸锭价约为 13000 元/吨，年产 10 万吨 6061 铝合金铸锭的价值为 13 亿元。

熔铸车间的成本包括生产原料成本、设备成本、水电费、工人工资、建厂成本。

(1) 熔铸原料的价格约 8000 元/吨，年原料成本约为 8.648 亿元；

(2) 主体设备有电阻炉、铸造机、均热炉、锯切机、行车等费用，具体明细见表 12-15；

(3) 工人每月工资平均为 6000 元(包含五险一金)，每年发工资 597.6 万元；

(4) 建厂投资估算为 20 亿元，年折旧率为 10%，每年折旧费用为 2 亿元；

(5) 防城港工业用水单价为 1.75 元/吨，工业用电单价为 0.7 元/度，年产 10 万吨铝合金共耗水约 180 万吨，耗电 2258 万度，所以年支出水电费一共 1895.6 万元。

综上，本工厂税前年利润总额为 27056.8 万元，需缴纳企业所得税的税率按 25%算，年净利润为 20292.6 万元，总投资利润率约 19.7%，预计五年左右回本。经济效益分析见表 12-15。

表 12-15　经济效益分析

项目	年成本/万元	年收入/万元
熔铸原料	86480	—
水电费	1895.6	—
建厂投资	20000	—
工人工资	597.6	—
电阻炉	180	—
铸造机	86	—
均热炉	100	—
锯切机	52	—
行车	32	
产品价值	—	130000
税前年利润总额	—	20576.8
缴纳税款	5144.2	—
税后年净利润	—	15432.6

12.6.3　熔铸车间环境保护

1. 水质处理

铝熔铸车间产生水污染的主要污染源是工业废水。根据《污水综合排放标准》(GB 8978—1996)，我国有色金属冶炼及金属加工企业，最低水重复利用率为 80%，需建立循环水系统，减少水耗，节约生产成本。污水排放前必须净化处理到符合国家标准。

2. 大气污染处理

在铝合金熔铸生产过程中排出的有害废气种类繁多，主要有二氧化硫、氯化氢、三氧化硫、硫醇、硫化氢、一氧化氮、二氧化氮、氟化氢、一氧化碳等，需采用有毒有害污染气体治理深度净化装置。本设计直接采用电解铝液作为原料，排放的有害气体量比重熔铝锭时少得多，特别是避免了硫化物等废气的产生。针对有害气体不同的物理性能和化学特性，分别采用吸附、吸收或化学处理，能有效地治理铝合金熔铸过程中产生的大气污染，常用的方法有物理或化学吸收法、燃烧法、催化转化法、冷凝法、吸附法等。

3. 环境噪声处理

铝合金铸锭熔炼和锯切过程是铝合金熔铸车间的主要噪声来源。工业企业噪声应符合《工业企业厂界环境噪声排放标准》(GB 12348—2008)的规定。在铝合金熔铸生产许多情形下，采取个人防护措施是降低噪声对人体危害的最有效和最方便快捷的方法。面对铝合金熔铸车间的噪声污染，本设计采取的个人防护措施主要是给每个工人都佩戴耳塞、防护帽和耳罩等劳动保护套装。

思考题

12-1 请举出适用不同领域的铝合金铸锭规格和内部组织的典型特征。

12-2 铝合金铸锭生产需遵循的主要标准要求有哪些？

12-3 大规格铝合金铸锭的生产方案、工艺流程有何重要特征？

12-4 铝合金铸锭生产的主体设备有哪些？试说明主体设备的组成及结构形式。

12-5 对于铝合金铸锭的工厂选址，最主要考虑的因素是什么？

12-6 查询文献资料，试述我国生产大规格铝合金铸锭的技术先进程度。

参考文献

[1] 姜澜.冶金工厂设计基础[M].北京:冶金工业出版社,2013.
[2] 蔡祺风.有色冶金工厂设计基础[M].北京:冶金工业出版社,1991.
[3] 葛曷一.复合材料工厂工艺设计概论[M].北京:中国建材工业出版社,2009.
[4] 文九巴.金属材料学[M].北京:机械工业出版社,2021.
[5] 白星良,潘辉.有色金属塑性加工[M].北京:冶金工业出版社,2012.
[6] 周志明,王春欢,黄伟九.特种铸造[M].北京:化学工业出版社,2014.
[7] 陈维平,李元元.特种铸造[M].北京:机械工业出版社,2018.
[8] 雷步芳,岳峰,李永堂,等.铝及铝合金挤压工艺及设备[M].北京:国防工业出版社,2014.
[9] 刘楚明.有色金属材料加工[M].长沙:中南大学出版社,2010.
[10] 李峰.特种塑性成形理论及技术[M].北京:北京大学出版社,2011.
[11] 樊自田.材料成形装备及自动化[M].北京:机械工业出版社,2006.
[12] 王快社,刘军帅,梁彦安,等.线棒材生产现状及发展趋势[J].甘肃冶金,2004(4):4-29.
[13] 詹卫金,王志勇.ϕ16 螺三线切分与控轧控冷轧制技术的开发[J].科技风,2015(20):36-37.
[14] 王成龙.控轧控冷的发展和应用[J].冶金管理,2019(23):5,10.
[15] 潘振华.三线切分轧制工艺的研究与应用[J].现代冶金,2010,38(3):53-55.
[16] 程知松,余伟.热轧钢筋新标准下棒材轧机改造工艺技术分析[J].轧钢,2018,35(5):54-57.
[17] 李春善.轧钢棒材生产工艺中的节能减排技术研究[J].工程技术研究,2019,4(21):113-114.
[18] 侯红杰,郝利强,李连江,等.棒材车间穿水冷却的工艺特点[J].山西冶金,2011,34(1):57-59.
[19] 张越峰,关从英.承钢棒材生产工艺及品种规格的发展方向[J].中国冶金,2002,1(1):40-42.
[20] 罗均,周敏捷,徐道送,等.利用控轧控冷降低螺纹钢合金成本[J].浙江冶金,2019,4:46-48.
[21] 张顺开.螺纹钢生产线预穿水的温度场模拟[J].金属材料与冶金工程,2019,47(5):43-47.
[22] 张向军,方田,方实年,等.新国标下螺纹钢筋的合金减量化绿色生产实践[J].冶金自动化,2019,43(6):1-6,12.
[23] 谷庆斌.轧钢产线生产棒材表面质量改进方法研究[J].工程技术研究,2019,4(21):119-120.
[24] 马加波.棒线材布置形式优化及轧钢新技术在生产中的应用[J].冶金管理,2019(13):

86,88.

[25] 陈攀全.连轧棒材厂连轧工艺及孔型系统简介[J].特钢技术,2009,15(1):41-43.

[26] 谷庆斌.轧钢棒材生产线噪声分析与治理[J].科技风,2019(31):139.

[27] 中国金属学会热轧板带学术委员会.中国热轧宽带钢轧机及生产技术[M].北京:冶金工业出版社,2002.

[28] 李文华,李春华,付延宜,等.新钢公司连铸坯热送热装的实践[J].宽厚板,2006,12(6):14-16.

[29] 沐卫东.调宽压力机侧压过程的有限元模拟分析[D].沈阳:东北大学,2014.

[30] 段文德.热装和直接轧制技术的发展[J].鞍钢技术,1988(1):1-4.

[31] 鞠文波.热轧带钢轧制批量计划软件系统开发与研究[D].大连:大连理工大学,2005.

[32] 王昭东,王国栋,张强,等.调宽压力机—热轧板带调宽技术的新进展[J].上海金属,1993(2):11-15.

[33] 王廷溥,齐克敏.金属塑性加工学:轧制理论与工艺[M].2版.北京:冶金工业出版社,2001.

[34] 付志刚,孙文彬,王景林,等.带钢缠夹送辊事故分析与改进措施[J].轧钢,2006,23(4):55-57.

[35] 曾尚武.1700热轧板带钢凸度控制的研究[D].鞍山:辽宁科技大学,2012.

[36] 罗友元.950板带半连轧过程数学模型的建立及分析[D].重庆:重庆大学,2004.

[37] 李起,陈水宣,张健民.基于Control Build软件的热轧单机架仿真[J].安徽工业大学学报:自然科学版,2009,26(4):369-372.

[38] 马占福.热连轧板形控制模型优化与应用研究[D].西安:西安建筑科技大学,2011.

[39] 孙芹丽.莱钢大型轧机二合一货车中梁型钢轧制方法研究[D].沈阳:东北大学,2008.

[40] 向艳霞.国内常规热连轧带钢生产线状况[J].昆钢科技,2007(1):48-52.

[41] 张斌.1780 mm生产线上无芯轴隔热屏热卷箱及其功能[J].宝钢技术,2004(5):11-13,34.

[42] 孙本荣,王有铭,陈瑛.中厚钢板生产[M].北京:冶金工业出版社,1993.

[43] 李仕源.热轧带钢板形的影响与控制[J].金属世界,2008(5):58-60.

[44] 孙蓟泉,战波.热轧带钢生产新技术及其特点[J].山东冶金,2006,28(1):4-7.

[45] 刘益民,肖甜,李俊.双偏心摆式飞剪上刀架有限元分析[J].冶金设备,2017(6):28-32.

[46] 徐思萌.飞剪机自动剪切控制系统研究[D].大庆:东北石油大学,2016.

[47] 张志斌.回转式飞剪的改进[J].中国科技博览,2014(12):15-16.

[48] 蔡晓辉,时旭,王国栋,等.控制冷却方式和设备的发展[J].钢铁研究学报,2001,13(6):56-60.

[49] 张鸿军.超快速冷却技术在热轧带钢生产中的应用[J].热处理,2011,26(5):42-44.

[50] 郑东升.微合金化热轧TRIP中厚板的开发及其组织性能研究[D].沈阳:东北大学,2011.

[51] 田伟.角钢的控冷机理及工艺研究[D].唐山:华北理工大学,2015.

[52] 王瑛,丁正.热轧卷取机堆钢事故原因的分析及应对[J].冶金动力,2018(2):9-12.

[53] 邓少奎. 2E12 高强耐疲劳铝合金轧制工艺和疲劳性能的研究[D]. 秦皇岛:燕山大学,2007.

[54] 张毅. 中厚板产能优化研究[D]. 武汉:武汉科技大学,2005.

[55] 徐晶坤. 连杆塑性精成形设备、工艺和车间布置的总体设计[D]. 长春:吉林大学,2006.

[56] 刘昕怡. 基于 LARS 技术的再生铝合金锭生产线设计[D]. 长沙:中南大学,2008.

[57] 康永林."十三五"中国轧钢技术进步及展望[J]. 钢铁,2021,56(10):1-15.

[58] 郑磊,刘柱,李占强. 普阳钢铁汽车大梁钢 700L 的研制开发[J]. 中国金属通报,2021(7):131-132.

[59] 崔建利,黄玲,赖宏. 边部加热器的主要系统组成及应用[J]. 冶金能源,2013,32(3):38-40.

[60] 徐正彪,王延苹,刘启森,等. 120t BOF-LF-CC 板坯-8 mm 板流程 Nb-Ti 微合金化大梁钢 750L 的开发与实践[J]. 特殊钢,2021,42(6):43-46.

[61] 潘辉,王昭东,周娜,等. Ti 微合金化 700 MPa 级高强钢性能均匀性研究[J]. 轧钢,2017,34(2):7-9,13.

[62] 包阔,程玉君,张晓磊,等. 750L 高强度汽车大梁钢的开发与性能研究[J]. 河北冶金,2017(6):24-27.

[63] 王妍. 步进式加热炉控制系统优化[J]. 冶金管理,2022(5):91-93.

[64] 张志鸿,李成亮,李爱民,等. 边部加热器在热连轧的应用[J]. 河北冶金,2021(3):69-73.

[65] 徐维辰. 中厚板厂高压水除鳞泵采用变频调速后的效果分析[J]. 天津冶金,2019(1):34-36.

[66] 何茂松. PC 轧机轧制稳定性控制策略[J]. 轧钢,2022,39(3):97-102,107.

[67] 李俊洪,邓菡,周三保,等. HC 轧机辊型曲线优化[J]. 钢铁,2009,44(11):64-66.

[68] 刘国固,吴巨龙. 四辊 CVC 热连轧机工作辊辊型设计[J]. 山西冶金,2015,38(1):94-95.

[69] SUN W Q,SHAO J,HE A R,et al. Research on residual stress quantitative reduction in laminar cooling on hot strip mill[J]. International Journal of Heat and Technology,2015,33(4):19-24.

[70] WANG Z D,WANG B X,WANG B,et al. Development and application of thermo-mechanical control process involving ultra-fast cooling technology in China[J]. ISIJ International,2019,59(12):2131-2141.

[71] 黄卫国,游大秀,武志强. 超快冷供水系统自动化控制研究及优化[J]. 轧钢,2019,36(6):74-77.

[72] MANDA L A,GHOSH A,CHAKRABARTI D,et al. Effect of coiling temperature on impact toughness of hot rolled ultra-high-strength multiphase steel strips[J]. Materials Science and Engineering:A,2021,824:141796.

[73] LI L J,XIE H B,LIU T W,et al. Influence mechanism of rolling force on strip shape during tandem hot rolling using a novel 3D multi-stand coupled thermo-mechanical FE model[J]. Journal of Manufacturing Processes,2022,81:505-521.

[74] 霍川. 棒材车间除尘系统设计[J]. 冶金设备,2022(S1):69-71.

[75] 李志伟，张迎龙，刘云. 高炉煤气精脱硫工艺线的选择[J]. 一重技术，2023(1)：4-6，30.

[76] 孙少勇，刘素华，张传合，等. 5056、7003、6063、6061 合金的特性及其在自行车上的应用[J]. 有色金属加工，1998(1)：14-17.

[77] 吴向红. 铝型材挤压过程有限体积数值模拟及软件开发技术的研究[D]. 济南：山东大学，2006.

[78] 何树权，刘静安，何伟洪. 现代铝挤压工业的发展特点及挤压技术发展新动向[J]. 铝加工，2010(6)：16-21，25.

[79] 甘春雷. 6×××系铝合金低温快速挤压模拟研究[D]. 长沙：中南大学，2004.

[80] 赵国忠，刘静安. 6063 铝型材挤压工艺的优化[J]. 铝加工，1999(1)：21-23，26.

[81] 陈新孟. 6063 铝合金挤压型材强度影响因素及措施分析[J]. 铝加工，2009(5)：49-51，56.

[82] 鞠全春. 铝型材挤压工艺、选型及未来技术趋势[J]. 世界有色金属，2021(9)：105-106.

[83] 韩海波. 铝型材精密挤压工艺控制和模具设计分析[J]. 精密成形工程，2016，8(2)：76-81.

[84] 史晓红. 铝合金挤压技术及其装备发展研究[J]. 中国金属通报，2018(11)：6，8.

[85] 周小京，郭晓琳，东栋，等. 6005A 铝合金挤压型材在线淬火工艺仿真研究[J]. 航天制造技术，2019(3)：7-13.

[86] 代英男，张大维，郑守东，等. 铝型材风冷淬火系统结构优化[J]. 重型机械，2020(1)：65-68.

[87] 吴锡坤，王顺成，黄杰海，等. 6063 铝合金挤压型材的快速时效工艺研究[J]. 铝加工，2021(4)：37-39，53.

[88] 胡治流，罗付秋，张聪聪，等. 挤压温度和挤压比对 6063 铝合金导热性能的影响[J]. 铝加工，2011(5)：30-33.

[89] 汪丽君，杨靖，桂云鹏，等. 6063 铝合金低温快速挤压成型的工艺优化与实现[J]. 科技广场，2016(12)：186-189.

[90] 姜锋，陈宜钊，徐慧惠，等. 6063 铝合金挤压材采用风淬的时效性能与组织研究[J]. 轻合金加工技术，2013，41(2)：38-40.

[91] 张子中，杨桂芹. 两种自行车铝合金的比较[J]. 轻金属，1994(9)：48-49.

[92] 熊艳才，刘伯操. 铸造铝合金现状及未来发展[J]. 特种铸造及有色合金，1998(4)：3-7.

[93] 黄兵华. 铝合金熔炼工艺与质量控制[J]. 有色金属加工，2021，50(6)：36-38.

[94] 樊忠义. 环保型蓄热燃烧技术与永磁搅拌技术在熔铝炉的应用研究[D]. 西安：西安建筑科技大学，2010.

[95] 贾洪利. 铝合金熔炼与永磁搅拌技术的研究[J]. 有色金属加工，2008，37(6)：32-36.

[96] 赵凯阳. 半连续镁合金锭铸态组织研究[D]. 重庆：重庆大学，2010.

[97] 刘超. 6061 铝合金大规格扁锭熔铸工艺技术研究[J]. 黑龙江科技信息，2012(27)：65.

[98] 戴有涛. 铝合金熔铸技术的发展现状及趋势[J]. 有色金属加工，2019，48(4)：1-4，18.

[99] 郭春和. 铸造铝合金熔液的净化技术[J]. 机械工人(热加工)，2003(10)：57-59.

[100] 郭红. 提高汽车轮毂用铝合金的冲击韧性[D]. 重庆：重庆大学，2006.

[101] 谢晓会，张志刚. 用电解铝液生产铝合金铸锭的配料探讨[J]. 轻合金加工技术，2013，41

(2):22-26.

[102] 裴生武,张晓洲.电解铝液生产铝合金扁锭的工艺技术研究[J].中国金属通报,2019(8):14,16.

[103] 孙建华.电解铝液生产铝合金扁锭工艺技术研究与实践[J].铝加工,2005(1):47-49.

[104] 张金刚.6063 铝合金挤压型材常见缺陷及其解决办法[J].有色金属加工,2004,33(2):27-30.

[105] 邵正荣,邵海霞,吕让涛,等.铝合金铸造工艺与铸锭质量的关系[J].轻合金加工技术,2006,34(4):16-17.

[106] 杨路,赵鑫,郭洋,等.7449 铝合金的半连续铸造工艺分析设计[J].铝加工,2019(1):53-56.

[107] 崔雪鸿.Gd-Fe-Sb 三元系合金相图 773K 等温截面[D].南宁:广西大学,2007.

[108] 黄晖.5E06 铝合金制备工艺研究[D].北京:北京工业大学,2013.

[109] 王潇磊.铝合金油气润滑铸造装置研发和工艺研究[D].大连:大连理工大学,2017.

[110] 李雨薇.铝合金熔炼炉热平衡计算与分析[J].有色金属加工,2016,45(4):17,35-36.

[111] 杨学春.电解铝厂主要生产车间总平面布置形式探讨[J].轻金属,2008(4):78-80.

[112] 广州广一大气治理工程有限公司.一种有毒有害污染气体治理深度净化方法及其装置:CN201610569164.5[P].2016-10-12.